普通高等院校计算机基础教育规划教材·精品系列

大学计算机基础

（Windows 7+Office 2010）

（第三版）

刘冬杰　郑德庆　主编
陈启买　王楚鸿　主审

中国铁道出版社有限公司
CHINA RAILWAY PUBLISHING HOUSE CO., LTD.

内 容 简 介

本书在第一版《大学计算机基础》（刘文平主编）及第二版《大学计算机基础》（刘冬杰主编）的基础上，结合教育部最新的大学计算机基础教育理念及计算机的最新发展与应用编写而成。本书注重学生计算机应用能力的培养，详尽全面地介绍了 Windows 7 和 Office 2010 版的知识，并提供了书中所讲 Office 2010 知识点的视频。凡购买本教材的学校，都可以向编者申请免费使用本教材的网络自主学习平台。这个平台上有本教材近 300 个知识点的学习视频，150 个可操作知识点的在线测试、单元学习、强化训练、模拟考试和职场实训等学习模块，教师可以根据学生的学习情况，了解和解决学生在学习中的难题。

全书共分 7 章，第 1 章介绍计算机的基本概念和计算机的有关技术知识；第 2 章介绍 Windows 7 操作系统、计算机系统应用及应用软件的使用；第 3、4、5 章分别介绍 2010 版的 Word、Excel、PowerPoint 的应用；第 6 章介绍计算机网络基础知识和网络信息技术等技能的应用；第 7 章介绍网络自主学习平台的使用方法。通过学习本书，可使学生掌握计算基础知识，了解计算机应用的最新动态，掌握信息运用能力和 Office 应用能力。

本书适合作为普通高等院校非计算机专业大学计算机基础课程的教材，也可作为网络教育学院、继续教育学院的学生学习"大学计算机基础"课程的教材。

图书在版编目（CIP）数据

大学计算机基础:Windows 7+Office 2010/刘冬杰，郑德庆主编. —3版. —北京:中国铁道出版社,2018.8（2020.8重印）
普通高等院校计算机基础教育规划教材.精品系列
ISBN 978-7-113-24573-3

Ⅰ.①大… Ⅱ.①刘… ②郑… Ⅲ.①Windows操作系统-高等学校-教材②办公自动化-应用软件-高等学校-教材 Ⅳ.①TP316.7②TP317.1

中国版本图书馆CIP数据核字(2018)第157789号

书　　名：大学计算机基础（Windows 7+Office 2010）
作　　者：刘冬杰　郑德庆

策　　划：刘丽丽　　　　　　　　　　　　读者热线：(010) 51873202
责任编辑：刘丽丽　彭立辉
封面设计：穆　丽
责任校对：张玉华
责任印制：樊启鹏

出版发行：中国铁道出版社有限公司（100054，北京市西城区右安门西街 8 号）
网　　址：http://www.tdpress.com/51eds/
印　　刷：北京铭成印刷有限公司
版　　次：2012 年 3 月第 1 版　　2016 年 4 月第 2 版　　2018 年 8 月第 3 版　　2020 年 8 月第 8 次印刷
开　　本：880 mm×1 230 mm　1/16　印张：17.5　字数：546 千
书　　号：ISBN 978-7-113-24573-3
定　　价：49.80 元

前 言

大学计算机基础课程是面向全体大学生提供计算机知识、提高能力与素质教育的公共基础课程。学生通过学习应能够理解计算机科学的基本知识和方法，掌握基本计算机应用能力，同时具备一定的信息素养。因此，作为大学面向非计算机专业学生开设的公共必修课程"大学计算机基础"，要求学生能够理解计算机系统、网络及其他相关信息技术的基础知识和基本原理，具有应用计算机技术分析解决问题的能力；了解以计算机技术为核心的信息技术对社会经济发展的意义和作用；熟练掌握与运用信息技术及其工具，能够有效地对信息进行获取、分析、评价和发布；具有信息安全意识，认识并遵循信息社会的行为与道德规范；同时，能熟练地运用计算机与网络技术进行交流，能够有效地表达思想、彼此传播信息、沟通知识和经验，学会信息化社会的交流与合作方法；具备利用互联网平台学习和掌握新知识与新技术的能力，适应互联网时代的职业发展模式。在学习过程中，还要激发学生的创新意识，拓展大学生的综合素质和能力，并为后续学习计算机课程以及专业课程打下比较扎实的基础。

《大学计算机基础（Windows 7+Office 2010）》顺应大学计算机基础课程改革与建设的需要，自2012年3月出版以来，在广东以及全国范围广泛发行，受到广大教师和学生的喜爱。近几年，信息技术的发展瞬息万变，大学计算机基础教育不断推出新理念、新政策，教育部全国高等学校大学计算机课程教学指导委员会在2016年发布了《大学计算机基础课程教学基本要求》，许多高校针对教育部的指示对大学计算机基础课程进行了改革。因此，我们在第一版、第二版的基础上推出了本教材的第三版，同时将此次改版工作作为广东省"质量工程"项目和华南师范大学教学改革项目的建设内容加以推进。作为第三次改版，本书结合了广东省计算机基础教育的最新政策、考试大纲，以及教育部最新的大学计算机基础教育理念，对教材结构进行了相应的调整，使结构和内容更加成熟。

在《大学计算机基础（Windows 7+Office 2010）（第三版）》中，第1章"计算机概论"增加了VR技术概述、大数据与云计算、人工智能等知识；第6章"计算机网络基础和网络信息应用"增加了移动互联技术及慕课（MOOC）等知识；其他章节的结构和知识内容也做了相应的调整，删除了过旧的信息，替换为最新的内容。同时，书中所有Office 2010应用中的知识点都新增了相应的视频。

本书是广东省高等学校教学考试管理中心研发的网络自主学习平台的配套教材，在书中第7章特别介绍了网络自主学习平台的运行、登录与学习模块。该网络自主学习平台，方便考试测评，掌握学生学习动态，调整教学计划。凡购买本教材的学校，均可与我们联系免费使用本网络平台，电话020-85213800，联系人赖建锋老师。

本书适合普通高等院校、继续教育学院和网络教育学院的学生使用，推荐学时45～72学时。为了提高教学质量和提升学生的自主学习能力，建议采用教师重点知识精讲与网络平台学习相结合的混合式教学方式，留出更多的时间给学生利用平台自主学习。

本书由郑德庆、刘冬杰、陈启买、王楚鸿共同策划和编写目录；刘冬杰、郑德庆主编，陈启买、王楚鸿审定全书。其中，第1章由刘冬杰、谭共志编写，第2章由刘冬杰、李蓉编写，第3章由熊芳敏编写，第4章由李利强编写，第5章由杜瑛、李郁林编写，第6章由刘冬杰、王会编写，第7章由赖建锋、陈自琛编写。本书在编写过程中得到广东省高等学校教学考试管理中心梁武、赖建锋、陈自琛、林永怡、陈晓丽的建议和帮助；广东省高等学校教学考试管理中心的全体工作人员为本书中的 Office 2010 应用的全部知识点提供了视频；华南师范大学李丽萍、李桂英、杜炫杰和陈子森几位老师给予了热情帮助，藉此一并表示衷心的感谢。

由于计算机技术发展迅速，加之编者水平有限，书中难免会有疏漏与不妥之处，恳请读者批评指正。

编者

2018 年 5 月

目　录

第 1 章　计算机概论

第 2 章　Windows 7 操作系统

第 3 章 文稿编辑软件 Word 2010

第 4 章　数据统计和分析软件 Excel 2010

第 5 章 演示文稿制作软件 PowerPoint 2010

第 6 章 计算机网络基础和网络信息应用

第 7 章　网络自主学习平台

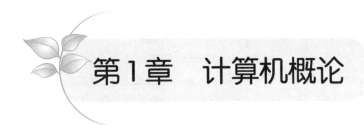

第1章 计算机概论

学 习 目 标

- 了解计算机的发展、特点和应用。
- 掌握计算机的组成和工作原理。
- 了解数制的概念和信息的存储单位。
- 了解 PC 的硬件组成、选购、组装及其主要性能指标。
- 了解平板计算机的概念和特点。
- 了解数据库和数据库系统的基本概念。
- 了解程序设计的基本概念和程序设计的步骤。
- 掌握多媒体和流媒体技术的概念。
- 了解大数据及云计算的概念和特点。
- 掌握计算机病毒、网络黑客的概念和防范措施。

当今社会已进入信息化时代，是否善于运用计算机技术进行学习、工作、解决专业问题已成为衡量人才素质的基本要求。大学计算机公共课程教学不仅是大学通识教育的一个重要组成部分，更是培养大学生用计算思维方式解决专业问题、成为复合型创新人才的基础性教育。具体表现在：计算机不仅为解决专业领域问题提供有效的方法和手段，而且提供了一种独特的处理问题的思维方式；计算机及互联网具有极其丰富的信息和知识资源，为人们终生学习提供了广阔的空间及良好的学习工具；善于使用互联网和办公软件是培养良好的交流表达能力和团队合作能力的重要基础；在信息社会，大学生必须具备计算机基础知识和使用计算机解决专业和日常问题的能力。

第 1 章课件

本章概括介绍计算机的基本原理，以及与计算机系统有关的数据库、计算机网络和程序设计的基础知识。

1.1 计算机概述

1.1.1 计算机系统的组成

目前的计算机是在程序语言支持下工作的，所以一个计算机系统应包括计算机硬件系统和计算机软件系统两大部分，如图 1-1 所示。

计算机硬件（hardware）系统是指构成计算机的各种物理装置，包括计算机系统中的一切电子、机械、光电等设备，是计算机工作的物质基础。计算机软件（software）系统是指为运行、维护、管理、应用计算机所编制的所有程序和数据的集合。通常，把不装备任何软件的计算机称为"裸机"，只有安装了必要的软件后，用户才能方便地使用计算机。

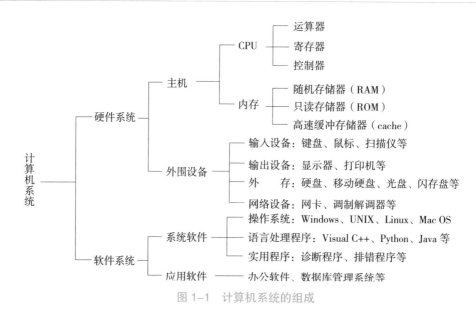

图 1-1　计算机系统的组成

1. 计算机硬件系统

计算机硬件系统由运算器、控制器、存储器、输入设备和输出设备五大部分组成，如图 1-2 所示。图 1-2 中实线为数据流（各种原始数据、中间结果等），虚线为控制流（各种控制指令）。输入/输出设备用于输入原始数据和输出处理后的结果；存储器用于存储程序和数据；运算器用于执行指定的运算；控制器负责从存储器中取出指令，对指令进行分析、判断，确定指令的类型并对指令进行译码，然后向其他部件发出控制信号，指挥计算机各部件协同工作，控制整个计算机系统逐步地完成各种操作。

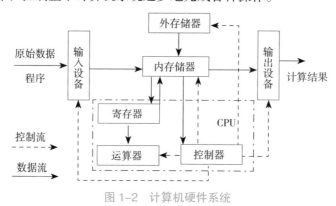

图 1-2　计算机硬件系统

（1）运算器

运算器是对数据进行加工处理的算术逻辑部件（arithmetic logic unit，ALU）。它的功能是在控制器的控制下对内存或内部寄存器中的数据进行算术运算（加、减、乘、除）和逻辑运算（与、或、非、比较、移位）。

（2）控制器

控制器是计算机的神经中枢和指挥中心，在它的控制下整个计算机才能有条不紊地工作。控制器的功能是依次从存储器中取出指令、翻译指令、分析指令，并向其他部件发出控制信号，指挥计算机各部件协同工作。

运算器、控制器和寄存器通常被集成在一块集成电路芯片上，称为中央处理器（central processing unit，CPU）。

（3）存储器

存储器用来存储程序和数据，是计算机中各种信息的存储和交流中心。存储器通常分为内部存储器和外部存储器。

内部存储器简称内存，又称主存储器，主要用于存放计算机运行期间所需要的程序和数据。用户通过输入设备输入的程序和数据首先要被送入内存，运算器处理的数据和控制器执行的指令来自内存，运算的中间结果和最终结果保存在内存中，输出设备输出的信息也来自内存。内存的存取速度快，容量相对较小。因内存具有存储信息和与其他主要部件交流信息的功能，故内存的大小及其性能的优劣直接影响计算机的运行速度。

外部存储器又称辅助存储器，用于存储需要长期保存的信息，这些信息往往以文件的形式存在。外部存储器中的数据 CPU 是不能直接访问的，要被送入内存后才能被使用，计算机通过内存、外存之间不断的信息交换来使用外存中的信息。与内存比较，外部存储器容量大，速度慢，价格低。外存主要有磁带、硬盘、移动硬盘、光盘、闪存盘等。

（4）输入设备和输出设备

输入／输出（I/O）设备是计算机系统与外界进行信息交流的工具。其作用分别是将信息输入计算机和从计算机输出信息。

输入设备将信息输入计算机，并将原始信息转化为计算机能识别的二进制代码存放在存储器中。常用的输入设备有键盘、鼠标、扫描仪、触摸屏、数字化仪、摄像头、传声器、数码照相机、光笔、磁卡读入机、语言模数转换识别系统、机器人传感器、条形码阅读机等。

输出设备的功能是将计算机的处理结果转换为人们所能接受的形式并输出。常用的输出设备有显示器、打印机、绘图仪、影像输出系统和语音输出系统等。

2. 计算机软件系统

计算机软件系统是指为运行、维护、管理、应用计算机所编制的所有程序和数据的集合，通常按功能分为系统软件和应用软件两大类。

（1）系统软件

系统软件是为计算机提供管理、控制、维护和服务等的软件，如操作系统、数据库管理系统、工具软件等。

操作系统（operating system，OS）是最基本、最核心的系统软件，计算机和其他软件都必须在操作系统的支持下才能运行。操作系统的作用是管理计算机系统中所有的硬件和软件资源，合理地组织计算机的工作流程；同时，操作系统又是用户和计算机之间的接口，为用户提供一个使用计算机的工作环境。目前，常见的操作系统有 Windows、UNIX、Linux、Mac OS 等。所有的操作系统具有并发性、共享性、虚拟性和不确定性 4 个基本特征。不同操作系统的结构和形式存在很大差别，但一般都有处理机管理（进程管理）、作业管理、文件管理、存储管理和设备管理 5 项功能。

目前使用 Linux 操作系统的人越来越多，Android 就是 Google 开发的基于 Linux 平台的开源手机操作系统。摩托罗拉（Motorola）也是支持该系统的手机厂商。黑莓（BlackBerry）是美国市场占有率较高的手机，但在中国影响力小。奔迈（Palm）系统操作稳定性好，但近年来被更加智能化的 Windows Mobile 超过。塞班（Symbian）系统是诺基亚主打的系统。而 iPhone OS X 是由苹果公司为 iPhone 开发的操作系统，主要供 iPhone 和 iPod Touch 使用。

系统支持软件是介于系统软件和应用软件之间，用来支持软件开发、计算机维护和运行的软件，为应用层的软件和最终用户处理程序和数据提供服务，如语言的编译程序、软件开发工具、数据库管理软件、网络支持程序等。

（2）应用软件

应用软件是为解决某个应用领域中的具体任务而开发的软件，如各种科学计算程序、企业管理程序、生产过程自动控制程序、数据统计与处理程序、情报检索程序等。常用应用软件的形式有定制软件（针对具体应用而定制的软件，如民航售票系统）、应用程序（如通用财务管理软件包）、通用软件（如文字处理软件、电子表格处理软件、课件制作软件、绘图软件、网页制作软件、网络通信软件等）3 种类型。

1.1.2　计算机的工作原理

美籍匈牙利数学家冯·诺依曼（John von Neumann）于 1946 年提出了计算机设计的 3 个基本思想：
① 计算机由运算器、控制器、存储器、输入设备和输出设备 5 个基本部分组成。

② 采用二进制形式表示计算机的指令和数据。

③ 将程序（由一系列指令组成）和数据存放在存储器中，并让计算机自动地执行程序。

其工作原理是将需要执行的任务用程序设计语言写成程序，与需要处理的原始数据一起通过输入设备输入并存储在计算机的存储器中，即"程序存储"；在需要执行时，由控制器取出程序并按照程序规定的步骤或用户提出的要求，向计算机的有关部件发布命令并控制它们执行相应的操作，执行的过程不需要人工干预而自动连续地一条指令一条指令地运行，即"程序控制"。冯·诺依曼计算机工作原理的核心是"程序存储"和"程序控制"。按照这一原理设计的计算机称为冯·诺依曼计算机，其体系结构称为冯·诺依曼结构。目前，计算机虽然已发展到了第五代，但基本上仍然遵循冯·诺依曼原理和结构。但是，为了提高计算机的运行程度，实现高度并行化，当今的计算机系统已对冯·诺依曼结构进行了许多变革，如指令流水线技术、多核处理技术、平行计算技术等。

1. 计算机的指令系统

指令是能被计算机识别并执行的命令。每一条指令都规定了计算机要完成的一种基本操作，所有指令的集合称为计算机的指令系统。计算机的运行就是识别并执行其指令系统中的每条指令。

指令以二进制代码形式来表示，由操作码和操作数（或地址码）两部分组成，如图 1-3 所示。操作码指出应该进行什么样的操作，操作数表示指令所需要的数值本身或数值在内存中所存放的单元地址（地址码）。

操作码	操作数（地址码）

图 1-3　指令的组成

2. 计算机执行指令的过程

计算机的工作过程实际上就是快速地执行指令的过程，认识指令的执行过程就能了解计算机的工作原理。计算机在执行指令的过程中有两种信息在流动：数据流和控制流。数据流是指原始数据、中间结果、结果数据、源程序等。控制流是由控制器对指令进行分析、解释后向各部件发出的控制命令，指挥各部件协调地工作。

计算机执行指令一般分为以下 4 个步骤：

① 取指令：控制器根据程序计数器的内容（存放指令的内存单元地址）从内存中取出指令送到 CPU 的指令寄存器。

② 分析指令：控制器对指令寄存器中的指令进行分析和译码。

③ 执行指令：根据分析和译码的结果，判断该指令要完成的操作，然后按照一定的时间顺序向各部件发出完成操作的控制信号，完成该指令的功能。

④ 一条指令执行后，程序计数器加 1 或将转移地址码送入程序计数器，然后回到步骤①，进入下一条指令的取指令阶段。

3. 计算机执行程序的过程

程序是为解决某一问题而编写的指令序列。计算机能直接执行的是机器指令，用高级语言或汇编语言编写的程序必须先翻译成机器语言，然后 CPU 从内存中取出一条指令到 CPU 中执行，指令执行完，再从内存取出下一条指令到 CPU 中执行，直到完成全部指令为止。CPU 不断地取指令、分析指令、执行指令，这就是程序的执行过程。

1.2　数制和信息编码

1.2.1　数制的概念

数制（number system）又称计数法，是人们用一组统一规定的符号和规则来表示数的方法。计数法通常使用的是进位计数制，即按进位的规则进行计数。在进位计数制中有"基数"和"位权"两个基本概念。

基数（radix）是进位计数制中所用的数字符号的个数。例如，十进制的基数为 10，逢 10 进一；二进制的基数为 2，逢 2 进一。

在进位计数制中，把基数的若干次幂称为位权，幂的方次随该位数字所在的位置而变化，整数部分从最低位开始依次为 0、1、2、3、4……小数部分从最高位开始依次为 –1、–2、–3、–4……例如，十进制数 1234.567 可以写成：

$$1234.567 = 1 \times 10^3 + 2 \times 10^2 + 3 \times 10^1 + 4 \times 10^0 + 5 \times 10^{-1} + 6 \times 10^{-2} + 7 \times 10^{-3}$$

在计算机内部，信息都是采用二进制的形式进行存储、运算、处理和传输的。编码二进制的运算法则非常简单，例如：

求和法则	求积法则
$0 + 0 = 0$	$0 \times 0 = 0$
$0 + 1 = 1$	$0 \times 1 = 0$
$1 + 0 = 1$	$1 \times 0 = 0$
$1 + 1 = 10$	$1 \times 1 = 1$

1.2.2 不同数制间的转换

日常生活中人们习惯使用十进制，有时也使用其他进制。例如，计算时间采用六十进制，1 小时为 60 分，1 分为 60 秒；在计算机科学中经常涉及二进制、八进制、十进制和十六进制等；但在计算机内部，不管什么类型的数据都使用二进制编码的形式来表示。下面介绍几种常用的数制：二进制、八进制、十进制和十六进制。

1. 常用数制的特点

表 1–1 列出了几种常用数制的特点。

表 1–1　常用数制的特点

数　制	基　数	数　　码	进位规则
十进制	10	0, 1, 2, 3, 4, 5, 6, 7, 8, 9	逢十进一
二进制	2	0, 1	逢二进一
八进制	8	0, 1, 2, 3, 4, 5, 6, 7	逢八进一
十六进制	16	0, 1, 2, 3, 4, 5, 6, 7, 8, 9, A, B, C, D, E, F	逢十六进一

2. 常用数制的书写规则

为了区分不同数制的数，常采用以下两种方法进行标识：

① 字母后缀：

- 二进制数用 B（binary）表示。
- 八进制数用 O（octonary）表示。为了避免与数字 0 混淆，字母 O 常用 Q 代替。
- 十进制数用 D（decimal）表示。十进制数的后缀 D 一般可以省略。
- 十六进制数用 H（hexadecimal）表示。

例如，10011B、237Q、8079D 和 45ABFH 分别表示二进制、八进制、十进制和十六进制。

② 括号外面加下标。例如，$(10011)_2$、$(237)_8$、$(8079)_{10}$ 和 $(45ABFH)_{16}$ 分别表示二进制、八进制、十进制和十六进制。

使用 Windows 操作系统提供的 "计算器" 可以很方便地解决整数的数制转换问题。方法如下：

① 选择 "开始" → "所有程序" → "附件" → "计算器" 命令，启动计算器。

② 选择计算器 "查看" → "科学型" 命令。

③ 单击原来的数制。

④ 输入要转换的数字。

⑤ 单击要转换成的某种数制，得到转换结果。

1.2.3　信息存储单位

在计算机内部，信息都是采用二进制的形式进行存储、运算、处理和传输的。信息存储单位有位、字节和字等几种。

1. 位

位（bit）是二进制数中的一个数位，可以是 0 或者 1，是计算机中数据的最小单位。

2. 字节

字节(byte,B)是计算机中数据的基本单位。例如，一个 ASCII 码用一个字节表示，一个汉字用两个字节表示。一个字节由 8 个二进制位组成，即 1 B = 8 bit。比字节更大的数据单位有 KB（千字节）、MB（兆字节）、GB（吉字节）和 TB（太字节）。

它们的换算关系如下：

$$1 \text{ KB} = 1\,024 \text{ B} = 2^{10} \text{ B}$$
$$1 \text{ MB} = 1\,024 \text{ KB} = 2^{10} \text{ KB} = 2^{20} \text{ B} = 1\,024 \times 1\,024 \text{ B}$$
$$1 \text{ GB} = 1\,024 \text{ MB} = 2^{10} \text{ MB} = 2^{30} \text{ B} = 1\,024 \times 1\,024 \times 1\,024 \text{ B}$$
$$1 \text{ TB} = 1\,024 \text{ GB} = 2^{10} \text{ GB} = 2^{40} \text{ B} = 1\,024 \times 1\,024 \times 1\,024 \times 1\,024 \text{ B}$$

3. 字

字（word）是计算机一次存取、运算、加工和传送的数据长度，是计算机处理信息的基本单位，一个字由若干个字节组成，通常将组成一个字的位数称为字长。例如，一个字由 4 个字节组成，则字长为 32 位。

字长（word length）是计算机性能的一个重要指标，是 CPU 一次能直接传输、处理的二进制数据位数。字长越长，计算机运算速度越快、精度越高，性能也就越好。通常，人们所说的多少位的计算机，就是指其字长是多少位的。常用的字长有 8 位、16 位、32 位、64 位等，目前在个人计算机中，主流的 CPU 都是 64 位的，128 位的 CPU 也在研究之中。

1.2.4　常见的信息编码

计算机是用来处理数据的，任何形式的数据（数字、字符、汉字、图像、声音、视频）进入计算机都必须转换为 0 和 1（二进制），即进行信息编码。在转换成二进制编码前，进入计算机的数据是以不同的信息编码形式存在的，常见的信息编码有以下几种：

1. ASCII 码

ASCII 码（American standard code for information interchange，美国信息交换标准码）由 7 位二进制数对字符进行编码，用 0000000 ~ 1111111 共 2^7 即 128 种不同的数码串分别表示常用的 128 个字符，其中包括 10 个数字、英文大小写字母各 26 个、32 个标点和运算符号、34 个控制符。这个编码已被国际标准化组织批准为国际标准 ISO–646，我国相应的国家标准为 GB 2312—1980。详细的 ASCII 码对照表可到网络搜索查阅。

2. 汉字编码

计算机在处理汉字信息时，由于汉字字形比英文字符复杂得多，其偏旁部首等远不止 128 个，所以计算机处理汉字输入和输出时，要比处理英文复杂。计算机汉字处理过程的代码一般有 4 种形式：汉字输入码、汉字交换码、汉字机内码和汉字字形码。其中，汉字输入码是为从键盘输入汉字而编制的汉字编码，又称汉字外部码，简称外码。汉字输入码的编码方法有数字码、字音码、字形码、混合编码 4 类，简单地说，有区位码输入、拼音输入、五笔输入等，但不管采用哪种输入码输入，经转换后同一个汉字将得到相同的内码。

1.3　个人计算机

个人计算机（personal computer，PC）是以中央处理器（CPU）为核心，加上存储器、输入 / 输出接口及系统总线所组成的计算机。随着微电子技术的发展，个人计算机整体性能指标不断得到提高，在各行各业中得到了迅速普及应用。

个人计算机可分为台式计算机和便携式计算机两种。台式计算机［见图 1-4（a）］的主机、键盘和显示器等都是相互独立的，通过电缆连接在一起。其特点是价格便宜，部件标准化程度高，系统扩充和维护比较方便。便携式计算机［见图 1-4（b）］、平板计算机［见图 1-4（c）］把主机、硬盘、光驱、键盘和显示器等部件集成在一起，体积小，便于携带。

（a）台式计算机　　　　　　　（b）便携式计算机　　　　　　（c）平板计算机

图 1-4　台式计算机、便携式计算机和平板计算机

1.3.1　个人计算机的硬件组成

PC 的原理和结构与其他计算机并无本质区别，也是由硬件系统和软件系统两大部分组成。硬件系统由 CPU、内存储器（包括 ROM 和 RAM）、接口电路（包括输入接口和输出接口）和外围设备几部分组成，通过三条总线（bus）：地址总线（AB）、数据总线（DB）和控制总线（CB）进行连接。

从外观来看，PC 一般由主机和外围设备组成。以台式计算机为例，主机包括系统主板、CPU、内存储器、硬盘驱动器、CD-ROM 驱动器、显卡、电源等；外围设备包括移动硬盘、U 盘、键盘、鼠标、显示器和打印机等。

1. 主板

每台 PC 的主机机箱内都有一块比较大的电路板，称为主板（mainboard）或母板（motherboard）。主板是连接 CPU、内存及各种适配器（如显卡、声卡、网卡等）和外围设备的中心枢纽。主板为 CPU、内存和各种适配器提供安装插座（槽）；为各种外部存储器、打印和扫描等 I/O 设备以及数码照相机、摄像头、Modem 等多媒体和通信设备提供连接的接口。实际上计算机通过主板将 CPU 等各种器件和外围设备有机地结合起来形成一套完整的系统。

计算机运行时对 CPU、系统内存、存储设备和其他 I/O 设备的操控都必须通过主板来完成，因此计算机的整体运行速度和稳定性在相当程度上取决于主板的性能。

目前的主流主板按板型结构标准可分为 ATX、Micro-ATX（Mini-ITX）和 BTX 三种。

对于主板而言，芯片组几乎决定了这块主板的功能，其中 CPU 的类型，主板的系统总线频率，内存类型、容量和性能，以及显卡插槽规格是由芯片组中的北桥芯片决定的；而扩展槽的种类与数量、扩展接口的类型和数量（如 USB、IEEE 1394、串口、并口笔记本式计算机的 VGA 输出接口）等，是由芯片组的南桥决定的。芯片组性能的优劣，决定了主板性能的好坏与级别的高低。目前 CPU 的型号与种类繁多、功能特点不一，如果芯片组不能与 CPU 良好地协同工作，将严重地影响计算机的整体性能，甚至不能正常工作。除了目前最通用的南北桥结构外，芯片组已经向更高级的加速集线架构发展。另外，主板还要对应不同的 CPU 类型。目前 CPU 主要有两种：Intel CPU（主要有赛扬、奔腾、酷睿）和 AMD CPU（闪龙、速龙等），不同系列的 CPU 所使用的主板芯片也不同，以上两种 CPU 对应的主板不能相互通用，即使是同一品牌、同一系列的 CPU，也要注意其针脚数是否一样。

图 1-5 所示为主流机型主板布局示意图。主板上主要

显卡插槽　　　　　　　　　　　　　CPU 插座

内存插槽

图 1-5　PC 主板结构图

包括 CPU 插座、内存插槽、显卡插槽以及各种串行和并行接口。

2. CPU

在个人计算机中，运算器和控制器通常被整合在一块集成电路芯片上，称为中央处理器（CPU）。CPU 的主要功能是从内存储器中取出指令，解释并执行指令。CPU 是计算机硬件系统的核心，它决定了计算机的性能和运行速度，代表计算机的档次，所以人们通常把 CPU 形象地比喻为计算机的心脏。

CPU 的运行速度通常用主频表示，以赫兹（Hz）作为计量单位。在评价 PC 时，首先看其 CPU 是哪一种类型，在同一档次中还要看其主频的高低，主频越高，速度越快，性能越好。CPU 的主要生产厂商有 Intel 公司、AMD 公司、VIA 公司和 IBM 公司等。图 1-6 所示为 Intel 公司和 AMD 公司生产的两款 CPU。

图 1-6　CPU 外观

3. 内存储器

内存储器简称内存，主要由只读存储器（readonly memory，ROM）、随机存储器（random access memory，RAM）和高速缓冲存储器（cache）构成。

（1）只读存储器

只读存储器主要用来存放一些需要长期保留的数据和程序，其信息一般由生产厂家写入，断电后存储器的信息不会消失。

例如，BIOS（basic input/output system，基本输入 / 输出系统）就是固化在主板上 ROM 芯片中的一组程序，为计算机提供最基层、最直接的硬件控制与支持。BIOS 属于 PC 中的底层固件，主要负责在开机时做硬件启动和检测等工作，并且担任操作系统控制硬件时的中介角色。BIOS 的好坏直接影响系统性能提升以及更多性能的扩展。BIOS 作为计算机开机启动的最基本引导软件使用至今已有 20 多年的历史，而 PC 架构的一项技术升级 UEFI（unified extensible firmware lnterface，统一可扩展固件接口）将可能成为 BIOS 的替代品。

与以往的所有计算机启动引导系统相比，UEFI 具有更好的灵活性，可以完全兼容未来任何硬件的规格和特性，引导速度更快，具有更好的基础网络协议支持力度，这就意味着即使是"裸机"都可以连接网络，而无须硬盘和操作系统支持。

（2）随机存储器

随机存储器是构成内存储器的主要部分，主要用来临时存放正在运行的用户程序和数据及临时从外存储器调用的系统程序。插在主板内存槽上的内存就是一种随机存储器。RAM 中的数据可以读出和写入，在计算机断电后，RAM 中的数据或信息将会全部丢失，因此，在正常或非正常关机前，必须把内存中的数据写回可永久保存数据的外部存储器（如硬盘上），该操作通常称为"保存"。

CMOS 是主板上的一块可读 / 写的 RAM 芯片，里面存放的是关于系统配置的具体参数，如日期、时间、硬盘参数等，这些参数可通过 BIOS 设置程序进行设置。CMOS RAM 芯片靠后备电源（电池）供电，因此无论是在关机状态，还是遇到系统断电的情况（后备电池无电例外），CMOS 中的信息都不会丢失。BIOS 是一段用来完成 CMOS 参数设置的程序，固化在 ROM 芯片中；CMOS RAM 中存储的是系统参数，为 BIOS 程序提供数据。

RAM 又可分为静态 RAM（static RAM，SRAM）和动态 RAM（dynamic RAM，DRAM）两种。SRAM 的速度较快，但价格较高，只适宜特殊场合的使用。例如，高速缓冲存储器一般用 SRAM 做成；DRAM 的速度相对较慢，但价格较低，在 PC 中普遍采用它做成内存。DRAM 常见的有 SDRAM、DDR SDRAM、DDR2 SDRAM 和 DDR3 SDRAM 等几种，如图 1-7 所示。SDRAM（synchronous dynamic random access memory，同步动态随机存储器）是前几年普遍使用的内存形式。DDR SDRAM（double data rate synchronous dynamic random access memory，双倍速率的同步动态随机存储器）是 SDRAM 的更新换代产品，具有比 SDRAM 多一倍的传输速率和内存带宽，是目前常用的内存类型。DDR2 SDRAM 和 DDR3 SDRAM 是新一代的内存技术标准。随着 Intel 处理器技术的发展，前端总线（front side bus，FSB）对内存带宽的要求越来越高。

（a）SDRAM

（b）DDR SDRAM

图 1-7　SDRAM 与 DDR

内存储器（RAM）是计算机整体性能的重要指标之一，其参数包括主频、存取时间和存储容量。主频越高越好，表明存储速度越快，存取时间越小越好，表明读取数据所耗费的时间越少，速度就越快，存储容量则是越大越好，表明能存放的数据越多。

（3）高速缓冲存储器

CPU 的速度越来越快，但 DRAM 的速度受到制造技术的限制无法与 CPU 的速度同步，因而经常导致 CPU 不得不降低自己的速度来适应 DRAM。为了协调 CPU 与 DRAM 之间的速度，通常在 CPU 与主存储器间提供一个小而快的存储器，称为 cache（高速缓冲存储器）。cache 是由 SRAM 构成的，存取速度大约是 DRAM 的 10 倍。cache 的工作原理是将未来可能要用到的程序和数据先复制到 cache 中，CPU 读数据时，首先访问 cache，当 cache 中有 CPU 所需的数据时，直接从 cache 中读取；如果没有，再从内存中读取，并把与该数据相关的内容复制到 cache 中，为下一次访问做好准备。

4. 外存储器

外存储器又称外存，用于长期保存数据。CPU 不能直接访问外存储器中的数据，要被送入内存后才能使用。与内存储器相比较，外存储器一般容量大、价格低、速度慢。外存主要有硬盘、移动硬盘、U 盘、光盘等。

（1）硬盘

硬盘由磁盘盘片组、读 / 写磁头、定位机构和传动系统等部分组成，密封在一个容器内，如见图 1-8 所示。硬盘容量大，存储速度快，可靠性高，是最主要的外存储设备。目前，常用的硬盘直径分为 3.5 英寸或 2.5 英寸，容量一般为几十吉字节到几百吉字节甚至几太字节。

（2）移动硬盘

移动硬盘具有容量大（几十吉字节到几百吉字节），携带方便（见图 1-9），存储方便，安全性、可靠性强，兼容性好，读 / 写速度快等特点，受到越来越多的用户青睐。

图 1-8 硬盘

在 Windows XP 及高版本操作系统下使用移动硬盘不需要安装任何驱动程序，即插即用。移动硬盘一般通过 USB 接口与计算机连接。移动硬盘用电量一般比闪存盘大，有的计算机上（尤其是笔记本式计算机）的 USB 接口提供不了足够的电量让移动硬盘工作，因此移动硬盘数据线往往有两个插头，使用时最好两个插头都插在计算机的 USB 接口，以免因电量不足而造成移动硬盘不能读取数据。移动硬盘每次使用完毕后，最好先将其移除（又称"删除硬件"），然后再拔出数据线。具体步骤：先关闭相关的窗口，右击任务栏上的移动存储器图标，在弹出的快捷菜单中选择"安全删除硬件"命令，最后单击"停止"按钮。另外，应避免在数据正在读 / 写时拔出移动硬盘。

图 1-9 移动硬盘

（3）U 盘

U 盘（图 1-10）利用闪存（flash memory）技术在断电后还能保持存储数据信息的原理制成，具有重量轻且体积小、读 / 写速度快、不易损坏、采用 USB 接口与计算机连接、即插即用等特点，能实现在不同计算机之间进行文件交换，已经成为移动存储器的主流产品。U 盘的存储容量一般有 2 GB、4 GB、8 GB、16 GB、32 GB、64 GB、128 GB 等，最大可达 1 TB。使用时应避免在读 / 写数据时拔出 U 盘，U 盘也要先"删除硬件"再拔出。

图 1-10 U 盘

（4）光盘

光盘（compact disk，CD）是利用激光原理进行读 / 写的外存储器（见图 1-11）。它以容量大、寿命长、价格低等特点在 PC 中得到广泛应用。

光盘分为 CD（compact disk）、DVD（digital versatile disk）等。CD 的容量约为 650 MB；单面单层的红光 DVD 容量为 4.7 GB，单面双层的红光 DVD 容量为 7.5 GB，双面双层的红光 DVD 容量为 17 GB（相当于 26 张 CD 的容量）；蓝光 DVD 单面单层光盘的存储容量为 23.3 GB、25 GB 和 27 GB 等。比蓝光 DVD 更新的产

图 1-11 光盘与光盘驱动器

品是全息存储光盘。

全息存储光盘是利用全息存储技术制造而成的新型存储器，它用类似于 CD 和 DVD 的方式（即能用激光读取的模式）存储信息，但存储数据是在一个三维的空间而不是通常的两维空间，并且数据检索速度要比传统的光盘快几百倍。全息存储技术因同时具有存储容量大（可达到几百吉字节至十几太字节）、数据传输速率高、冗余度高和信息寻址速度快等特点，最有可能成为下一代主流存储技术。

光盘的驱动和读取是通过光盘驱动器（简称光驱）来实现的，CD-ROM 光驱和 DVD 光驱已经成为 PC 的基本配置。往光盘写入数据需安装光盘刻录机，新型的三合一驱动器能支持读取 CD、DVD、蓝光 DVD 和刻录光盘等功能，已被广泛地应用在 PC 中。

5. 输入设备

输入设备用于将信息输入计算机，并将原始信息转化为计算机能接收的二进制数，使计算机能够处理。常用的输入设备主要有键盘、鼠标、扫描仪、触摸屏、手写板、光笔、传声器、摄像机、数码照相机、磁卡读入机、条形码阅读机、数字化仪等。

（1）键盘

键盘是最常用、最基本的输入设备，可用来输入数据、文本、程序和命令等。在键盘内部有专门的控制电路，当用户按键盘上的任意一个键时，键盘内部的控制电路会产生一个相应的二进制代码，并把这个代码传入计算机。图 1-12 所示为 104 键键盘的分布。

图 1-12　键盘分布

按照各类按键的功能和排列位置，可将键盘分成 4 个区：主键盘（打字键）区、功能键区、编辑键区和数字小键盘区。

① 主键盘区。主键盘区与英文打字机键的排列次序相同，位于键盘中间，包括数字 0 ~ 9、字母 a ~ z，以及一些控制键，如【Shift】键、【Ctrl】键、【Alt】键等。

② 功能键区。功能键区在键盘最上面一排，指的是【Esc】键和【F1】~【F12】键，其功能由软件、操作系统或者用户定义。例如，【F1】键通常被设为帮助键。现在有些计算机厂商为了进一步方便用户，还设置了一些特定的功能键，如单键上网、收发电子邮件、播放 DVD 等。

③ 数字小键盘区。数字小键盘区又称"小键盘"，位于键盘的右部，主要为录入大量的数字提供方便。"小键盘"中的双字符键具有数字键和编辑键双重功能，单击数字锁定键【Num Lock】即可进行上挡数字状态和下挡编辑状态的切换。

④ 编辑键区。编辑键区位于打字键区和数字小键盘区之间，在键盘中间偏右的地方，主要用于光标定位和编辑操作。

表 1-2 列出了一些常用键的功能和用法。

表 1-2　常用键的功能和用法

常　用　键	功　能　和　用　法
Caps Lock	字母大 / 小写转换键。若键盘上的字母键为小写状态，按此键可转换成大写状态（键盘右上角的 Caps Lock 指示灯亮）；再按一次又转换成小写状态（Caps Lock 指示灯灭）
Shift	换挡键。打字键区中左右各一个，不能单独使用。主要有两个用途：①先按住【Shift】键，再按某个双字符键，即可输入上挡字符（若单独按双字符键则输入下挡字符）。②在小写状态下，按住【Shift】键时按字母键，输入大写字母；在大写状态下，按住【Shift】键时按字母键，输入小写字母

续表

常　用　键	功　能　和　用　法
Space	空格键。在键盘中下方的长条键，每按一次键即在光标当前位置产生一个空格
Backspace	退格键。删除光标左侧字符
Delete（Del）	删除键。删除光标当前位置字符
Tab	跳格键或制表定位键。每单击一次，光标向右移动若干个字符（一般为 8 个）的位置，常用于制表定位
Ctrl	控制键。打字键区中左右各一个，不能单独使用，通常与其他键组合使用，例如，同时按住【Ctrl】键、【Alt】键和【Delete】键可用于热启动
Alt	控制键，又称"替换"键。打字键区中左右各一个，不能单独使用，通常与其他键组合使用，完成某些控制功能
Num Lock	数字锁定键。按数字锁定键【Num Lock】即可对小键盘进行上挡数字状态和下挡编辑状态的切换。Num Lock 指示灯亮，小键盘上挡数字状态有效，否则下挡编辑状态有效
Insert（Ins）	插入 / 改写状态转换键。用于编辑时插入、改写状态的转换。在插入状态下输入一个字符后，该字符被插入到光标当前位置，光标所在位置后的字符将向右移动，不会被改写；在改写状态下输入一个字符时，该字符将替换光标所在位置的字符
Print Screen	屏幕复制键。在 DOS 状态下按该键可将当前屏幕内容在打印机上打印出来。在 Windows 操作系统下，按该键可将当前屏幕内容复制到剪贴板中；同时按住【Alt】键和【Print Screen】键可将当前窗口或对话框中的内容复制到剪贴板中
↑↓←→	光标移动键。在编辑状态下，每按一次，光标将按箭头方向移动一个字符或一行
Page Up（PgUp）	向前翻页键。每按一次，光标快速定位到上一页
Page Down（PgDn）	向后翻页键。每按一次，光标快速定位到下一页
Home	在编辑状态下，按该键，光标移动到当前行行首；同时按住【Ctrl】键和【Home】键，光标移动到文件开头位置
End	在编辑状态下，按该键，光标移动到当前行行尾；同时按住【Ctrl】键和【End】键，光标移动到文件末尾
	Windows 专用键。用于启动"开始"菜单
	Windows 专用键。用于启动快捷菜单

（2）鼠标

随着 Windows 操作系统的发展和普及，鼠标已成为计算机必备的标准输入装置。鼠标因其外形像一只拖着长尾巴的老鼠而得名。鼠标的工作原理是利用自身的移动，把移动距离及方向的信息变成脉冲传送给计算机，由计算机把脉冲转换成指针的坐标数据，从而达到指示位置和单击操作的目的。鼠标可分为机械式、光电式和机电式 3 种。

图 1-13　有线鼠标和无线鼠标

此外，还有将鼠标与键盘合二为一的输入设备，即在键盘上安装了与鼠标作用相同的跟踪球，它在笔记本式计算机中应用很广泛。近年来还出现了 3D 鼠标和无线鼠标等。图 1-13 所示为有线鼠标和无线鼠标。

（3）扫描仪

扫描仪（见图 1-14）是一种输入图形图像的设备，通过它可以

图 1-14　扫描仪

将图片、照片、文字甚至实物等用图像形式扫描输入到计算机中。

扫描仪最大的优点是在输入稿件时可以最大限度地保留原稿面貌，这是键盘和鼠标所办不到的。通过扫描仪得到的图像文件可以提供给图像处理程序进行处理；如果再配上光学字符识别（OCR）程序，则可以把扫描得到的图片格式的中英文图像转变为文本格式，供文字处理软件进行编辑，这样就免去了人工输入的过程。

（4）触摸屏

触摸屏是一种附加在显示器上的辅助输入设备。当手指在屏幕上移动时，触摸屏将手指移动的轨迹数字化，然后传送给计算机，计算机对获得的数据进行处理，从而实现人机对话。其操作方法简便、直观，逐渐代替键盘和鼠标作为普通计算机的输入手段。目前的触摸屏分为电阻触摸屏和电容触摸屏两种。

此外，利用手写板可以通过手写输入中英文；利用摄像头可以将各种影像输入到计算机中；利用语音识别系统可以把语音输入到计算机中。

6. 输出设备

输出设备的功能是将计算机的处理结果转换为人们所能接受的形式并输出。常用的输出设备有显示器、打印机、绘图仪、影像输出系统和语音输出系统等。磁盘驱动器既是输入设备，又是输出设备。

（1）显示器

显示器是计算机最基本的输出设备，能以数字、字符、图形或图像等形式将数据、程序运行结果或信息的编辑状态显示出来。目前常用的显示器有三类：一类是阴极射线管（cathode ray tube，CRT）显示器；另一类是液晶显示器（liquid crystal display，LCD），还有一类是发光二极管（light emitting diode，LED）显示器，如图1-15所示。

① CRT显示器工作时，电子枪发出电子束轰击屏幕上的某一荧光点，使该点发光，每个点由红、绿、蓝三基色组成，通过对三基色强度的控制就能合成各种不同的颜色。电子束从左到右，从上到下，逐个荧光点轰击，就可以在屏幕上形成图像。

② LCD显示器的工作原理是利用液晶材料的物理特性，当通电时，液晶中分子排列有秩序，使光线容易通过；不通电时，液晶中分子排列混乱，阻止光线通过。这样让液晶中分子如闸门般地阻隔或让光线穿透，就能在屏幕上显示出图像来。液晶显示器的特点是：超薄、完全平面、没有电磁辐射、能耗低，符合环保概念。

（a）CRT显示器

（b）LCD显示器

（c）LED显示器

图1-15　显示器

③ LED显示器是通过控制半导体发光二极管显示各种图像。与LCD显示器相比较，LED在亮度、功耗、可视角度和刷新速率等方面都更具优势。LED与LCD的功耗比大约为1:10，而且更高的刷新速率使得LED在视频方面有更好的性能表现，能提供宽达160°的视角，可以显示各种文字、数字、彩色图像及动画信息，也可以播放电视、录像、VCD、DVD等彩色视频信号，多幅显示屏还可以进行联网播出。LED显示屏的单个元素反应速度是LCD液晶屏的1 000倍，在强光下也可正常观看，并且能适应-40℃的低温。利用LED技术，可以制造出比LCD更薄、更亮、更清晰的显示器，因此拥有广泛的应用前景。

显示器的主要技术参数有显示器尺寸、分辨率等。对于相同尺寸的屏幕，分辨率越高，所显示的字符或图像就越清晰。

（2）打印机

打印机（见图1-16）是将计算机的处理结果打印到纸上的输出设备。打印机一般通过电缆线连接在计算机的USB接口上。打印机按打印颜色可分为单色打印机和彩色打印机；按工作方式可分为击打式打印机和非击打式打印机，击打式打印机用得最多的是针式打印机，非击打式打印机用得最多的是喷墨打印机和激光打印机。

（a）针式打印机　　　　　　（b）激光打印机　　　　　　（c）喷墨打印机

图 1-16 打印机

① 针式打印机。针式打印机又称点阵打印机，由走纸机构、打印头和色带组成。针式打印机的缺点是噪声大，打印速度慢，打印质量不高，打印头针容易损坏；优点是打印成本低，可连页打印、多页打印（复印效果）、打印蜡纸等。

② 喷墨打印机。喷墨打印机是在控制电路的控制下，墨水通过墨头喷射到纸面上形成微墨点输出字符和图形。喷墨打印机的优点是体积小，无噪声，打印质量高，颜色鲜艳逼真，价格便宜，适用于个人购买；缺点是墨水的消耗量大，长期不用的喷墨打印机，墨头喷头会干涸，不能再使用。

③ 激光打印机。激光打印机是激光技术和静电照相技术相结合的产物。这种打印机由激光源、光调制器、感光鼓、光学透镜系统、显影器、充电器等部件组成，其工作原理与复印机相似。激光打印机的优点是分辨率高，印字质量好，打印速度快，无击打噪声；缺点是打印成本较高。

打印机的主要技术指标是分辨率和打印速度。分辨率一般用每英寸打印的点数（dots per inch，DPI）来表示。分辨率的高低决定了打印机的印字质量。针式打印机的分辨率通常为 180 DPI，喷墨打印机和激光打印机的分辨率一般都超过 600 DPI。打印速度一般用每分钟能打印的纸张页数（page per minute，PPM）来表示。

7. 总线

总线（bus）是 PC 硬件系统用来连接 CPU、存储器和输入 / 输出设备（I/O 设备）等各种部件的公共信息通道，通常由数据总线（data bus，DB）、地址总线（address bus，AB）和控制总线（control bus，CB）三部分组成。数据总线在 CPU 与内存或 I/O 设备之间传送数据，地址总线用来传送存储单元或输入 / 输出接口的地址信息，控制总线则用来传送控制和命令信号。其工作方式一般是：由发送数据的部件分时地将信息发往总线，再由总线将这些数据同时发往各个接收信息的部件，但究竟由哪个部件接收数据，则由地址来决定。由此可见，总线除包括上述三组信号线外，还必须包括相关的控制和驱动电路。在 PC 硬件系统中，总线有自己的主频（时钟频率）、数据位数与数据传输速率，已成为一个重要的独立部件。典型的总线结构有单总线结构和多总线结构两种。常用的 PC 总线标准有 ISA（industry standard architecture，工业标准结构）总线或 PCI（peripheral component interconnect，外设连接接口）总线两种，目前，PCI 总线早已取代 ISA 总线成为 PC 中广泛应用的总线标准。

8. 输入 / 输出（I/O）接口

在 PC 中，当增加外围设备（简称外设）时，不能直接将它接在总线上，这是因为外设种类繁多，所产生和使用的信号各不相同，工作速度通常又比 CPU 低，因此必须通过 I/O 接口电路才能连接到总线上。接口电路具有设备选择、信号变换及缓冲等功能，以确保 CPU 与外设之间能协调一致地工作。PC 中一般能提供以下类别的接口（见图 1-17）：

图 1-17 PC 接口

① 总线接口。主板一般提供多种总线类型（如 PCI、AGP）的扩展槽，供用户插入相应的功能卡（如显卡、声卡、网卡等）。

② 串行接口。采用二进制位串行方式（一次传输一位数据）来传送信号的接口。主要采用 9 针的规范，主板上提供了 COM1、COM2，早期的鼠标就是连接在这种串行接口上。

③ 并行接口。采用二进制为并行方式（一次传输 8 位数据）来传送信号的接口。主要采用 25 针的规范，旧款的打印机主要是连接在这个并行接口上。

④ PS/2 接口。考虑到资源的占用率和传输速率，专门设计用来连接鼠标和键盘的接口。连接鼠标和键盘的 PS/2 接口看起来非常相似，但其实内部的控制电路是不同的，不能互相混插，可以用颜色来区分。通常紫色的代表键盘接口，绿色的代表鼠标接口。

⑤ USB 接口。USB（universal serial bus，通用串行总线）是采用新型的串行技术开发出来的接口，其最大特点是支持热插拔，而且传输速度快，USB 3.0 规范达到 5 Gbit/s。现在个人计算机的外围设备接口都提供了 USB 接口。

1.3.2　个人计算机的主要性能指标

1. 字长

字长是 CPU 一次能直接传输、处理的二进制数据位数，是计算机性能的一个重要指标。字长代表机器的精度，字长越长，可以表示的有效位数就越多，运算精度越高，处理能力越强。目前，PC 的字长一般为 32 位或 64 位。

2. 主频

主频指的是计算机的时钟频率。时钟频率是指 CPU 在单位时间(秒)内发出的脉冲数，通常以吉赫兹(GHz)为单位。主频越高，计算机的运算速度越快。CPU 主频是决定计算机运算速度的关键指标，也是用户在购买 PC 时要按主频来选择 CPU 芯片的原因。

3. 运算速度

计算机的运算速度是指每秒所能执行的指令数，用每秒百万条指令（MIPS）描述，是衡量计算机档次的一项核心指标。计算机的运算速度不但与 CPU 的主频有关，还与字长、内存、主板、硬盘等有关。

4. 内存容量

内存容量是指随机存储器(RAM)的存储容量的大小。内存容量越大，所能存储的数据和运行的程序就越多，程序运行速度也越快，计算机处理信息的能力越强。目前，PC 的内存容量一般为 8 GB、16 GB 等。

1.3.3　平板计算机简介

平板计算机（tablet personal computer）简称 Tablet PC、Flat Pc、Tablet、Slates，是一种小型、超轻超薄、便携的个人计算机。平板计算机是集移动商务、移动通信和移动娱乐为一体，具有手写识别和无线网络通信功能的计算机，其外观和笔记本式计算机相似。平板计算机的主要特点是它的显示器采用了可触摸识别的液晶屏，并可以用电磁感应笔手写输入，液晶屏幕一般小于 10.4 英寸并且可以随意旋转。平板计算机的触摸屏(也称数位板技术)作为基本的输入设备，用户可以通过内建的手写识别、屏幕上的软键盘、语音识别等进行输入。

平板计算机的类型：目前的平板计算机按结构设计大致可分为两种类型，即集成键盘的"可变式平板计算机"和可外接键盘的"纯平板计算机"。可变式平板计算机将键盘与计算机主机集成在一起，计算机主机则通过一个巧妙的结构与数位液晶屏紧密连接，液晶屏与主机折叠在一起时可当作一台"纯平板计算机"使用，而将液晶屏掀起时，该机又可作为一台具有数字墨水和手写输入控功能的笔记本式计算机。纯平板计算机是将计算机主机与数位液晶屏集成在一起，将手写输入作为其主要输入方式，它们更强调在移动中使用，当然也可随时通过 USB 端口、红外接口或其他端口外接键盘 / 鼠标。优派、联想、富士通等厂商的平板计算机即属此类。

平板计算机最早由微软公司比尔·盖茨提出，其生产标准为 x86 架构。

平板计算机分为三大操作系统：一是苹果 iPad 采用的 iOS 系统，其智能化程度很高；二是美国谷歌公司开发的 Android（安卓）系统，现在为 90% 以上的平板计算机所采用，优点是与智能手机通用，软件有 20 万种以上，而且是全免费的；三是微软的 Windows 系统，优点是办公方面与普通计算机一样，方便快捷。

平板计算机在上网方面，与普通计算机是完全一样的。它有 4 种上网方式：Wi-Fi 上网，就是接无线路由器上网；4G 上网，有直接插 4G 卡上网的平板计算机，也有通过外接 4G 上网卡上网的相对便宜的平板计算机；用 CMCC-EDU 移动校园专用无线上网，校园基本全覆盖，费用相对 4G 上网要低得多；平板计算机也可以接网线上网，但不能拨号上网。

1.3.4 智能手机简介

1. 智能手机

智能手机是指像个人计算机一样，具有独立的操作系统、独立的运行空间，可以由用户自行安装软件、游戏、导航等第三方服务商提供的程序，并可以通过移动通信网络来实现无线网络接入手机类型的总称。

智能手机具有优秀的操作系统、可自由安装各类软件（仅安卓系统）、完全大屏的全触屏式操作感三大特性，其中 Google（谷歌）、苹果、三星、诺基亚、HTC（宏达电）这五大品牌在全世界广为皆知，而小米（Mi）、华为（HUAWEI）、魅族（MEIZU）、联想（Lenovo）、中兴（ZTE）、酷派（Coolpad）、一加手机（OnePlus）、金立（GIONEE）、天宇（天语，K-Touch）等品牌在国内备受关注。

2. 智能手机的特点

① 具备无线接入互联网的能力：即需要支持 GSM 网络下的 GPRS 或者 CDMA 网络的 CDMA1X 或 3G（WCDMA、CDMA-2000、TD-CDMA）网络，以及 4G（HSPA+、FDD-LTE、TDD-LTE）。

② 具有 PDA 的功能：包括 PIM（个人信息管理）、日程记事、任务安排、多媒体应用、浏览网页。

③ 具有开放性的操作系统：拥有独立的核心处理器（CPU）和内存，可以安装更多的应用程序，使智能手机的功能可以得到无限扩展。

④ 人性化：可以根据个人需要扩展机器功能。根据个人需要，实时扩展机器内置功能以及软件升级，智能识别软件兼容性，实现了软件市场同步的人性化功能。

⑤ 功能强大：扩展性能强，第三方软件支持多。

⑥ 运行速度快：随着半导体业的发展，核心处理器发展迅速，使智能手机在运行方面越来越极速。

3. 智能手机常用的操作系统

（1）谷歌 Android

Android 中文名"安卓"，是由谷歌、开放手持设备联盟联合研发，谷歌独家推出的智能操作系统。2011 年初数据显示，仅正式上市两年的 Android 操作系统已经超越称霸十年的塞班操作系统，据 2017 年底数据显示，全球 99.9% 的智能手机都是基于 Android 或 iOS 平台的，而 Android 的市场占有率达到 85.9%，是全球最受欢迎的智能手机操作系统。因为谷歌推出安卓时采用开放源代码（开源）的形式推出，所以导致世界大量手机生产商采用安卓系统生产智能手机，再加上安卓在性能和其他各个方面上也非常优秀，使其一举成为全球第一大智能操作系统。

支持厂商：世界所有手机生产商都可任意采用，并且世界上 80% 以上的手机生产商都采用安卓。

基于安卓智能操作系统的第三方智能操作系统：因为谷歌已经开放安卓的源代码，所以中国和亚洲部分手机生产商研发推出了基于安卓智能操作系统的第三方智能操作系统，其中来源于中国手机生产商的基于安卓智能操作系统的第三方智能操作系统最为广泛，例如 Flyme、IUNI OS、MIUI、乐蛙、深度 OS、点心 OS、腾讯 tita、百度云 OS、乐 OS、CyanogenMod、JOYOS、Emotion UI、Sense、LG Optimus、魔趣、OMS、百度云·易、Blur、阿里云 OS 等。

（2）苹果 iOS

iOS 是苹果公司研发推出的智能操作系统，采用封闭源代码（闭源）的形式推出，因此仅能苹果公司独家采用，截至 2017 年底，根据 Gartner 数据显示，iOS 已经占据了全球智能手机系统市场份额的 14%，为全球第二大智能操作系统。iOS 在世界上最为强大的竞争对手为谷歌推出的安卓智能操作系统和微软推出的 Windows

Phone 智能操作系统，但 iOS 因为具有独特又极为人性化、极为强大的界面和性能深受用户的喜爱。

1.4 数据库的基本概念

数据是计算机处理的对象。数据库技术研究的问题就是如何科学地组织、存储和管理数据，如何高效地获取和处理数据。

1.4.1 数据与数据处理

数据库就是为了实现一定的目的按某种规则组织起来的数据的集合。

1. 数据

数据不仅包括狭义的数值数据，而且包括文字、声音、图形等一切能被计算机接收并处理的符号。数据是事物特性的反映和描述，是符号的集合。

2. 数据处理

数据是重要的资源，收集到的大量数据必须经过加工、整理、转换之后，才能从中获取有价值的信息。数据处理可定义为对数据的收集、存储、加工、分类、检索、传播等一系列活动。

1.4.2 数据的组织级别

数据库中数据的组织一般可以分为四级：数据项、记录、文件和数据库。

1. 数据项

数据项是数据的最小单位，又称元素、基本项、字段等。每个数据项都有一个名称，称为数据项名。数据项的值可以是数值的、字母的、字母数字的、汉字的等形式。数据项的物理特点在于它具有确定的物理长度，可以作为整体看待。

2. 记录

记录由若干相关联的数据项组成，是处理和存储信息的基本单位，是关于一个实体的数据总和。构成该记录的数据项表示实体的若干属性。为了唯一标识每个记录，就必须有记录标识符，又称关键字。唯一标识记录的关键字称主关键字，其他标识记录的关键字称为次关键字。

3. 文件

文件是一给定类型的（逻辑）记录的全部具体值的集合。文件用文件名标识，文件根据记录的组织方式和存取方法可以分为顺序文件、索引文件、直接文件等。

4. 数据库

数据库是比文件更大的数据组织，是具有特定联系的数据的集合，也可以看成是具有特定联系的多种类型的记录的集合。

1.4.3 数据库系统的构成

数据库系统（database system，DBS）是由硬件、软件、数据库和用户四部分构成的整体，如图 1-18 所示。

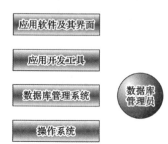

1. 数据库

数据库是数据库系统的核心和管理对象。数据库是存储在一起的相互有联系的数据的集合。

2. 硬件

数据库系统建立在计算机系统之上，运行数据库系统的计算机需要有足够大的内存以存放系统软件，需要足够大容量的磁盘等联机直接存取设备存储庞大的数据。要求系统联网，以实现数据共享。

图 1-18 数据库系统的组成

3. 软件

数据库软件主要是指数据库管理系统（database management system，DBMS）。DBMS 是为数据库存取、维护和管理而配置的软件，是数据库系统的核心组成部分，在操作系统的支持下工作。

4. 用户

数据库系统中存在一组管理（数据库管理员）、开发（应用程序员）、使用数据库（终端用户）的人员，这些人员称为用户。

1.4.4　数据库管理系统

数据库管理系统是介于应用程序与操作系统之间的数据库管理软件，是数据库系统的核心。主要包括四方面的功能：

① 对象定义功能：对数据库中数据对象的定义，如库、表、视图、索引、触发器等。

② 数据操纵功能：对数据库中数据对象的基本操作，如查询、更新等。

③ 运行管理功能：对数据库中数据对象的统一控制，主要控制包括数据的安全性、完整性、多用户的并发控制和故障恢复等。

④ 系统维护功能：对数据库中数据对象的输入、转换、转储、重组、性能监视等。

数据库管理系统按数据模型的不同，分为层次型、网状型和关系型 3 种类型。其中，关系型数据库管理系统使用最为广泛，SQL Server、Visual FoxPro、Oracle、Access 等都是常用的关系型数据库管理系统。

1.5　程序设计基础

程序设计技术从计算机诞生到今天一直是计算机应用的核心技术。从某种意义上说，计算机的能力主要靠程序来体现。

1.5.1　程序设计的概念

程序是计算机的一组指令，是程序设计的最终结果。程序经过编译和执行才能最终完成程序的功能。由于计算机用户知识水平的提高和出现了多种高级程序设计语言，用户进入了软件开发领域。用户可以为自己的多项业务编制程序，这比将自己的业务需求交给别人编程容易得多。因此，程序设计不仅是计算机专业人员必备的知识，也是其他各行各业的专业人员应该掌握的。

什么叫程序设计？程序设计是指利用计算机解决问题的全过程，它包含多方面的内容，而编写程序只是其中的一部分。使用计算机解决实际问题，通常是先要对问题进行分析并建立数学模型，然后考虑数据的组织方式和算法，并用某种程序设计语言编写程序，最后调试程序，使之运行后能产生预期的结果，这个过程称为程序设计。程序设计的基本目标是实现算法和对初始数据进行处理，从而完成问题的求解。

学习程序设计的目的不只是学习一种特定的程序设计语言，而是要结合某种程序设计语言学习进行程序设计的一般方法。

程序设计的基本过程包括分析问题，建立数学模型，确定数据结构和算法，编写程序，调试程序，整理文档、交付使用 6 个阶段。各设计步骤具体如下：

① 分析问题。在接到某项任务后，首先需要对任务进行调查和分析，明确要实现的功能。然后，详细地分析要处理的原始数据有哪些，从哪里来，是什么性质的数据，要进行怎样的加工处理，处理的结果送到哪里，要求打印、显示还是保存到磁盘。

② 建立数学模型。对要解决的问题进行分析，找出它们的运算和变化规律，然后进行归纳，并用抽象的数学语言描述出来。也就是说，将具体问题抽象为数学问题。

③ 确定数据结构和算法。方案确定后，要考虑程序中要处理的数据的组织形式（即数据结构），并针对选定的数据结构简略地描述用计算机解决问题的基本过程，再设计相应的算法（即解题的步骤），然后根据已确

定的算法，画出流程图。

④ 编写程序。编写程序就是把用流程图或其他描述方法描述的算法用计算机语言描述出来。这一步应注意的是要选择一种合适的语言来适应实际算法和所处的计算机环境，并要正确地使用语言，准确地描述算法。

⑤ 调试程序。将源程序送入计算机，通过执行所编写的程序找出程序中的错误并进行修改，再次运行、查错、改错，重复这些步骤，直到程序的执行效果达到预期的目标。

⑥ 整理文档、交付使用。程序调试通过后，应将解决问题整个过程的有关文档进行整理，编写程序使用说明书，然后交付用户使用。

以上是一个完整的程序设计的基本过程。对于初学者而言，因为要解决的问题都比较简单，所以可以将上述步骤合并为一步，即分析问题、设计算法。

1.5.2　程序设计方法

如果程序只是为了解决比较简单的问题，那么通常不需要关心程序设计思想，但对于规模较大的应用开发，显然需要用工程的思想指导程序设计。

早期的程序设计语言主要面向科学计算，程序规模通常不大。20世纪60年代以后，计算机硬件的发展非常迅速，但是程序员要解决的问题却变得更加复杂，程序的规模越来越大，出现了一些需要几十甚至上百人的工作才能完成的大型软件，这类程序必须由多个程序员密切合作才能完成。由于旧的程序设计方法很少考虑程序员之间交流协作的需要，所以不能适应新形势的发展，因此编出的软件中的错误随着软件规模的增大而迅速增加，甚至有些软件尚未正式发布便已因故障率太高而宣布报废，由此产生了"软件危机"。

结构化程序设计方法正是在这种背景下产生的，现在面向对象程序设计、第四代程序设计语言、计算机辅助软件工程等软件设计和生产技术都已日臻完善。计算机软件、硬件技术的发展交相辉映，使计算机的发展和应用达到了前所未有的高度和广度。

1.5.3　程序设计语言

对程序设计语言的分类可以从不同的角度进行，如面向机器的程序设计语言、面向过程的程序设计语言、面向对象的程序设计语言等。最常见的分类方法是根据程序设计语言与计算机硬件的联系程度将其分为三类：机器语言、汇编语言和高级语言。

1. 机器语言

从本质上说，计算机只能识别0和1两个数字，因此，计算机能够直接识别的指令是由连串的0和1组合起来的二进制编码，称为机器指令。机器语言是指计算机能够直接识别的指令的集合，它是最早出现的计算机语言。机器指令一般由操作码和操作数组成，其具体表现形式和功能与计算机系统的结构有关，所以是一种面向机器的语言。

2. 汇编语言

为了克服机器语言的缺点，人们对机器语言进行了改进，用一些容易记忆和辨别的有意义的符号代替机器指令。用这样一些符号代替机器指令所产生的语言称为汇编语言，又称符号语言。

3. 高级语言

为了从根本上改变语言体系，使计算机语言更接近于自然语言，并力求使语言脱离具体机器，达到程序可移植的目的，20世纪50年代末终于创造出独立于机型的、接近于自然语言、容易学习使用的高级语言。高级语言是一种用接近自然语言和数学语言的语法、符号描述基本操作的程序设计语言，它符合人们叙述问题的习惯，简单易学。

1.5.4　软件开发过程

软件开发过程就是使用适当的资源，为开发软件进行的一组开发活动。这组活动包含计划、开发和运行。将这组活动分为若干阶段，在每个阶段应完成的基本任务和产生的文档如表1-3所示。

表 1-3　各阶段的任务和文档

时　间	阶　段	任　　务	文　　档
计　划	问题定义	调查用户需求，分析并提出软件项目的目标和规模	系统目标与范围说明书
	可行性分析	从经济、技术、运行和法律方面研究其可行性	可行性论证报告
开　发	需求分析	软件系统的目标及应完成的工作，即做什么	需求规格说明书
	软件设计	总体设计：系统的结构设计和接口设计	总体设计说明书
		详细设计：系统的模块设计，即做什么	详细设计说明书
	软件测试	单元测试、综合测试、确认测试、系统测试	测试后的软件、测试大纲、测试方案与结果
运　行	软件维护	运行和维护	维护后的软件

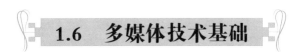

1.6　多媒体技术基础

1.6.1　多媒体技术概述

多媒体技术是一门迅速发展的综合性信息技术，它把电视的声音和图像功能、印刷业的出版能力、计算机的人机交互能力、因特网的通信技术有机地融于一体，对信息进行加工处理后，再综合地表达出来。多媒体技术改善了信息的表达方式，使人们通过多种媒体得到实体化的形象，从而吸引了人们的注意力。多媒体技术也改变了人们使用计算机的方式，进而改变人们的工作和学习方式。多媒体技术涉及的知识面非常广泛，随着计算机软件和硬件技术、大容量存储技术、网络通信技术的不断发展，多媒体技术应用领域不断扩大，实用性也越来越强。

1. 媒体

媒体（media）是指承载或传递信息的载体。日常生活中，大家熟悉的报纸、书本、杂志、广播、电影、电视均是媒体，都以它们各自的媒体形式进行信息传播。它们中有的以文字作为媒体，有的以声音作为媒体，有的以图像作为媒体，还有的（如电视）将文、图、声、像综合作为媒体。同样的信息内容，在不同领域中采用的媒体形式是不同的，书刊领域采用的媒体形式为文字、表格和图片；绘画领域采用的媒体形式是图形、文字或色彩；摄影领域采用的媒体形式是静止图像、色彩；电影、电视领域采用的是图像或运动图像、声音和色彩。

根据国际电信联盟（ITU）的定义，媒体可分为感觉媒体、表示媒体、显示媒体、存储媒体和传输媒体五大类，如表 1-4 所示。

表 1-4　媒体的表现形式

媒体类型	媒体特点	媒体形式	媒体实现方式
感觉媒体	人类感知客观环境的信息	视觉、听觉、触觉	文字、图形、声音、图像、动画、视频等
表示媒体	信息的处理方式	计算机数据格式	ASCII 编码、图像编码、音频编码、视频编码等
显示媒体	信息的表达方式	输入、输出信息	显示器、打印机、扫描仪、投影仪、数码摄像机等
存储媒体	信息的存储方式	存取信息	内存、硬盘、光盘、纸张等
传输媒体	信息的传输方式	网络传输介质	电缆、光缆、电磁波等

人类利用视觉、听觉、触觉、味觉和嗅觉感受各种信息。其中，通过视觉得到的信息最多，其次是听觉和触觉，三者一起得到的信息，达到了人类感受到信息的 95%。因此，感觉媒体是人们接收信息的主要来源，而多媒体技术则充分利用了这种优势。

2. 多媒体

多媒体（Multimedia）是多种媒体信息的载体，信息借助载体得以交流传播。在信息领域中，多媒体是指文本、图形、图像、声音、影像等这些"单"媒体和计算机程序融合在一起形成的信息媒体，是指运用存储与再现技术得到的计算机中的数字信息。

图、文、声、像等构成多媒体，采用如下几种媒体形式传递信息并呈现知识内容：

① 图：包括图形（graphics）和静止图像（images）。

② 文：文本（text）。

③ 声：声音（audio）。

④ 像：包括动画（animation）和运动图像（motion video）。

多媒体技术融合了计算机硬件技术、计算机软件技术以及计算机美术、计算机音乐等多种计算机应用技术。多种媒体的集合体将信息的存储、传输和输出有机地结合起来，使人们获取信息的方式变得丰富，引领人们走进了一个多姿多彩的数字世界。

3. 常见的多媒体类型

目前常见的媒体元素主要有文本、图形、图像、声音、动画和视频等。

（1）文本

文本（text）是由字符、符号组成的一个符号串，如语句、文章等，通常通过编辑软件生成。文本中如果只有文本信息，没有其他任何有关格式的信息，则称为非格式化文本文件或纯文本文件；而带有各种文本排版信息等格式信息的文本，称为格式化文本文件。Word 文档就是典型的格式化文本文件。

（2）图形

图形（graphic）一般指计算机生成的各种有规则的图，如直线、圆、圆弧、矩形、任意曲线等几何图和统计图等。图形的最大优点在于可以分别控制处理图中的各个部分，如在屏幕上移动、旋转、放大、缩小、扭曲而不失真，不同的物体还可在屏幕上重叠并保持各自的特性，必要时仍可分开。

（3）图像

图像（image）是指由输入设备捕捉的实际场景画面或以数字化形式存储的任意画面。计算机可以处理各种不规则的静态图片，如扫描仪、数码照相机或摄像机输入的彩色、黑白图片或照片等都是图像。图像记录着每个坐标位置上颜色像素点的值，所以图形的数据信息处理起来更灵活，而图像数据则与实际更加接近，但是它不能随意放大。

（4）音频

音频（audio）是声音采集设备捕捉或生成的声波以数字化形式存储，并能够重现的声音信息。音频信息增强了对其他类型媒体所表达的信息的理解。"音频"常常作为"音频信号"或"声音"的同义词。计算机音频技术主要包括声音的采集、数字化、压缩/解压缩以及声音的播放。

（5）动画

动画（animation）是运动的图画，实质是一幅幅静态图像或图形的快速连续播放。动画的连续播放既指时间上的连续，也指图像内容上的连续，即播放的相邻两幅图像之间内容相差很小。

（6）视频

若干有联系的图像数据连续播放便形成了视频（video）。视频图像可来自录像带、摄像机等视频信号源的影像，如录像带、影碟上的电影/电视节目、电视、摄像等。

1.6.2　多媒体技术的应用

早期的多媒体技术应用于计算机时，必须要对计算机的硬件进行专门设计和制造。而目前几乎所有计算机都已经具备了多媒体功能，不需要单独进行设计和制造。与普通计算机相比，具有多媒体功能的计算机除了需要较高的硬件配置外，通常还需要音频、视频处理设备、光盘驱动器、各种多媒体输入 / 输出设备等。计算机厂商为了满足用户对多媒体功能的要求，采用两种方式提供多媒体所需的硬件设备。

① 把各种多媒体功能部件都集成在计算机主板上。例如，显卡、声卡、网卡等，目前大部分计算机都集成在主板上，因此这些 PC 不需要单独的显卡、声卡和网卡。这样既降低了生产成本，又提高了 PC 工作的可靠性。但是，集成显卡和声卡的性能低于独立显卡和声卡，而且需要消耗 CPU 和内存资源。对于多媒体开发人员和某些特殊用户（如运行大型游戏的用户），一般采用独立显卡和声卡，这样大幅提高了计算机的多媒体性能。

② 有很多厂商生产各种与多媒体有关的硬件接口卡和设备，这些具有多媒体功能的接口卡，可以很方便地插入到计算机的标准总线（如 PCI）或直接连接到标准接口（如 USB）中。例如，可以在 PC 的 PCI 总线中插入电视卡，安装相关的驱动程序后，计算机就具有接收有线电视的多媒体功能。常见的多媒体接口卡有声卡、语音卡、电视卡、视频数据采集卡、非线性编辑卡等。

目前主流计算机的硬件接口和常用多媒体外围设备如图 1-19 所示。

图 1-19　主流计算机的多媒体接口与常用外围设备

由图 1-19 可以看到，常用的计算机多媒体操作设备有键盘、鼠标、触摸屏、手写板、游戏杆等；常用的多媒体存储设备有硬盘、CD-ROM、DVD、闪存盘等；常用的多媒体显示设备液晶显示器、投影仪等；常用的多媒体音频设备有扬声器（习称音箱）、传声器（习称话筒、麦克风）、电子琴等；常用的多媒体数码设备有数码照相机、数码摄像机、数码摄像头等；常用的多媒体模拟视频设备有有线电视、DVD 等；常用的多媒体通信设备有网卡、无线局域网（WLAN）卡、手机等。

对具有多媒体功能的主流计算机硬件要求主要有三点：

① 要求主机处理性能强大。由于多媒体数据量巨大，而且必须对音频和视频文件进行压缩与解压缩操作，因此要求 CPU 的处理能力较强。对于普通用户而言，采用中低档 CPU 产品（如 Intel 公司 Celeron 系列产品）即可满足使用要求。对于多媒体开发人员和某些特殊用户，对 CPU 的要求较高，最好采用高频率、超线程、多内核、低发热的 CPU 产品。当然，如果没有经济条件的限制，CPU 性能越高越好。对于当前主流计算机来说，内存容量和稳定性是非常重要的技术指标，在经济条件的允许下，内存容量也是越大越好。

② 要求主机接口齐全。由于多媒体设备繁多，技术规格不一，因此计算机必须有足够多的接口。这样，多媒体设备的信号才可以进行输入 / 输出。目前较为流行的多媒体设备接口主要是 USB 接口。

③ 各种多媒体设备齐全。主流计算机必须配置可存放大量数据的硬盘、DVD 等存储设备。大屏幕高分辨率的显示器，可以使图像和视频节目的显示更加丰富多彩。

1.6.3 流媒体技术概述

随着互联网的普及，利用网络传输声音与视频信号的需求也越来越大。广播电视等媒体上网后，也都希望通过互联网来发布自己的音 / 视频节目。但是，音频、视频在存储时文件的体积一般都十分庞大。在网络带宽还很有限的情况下，花几十分钟甚至更长的时间等待一个音频、视频文件的传输，不能不说是一件让人头疼的事。流媒体技术的出现，在一定程度上使互联网传输音频、视频难的局面得到改善。流媒体技术具有十分广泛的应用领域，如在线直播、网络广告、视频点播、交互式游戏、视讯会议、远程教育、远程医疗、视频会议、企业培训、电子商务、电子政务等多种领域。

1. 流媒体

流媒体（streaming media）是指在数据网络上使用流式传输技术按时间先后次序传输和播放的连续时基媒体，即在因特网上以数据流的方式实时发布音频、视频多媒体内容的媒体。音频、视频、动画或者其他形式的多媒体文件都属于流媒体之列。流媒体实现的关键技术就是流式传输，如图 1-20 所示。

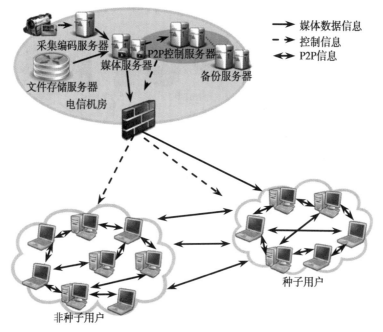

图 1-20　媒体流传输流程

2. 流媒体技术的概念

流媒体技术又称流式媒体技术，是网络技术、多媒体技术发展到一定阶段的产物。流媒体技术就是把连续的影像和声音等多媒体信息经过压缩处理后放到网站服务器以流的方式传输，让用户一边下载一边观看、收听，而不需要等整个压缩文件下载到本地计算机后才可以观看的网络传输技术。

流媒体技术不是一种单一的技术，它是网络技术及视 / 音频技术的有机结合。在网络上实现流媒体技术，需要解决流媒体的制作、发布、传输及播放等方面的问题，而这些问题则需要利用视 / 音频技术及网络技术来解决。流式传输基本原理如图 1-21 所示。

图 1-21　流式传输基本原理

3．流式传输技术

流式传输定义很广泛，现在主要指通过网络传送媒体（如视频、音频）的技术总称。其特定含义为通过 Internet 将影视节目传送到 PC。

实现流式传输有两种方法：顺序流式传输（progressive streaming）和实时流式传输（realtime streaming）。一般来说，如使用 HTTP 服务器，文件即通过顺序流发送；如视频为实时广播，或使用流式传输媒体服务器，或应用如 RTSP 的实时协议，即为实时流式传输。当然，流式文件也支持在播放前完全下载到硬盘。

① 顺序流式传输。顺序流式传输是顺序下载，在下载文件的同时用户可观看在线媒体。但是，用户的观看与服务器上的传输并不是同步进行的，用户是在一段延时后才能看到服务器上传来的信息，或者说用户看到的总是服务器在若干时间以前传出来的信息。在这个过程中，用户只能观看已下载的那部分，而不能要求跳到还未下载的部分，顺序流式传输不像实时流式传输那样在传输期间根据用户连接的速度做调整。由于标准的 HTTP 服务器可发送这种形式的文件，也不需要其他特殊协议，它经常被称作 HTTP 流式传输。顺序流式文件放在标准 HTTP 或 FTP 服务器上，易于管理，基本上与防火墙无关。顺序流式传输不适合长片段和有随机访问要求的视频，如讲座、演说与演示；也不支持现场广播，严格来说，它是一种点播技术。

② 实时流式传输。实时流式传输是指保证媒体信号带宽与网络连接匹配，使媒体可被实时观看到。实时流式传输总是实时传送，特别适合现场事件，也支持随机访问，用户可快进或后退以观看前面或后面的内容。实时流与 HTTP 流式传输不同，需要专用的传输协议与流媒体服务器，如 RTP（real-time transport protocol，实时传输协议）或 MMS（microsoft media server，微软媒体服务器）。这些协议在有防火墙时有时会出现问题，导致用户不能看到一些地点的实时内容。在这种传输方式中，如果网络传输状况不理想，则收到的信号效果比较差。

4．流媒体文件格式

在运用流媒体技术时，音视频文件要采用相应的格式，不同格式的文件需要用不同的播放器软件来播放。目前，采用流媒体技术的音视频文件主要有以下几种：

① 微软的 ASF（advanced stream format）。这类文件的扩展名是 .asf 和 .wmv，与它对应的播放器是微软公司的 Media Player。用户可以将图形、声音和动画数据组合成一个 ASF 格式的文件，也可以将其他格式的视频和音频转换为 ASF 格式，而且用户还可以通过声卡和视频捕获卡将诸如麦克风、录像机等外设的数据保存为 ASF 格式。

② RealNetworks 公司的 RealMedia。它包括 RealAudio、RealVideo 和 RealFlash 三类文件，其中 RealAudio 用来传输接近 CD 音质的音频数据，RealVideo 用来传输不间断的视频数据，RealFlash 则是 RealNetworks 公司与 Macromedia 公司（已于 2005 年被 Adobe 公司收购）联合推出的一种高压缩比的动画格式，这类文件的扩展名是 .rm、.ra、.rmvb，文件对应的播放器是 RealPlayer。

③ 苹果公司的 QuickTime。这类文件扩展名通常是 .mov，它所对应的播放器是 QuickTime。

此外，MPEG、AVI、DVI、SWF 等都是适用于流媒体技术的文件格式。

1.7　VR 技术概述

VR（virtual reality，虚拟现实）是 20 世纪 80 年代初提出来的，具体是指借助计算机及最新传感器技术创造的一种崭新的人机交互手段。VR 技术综合了计算机图形技术、计算机仿真技术、传感器技术、显示技术等多种学科技术，它在多维信息空间上创建了一个虚拟信息环境，使用户具有身临其境的沉浸感，具有与环境完善的交互作用能力，并有助于启发构思。沉浸、交互、构想是 VR 环境系统的 3 个基本特性。虚拟技术的核心是建模与仿真。

1.7.1　VR 的特征

VR 具有以下特征：

① 多感知性：指除一般计算机所具有的视觉感知外，还有听觉感知、触觉感知、运动感知，以及味觉、

嗅觉感知等。理想的虚拟现实应该具有一切人所具有的感知功能。

② 存在感：指用户感到作为主角存在于模拟环境中的真实程度。理想的模拟环境应该达到使用户难辨真假的程度。

③ 交互性：指用户对模拟环境内物体的可操作程度和从环境得到反馈的自然程度。

④ 自主性：指虚拟环境中物体依据现实世界物理运动定律运作的程度。

1.7.2 关键技术

虚拟现实是多种技术的综合，包括实时三维计算机图形技术，广角（宽视野）立体显示技术，对观察者头、眼和手的跟踪技术，以及感觉（触觉/力觉）反馈、立体声、网络传输、语音输入/输出等技术。下面对这些技术分别加以说明。

① 实时三维计算机图形技术：相比较而言，利用计算机模型产生图形图像并不是太难的事情。如果有足够准确的模型，又有足够的时间，就可以生成不同光照条件下各种物体的精确图像，但是这里的关键是实时。例如，在飞行模拟系统中，图像的刷新相当重要，同时对图像质量的要求也很高，再加上非常复杂的虚拟环境，问题就变得相当困难。

② 显示技术：人看周围的世界时，由于两只眼睛的位置不同，得到的图像略有不同，这些图像在脑子里融合起来，就形成了一个关于周围世界的整体景象，这个景象中包括了距离远近的信息。当然，距离信息也可以通过其他方法获得，例如眼睛焦距的远近、物体大小的比较等。

③ 立体声技术：人能够很好地判定声源的方向。在水平方向上，我们靠声音的相位差及强度的差别来确定声音的方向，因为声音到达两只耳朵的时间或距离有所不同。常见的立体声效果就是靠左右耳听到在不同位置录制的不同声音来实现的，所以会有一种方向感。现实生活里，当头部转动时，听到的声音的方向就会改变。但目前在 VR 系统中，声音的方向与用户头部的运动无关。

④ 感觉反馈技术：在一个 VR 系统中，用户可以看到一个虚拟的杯子。你可以设法去抓住它，但是你的手没有真正接触杯子的感觉，并有可能穿过虚拟杯子的"表面"，而这在现实生活中是不可能的。解决这一问题的常用装置是在手套内层安装一些可以振动的触点来模拟触觉。

⑤ 语音输入/输出技术：在 VR 系统中，语音的输入输出也很重要。要求虚拟环境能听懂人的语言，并能与人实时交互。

1.7.3 应用领域

VR 已不仅仅被用于计算机图像领域，它已涉及更广的领域，如电视会议、网络技术和分布计算技术，并向分布式虚拟现实发展。虚拟现实技术已成为新产品设计开发的重要手段。其中，协同工作虚拟现实就是 VR 技术新的研究和应用的热点，它引入了新的技术，包括人的因素和网络、数据库技术等。人的因素，需要考虑多个参与者在一个共享的空间中如何相互交互，虚拟空间中的虚拟对象是在多名参与者的共同作用下的行为等。在 VR 环境下进行协同设计，团队成员可同步或异步地在虚拟环境中从事构造和操作等虚拟对象的活动，并可对虚拟对象进行评估、讨论以及重新设计等活动。分布式虚拟环境可使在不同地理位置的不同设计人员面对相同的虚拟设计对象，通过在共享的虚拟环境中协同地使用声音和视频工具，可在设计的初期就能够消除设计缺陷，减少产品上市时间，提高产品质量。VR 已成为构造虚拟样机，支持虚拟样机技术的重要工具。除此之外，VR 技术在军事、科技、商业、建筑、娱乐、生活等方面都有应用。

1.7.4 技术发展前景的展望

正如其他新兴科学技术一样，虚拟现实技术也是许多相关学科领域交叉、集成的产物。它的研究内容涉及人工智能、计算机科学、电子学、传感器、计算机图形学、智能控制、心理学等。VR 技术虽然没有悠久的历史，但其前景是非常可观的。它涉及科学技术的多个方面，所以它的潜力不仅是对虚拟现实技术本身的研究，还有此技术下的应用研究。虚拟现实技术具有投入低、回收高的优点，在很多方面都有可观的前景。从过去看未来，不难预测，这项技术将继续朝着更加智能化的方向发展，主要在动态环境建模技术、三维图形形成和显示技术、新型交互设备的研制、智能化语音虚拟现实建模，以及大型网络分布式虚拟现实这几方面得到长足的发展，不论是可行性还是效益价值，都是十分值得期待的。

1.8　大数据与云计算

1.8.1　大数据的概念

大数据（big data，mega data）指的是需要新处理模式才能具有更强的决策力、洞察力和流程优化能力的海量、高增长率和多样化的信息资产。而从各种各样类型的数据中，快速获得有价值信息的能力就是大数据技术。大数据无法用单台计算机进行处理，必须依托云计算的分布式处理、分布式数据库、云存储和虚拟化技术，其特色在于对海量数据的挖掘。相比现有的其他技术而言，大数据最核心的价值在于对于海量数据进行存储和分析，它在"廉价、迅速、优化"这三方面的综合成本是最优的。

1.8.2　大数据的特点

大数据具有以下特点：

① 数据体量巨大，从 TB 级别跃升到 PB 级别。据监测统计，2011 年全球数据总量已经达到 1.8 ZB，1 ZB 等于 1 万亿 GB，相当于 18 亿个 1 TB 移动硬盘的存储量，而这个数值还在以每两年翻一番的速度增长，预计到 2020 年全球将总共拥有 35 ZB 的数据量，增长近 20 倍。

② 数据类型繁多，如网络日志、视频、图片、地理位置信息等。

③ 价值密度低，以视频为例，连续不间断监控过程中，可能有用的数据仅仅只有一两秒。

④ 处理速度快，这一点和传统的数据挖掘技术有着本质的不同。物联网、云计算、移动互联网、车联网、手机、平板计算机、PC 以及遍布地球各个角落的各种各样传感器，无一不是数据来源或者承载者。

1.8.3　大数据时代

全球互联网巨头都已意识到了"大数据"时代的到来。大数据时代网民和消费者的界限正在消弭，企业的疆界变得模糊，数据成为核心的资产，并将深刻影响企业的业务模式，甚至重构其文化和组织。因此，大数据对国家治理模式、企业的决策、组织和业务流程、个人生活方式都将产生巨大的影响。

大数据开创新世界，正在以不可阻拦的磅礴气势，揭开人类新世纪的序幕，宣告了 21 世纪是人类自主发展的时代。大数据让人类对一切事物的认识回归本源，影响经济生活、政治博弈、社会管理、文化教育科研、医疗保健休闲等行业，与每个人产生密切的联系。

在大数据时代，人脑信息转换为计算机信息成为可能。科学家们通过各种途径模拟人脑，试图解密人脑活动，最终用计算机代替人脑发出指令。正如人们可以从计算机下载所需的知识和技能一样，将来也可以实现将人脑中的信息直接转换为计算机中的图片和文字，用计算机施展读心术。2012 年，美国 IBM 计算机专家用运算速度最快的 96 台计算机，制造了世界上第一个"人造大脑"，计算机精确模拟大脑不再是痴人说梦。大数据技术的发展有可能解开宇宙起源的奥秘。因为计算机技术将一切信息无论是有与无、正与负都归结为 0 与 1，原来一切存在都在于数的排列组合，在于大数据。

1.8.4　云计算

1．云计算机的概念

云计算（cloud computing）是一种基于互联网的计算方式，通过这种方式，共享的软硬件资源和信息可以按需提供给计算机和其他设备。

云计算机是继 20 世纪 80 年代大型计算机到客户端 – 服务器的大转变之后的又一种巨变。用户不再需要了解云中基础设施的细节，不必具有相应的专业知识，也无须直接进行计算。典型的云计算提供商往往直接提供通用的网络应用业务，可以通过浏览器等软件或者其他 Web 服务来访问，而软件和数据都存储在服务器上。云计算机的概念图如图 1-22 所示。

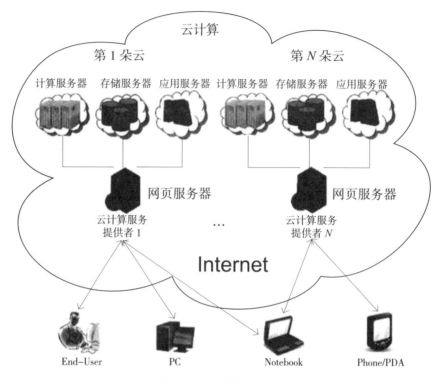

图 1-22　云计算概念图

2. 云计算的特点

（1）超大规模

"云"具有相当的规模，Google 云计算已经拥有 100 多万台服务器，Amazon、IBM、微软、Yahoo 等的"云"均拥有几十万台服务器。企业私有云一般拥有数百上千台服务器。"云"赋予用户前所未有的计算能力。

（2）虚拟化

云计算支持用户在任意位置使用各种终端获取应用服务。所请求的资源来自"云"，而不是固定的有形实体。应用在"云"中某处运行，但实际上用户无须了解、也不用担心应用运行的具体位置。只需要一台笔记本式计算机或者一部手机，就可以通过网络服务来实现我们需要的一切，甚至包括超级计算这样的任务。

（3）高可靠性

"云"使用了数据多副本容错、计算结点同构、可互换等措施来保障服务的可靠性，使用云计算比本地计算更可靠。

（4）通用性

云计算不针对特定的应用，在"云"的支撑下可以构造出千变万化的应用，同一个"云"可以同时支撑不同的应用运行。

（5）高可扩展性

"云"的规模可以动态伸缩，满足应用和用户规模增长的需要。

（6）按需服务

"云"是一个庞大的资源池，可按需购买；"云"可以像来自水、电、煤气那样计费。

（7）极其廉价

由于"云"的特殊容错措施，可以采用极其廉价的结点构成，"云"的自动化集中式管理使大量企业无须负担日益高昂的数据中心管理成本，"云"的通用性使资源的利用率较之传统系统大幅提升，因此用户可以充分享受"云"的低成本优势。

（8）潜在的危险性

云计算服务除了提供计算服务外，还提供了存储服务。但是，云计算服务当前垄断在私人机构（企业）手中，而他们仅仅能够提供商业信用。对于商业机构（特别像银行这样持有敏感数据的商业机构），无论其技术优势有多强，都不可避免地让这些私人机构以"数据（信息）"的重要性来制约。另一方面，云计算中的数据对于数据所有者以外的其他云计算用户是保密的，但是对于提供云计算的商业机构而言确毫无秘密可言。所有这些潜在的危险，都是商业机构选择云计算服务、特别是国外机构提供的云计算服务时，不得不考虑的一个重要前提。

3. 云计算的主要服务形式和典型应用

云计算的表现形式多种多样，简单的云计算在人们日常网络应用中随处可见，例如腾讯 QQ 空间提供的在线制作 Flash 图片、Google 的搜索服务、Google Docs、Google Apps 等。目前，云计算的主要服务形式有 SaaS（Software as a Service）、Paas（Platform as a Service）、IaaS（Infrastructure as a Service）。

（1）软件即服务（SaaS）

SaaS 服务提供商将应用软件统一部署在自己的服务器上，用户根据需求通过互联网向厂商订购应用软件服务，服务提供商根据客户所定软件的数量、时间的长短等因素收费，并且通过浏览器向客户提供软件的模式。这种服务模式的优势是：由服务提供商维护和管理软件、提供软件运行的硬件设施，用户只需能够接入互联网的终端，即可随时随地使用软件。这种模式下，客户不再像传统模式那样花费大量资金在硬件、软件、维护人员上，只需要支出一定的租赁服务费用，通过互联网就可以享受到相应的硬件、软件和维护服务，这是网络应用最具有效益的营运模式。对于中小型企业来说，SaaS 是采用先进技术的最好途径。

以企业管理软件来说，SaaS 模式的云计算 ERP 可以让客户根据并发用户的数量、所用功能多少、数据存储容量、使用时间长短等因素的不同，按需支付服务费用。既不用支付软件许可费用，也不需要支付采购服务器等硬件设备费用，更不需要支付购买操作系统、数据库等平台软件费用，且不用承担软件项目定制、开发、实施费用，也不需要承担 IT 维护部门费用。实际上，云计算 ERP 正是继承了开源 ERP 免许可费用只收服务费的重要特征，突出了服务的 ERP 产品。

目前，Saleforce.com 是提供这类服务最有名的公司，Google Docs、Google Apps 和 Zoho office 也属于这类服务。

（2）平台即服务（PaaS）

PaaS 是一种分布式平台服务，厂商提供开发环境、服务器平台、硬件资源等服务给客户，用户在其平台基础上定制开发自己的应用程序并通过其服务器和互联网传递给其他客户。PaaS 能够给企业或个人提供研发的中间件平台，提供应用程序开发、数据库、应用服务器、试验、托管及应用服务。

Google App Engine、Salesforce 的 force.com 平台、八百客的 800APP 是 PaaS 的代表产品。以 Google App Engine 为例，它是一个由 Python 应用服务器群、BigTable 数据库及 GFS 组成的平台，为开发者提供一体化主机服务器及可自动升级的在线应用服务。用户编写应用程序并在 Google 的基础架构上运行就可以为互联网用户提供服务，Google 提供应用运行及维护所需要的平台资源。

（3）基础设施即服务（IaaS）

IaaS 即把厂商的由多台服务器组成的"云端"基础设施，作为计量服务提供给客户。它将内存、I/O 设备、存储和计算能力整合成一个虚拟的资源池为整个业界提供所需要的存储资源和虚拟化服务器等服务。这是一种托管型硬件方式，用户付费使用厂商的硬件设施。例如，Amazon Web 服务（AWS）、IBM 的 BlueCloud 等均是将基础设施作为服务出租。

IaaS 的用户只需低成本硬件，按需租用相应计算能力和存储能力，大幅降低了用户在硬件上的开销。

目前，以 Google 云应用最具代表性，例如 Google Docs、Google Apps、Google Sites，云计算应用平台 GoogleAppEngine。

Google Docs 是最早推出的云计算应用，是软件即服务思想的典型应用。它是类似于微软 Office 的在线办公软件，可以处理和搜索文档、表格、幻灯片，并可以通过网络和他人分享并设置共享权限。Google 文件是基于网络的文字处理和电子表格程序，可提高协作效率，多名用户可同时在线更改文件，并可以实时看到其他成员所做的编辑。用户只需一台接入互联网的计算机和可以使用 Google 文件的标准浏览器即可在线创建和管理、实时协作、权限管理、共享、搜索、修订历史记录，并可随时随地进行访问，大幅提高了文件操作的共享和协同能力。

Google Apps 是 Google 企业应用套件，可使用户能够处理日渐庞大的信息量，随时随地保持联系，并可与其他同事、客户和合作伙伴进行沟通、共享和协作。它集成了 Gmail、GoogleTalk、Google 日历、Google Docs、云应用 Google Sites、API 扩展以及一些管理功能，包含了通信、协作与发布、管理服务三方面的应用，并且拥有云计算的特征，能够更好地实现随时随地协同共享。另外，它还具有低成本的优势和托管的便捷，用户无须自己维护和管理搭建的协同共享平台。

Google Sites 是 Google 最新发布的云计算应用，作为 Google Apps 的一个组件出现。它是一个侧重于团队协作的网站编辑工具，可利用它创建一个各种类型的团队网站，通过 Google Sites 可将所有类型的文件包括文档、视频、相片、日历及附件等与好友、团队或整个网络分享。

Google App Engine 是 Google 在 2008 年 4 月发布的一个平台，使用户可以在 Google 的基础架构上开发和部署运行自己的应用程序。目前，Google App Engine 支持 Python 语言和 Java 语言，每个 Google App Engine 应用程序可以使用 500 MB 的持久存储空间并可支持每月 500 万综合浏览量的带宽。并且，Google App Engine 应用程序易于构建和维护，根据用户的 Google App Engine 还推出了软件开发套件（SDK），包括可以在用户本地计算机上模拟所有 Google App Engine 服务的网络服务器应用程序。

4. 国内知名的云平台

（1）百度云

百度云的 logo 如图 1-23 所示。

网址：yun.baidu.com；云服务器：无；应用程序引擎：BAT；开发环境：Node.js、PHP、Python、Java、Static；云数据库：MySQL、MongoDB、Redistribution；其他服务：语音识别、人脸识别、百度翻译、百度地图、云推送。

（2）阿里云

阿里云的 logo 如图 1-24 所示。

网址：www.aliyun.com；云服务器：有；应用程序引擎：ACE；开发环境：PHP、Java；云数据库：MySQL、SQLServer；其他服务：阿里应用的良好对接。

（3）腾讯云

腾讯云的 logo 如图 1-25 所示。

网址：www.qcloud.com；云服务器：有；应用程序引擎：即将推出；开发环境（预计）：PHP、Java；云数据库：MySQL；其他服务：腾讯应用的良好对接。

图 1-23　百度云 logo

图 1-24　阿里云 logo

图 1-25　腾讯云 logo

1.9　计算机安全

随着计算机的快速发展以及计算机网络的普及，计算机安全问题越来越受到广泛的重视与关注。国际标准化组织（ISO）对计算机安全的定义是：为数据处理系统建立和采取的技术及管理的安全保护，保护计算机硬件、软件、数据不因偶然的或恶意的原因而遭破坏、更改、泄露。

对计算机安全的威胁多种多样，主要是自然因素和人为因素。自然因素是指一些意外事故的威胁；人为因素是指人为的入侵和破坏，主要是计算机病毒和网络黑客。

计算机安全可以从管理安全、技术安全和环境安全三方面着手工作。本节只讨论计算机病毒对计算机的破坏和如何防护。

1.9.1　计算机病毒

1. 计算机病毒的概念

计算机病毒（computer virus）在《中华人民共和国计算机信息系统安全保护条例》中有明确定义："病毒指编制或者在计算机程序中插入的破坏计算机功能或者破坏数据，影响计算机使用并且能够自我复制的一组计算机指令或者程序代码。"通俗地讲，病毒就是人为的特殊程序，具有自我复制能力、很强的感染性、一定的潜伏性、特定的触发性和极大的破坏性。

2. 计算机病毒的特征

（1）非授权可执行性

计算机病毒隐藏在合法的程序或数据中，当用户运行正常程序时，病毒伺机窃取到系统的控制权，得以抢先运行，然而此时用户还认为在执行正常程序。

（2）隐蔽性

计算机病毒是一种具有较高编程技巧且短小精悍的可执行程序，它通常总是隐藏在操作系统、引导程序、可执行文件或数据文件中，不易被人们发现。

（3）传染性

传染性是计算机病毒最重要的一个特征。病毒程序一旦侵入计算机系统就通过自我复制迅速传播，具有再生与扩散能力。计算机病毒可以从一个程序传染到另一个程序，从一台计算机传染到另一台计算机，从一个计算机网络传染到另一个计算机网络。

（4）潜伏性

计算机病毒具有依附于其他媒体而寄生的能力，病毒可以悄悄隐藏起来，这种媒体称为计算机病毒的宿主。入侵计算机的病毒可以在一段时间内不发作，然后在用户不察觉的情况下进行传染。一旦达到某种条件，隐蔽潜伏的病毒就肆虐地进行复制、变形、传染、破坏。

（5）表现性或破坏性

无论何种病毒程序一旦侵入系统都会对操作系统的运行造成不同程度的影响。即使不直接产生破坏作用的病毒程序也要占用系统资源。绝大多数病毒程序要显示一些文字或图像，影响系统的正常运行，还有一些病毒程序删除文件，甚至摧毁整个系统和数据，使之无法恢复，造成无可挽回的损失。

（6）可触发性

计算机病毒一般都有一个或者几个触发条件，用来激活病毒的表现部分或破坏部分。触发的实质是一种条件的控制，病毒程序可以依据设计者的要求，在一定条件下实施攻击。这些条件可能是病毒设计好的特定字符、某个特定日期或特定时刻，或者是病毒内置的计数器达到一定次数等。一旦满足触发条件或者激活病毒的传染机制，病毒就会进行传染。

3. 计算机病毒的类型

（1）引导型病毒

引导型病毒又称操作系统型病毒，主要寄生在硬盘的主引导程序中，当系统启动时进入内存，伺机传染和破坏。典型的引导型病毒有大麻病毒、小球病毒等。

（2）文件型病毒

文件型病毒一般感染可执行文件（扩展名为 .com 或 .exe 的文件）。在用户调用染毒的可执行文件时，病毒首先被运行，然后驻留内存传染其他文件，如 CIH 病毒。

（3）宏病毒

宏病毒是利用办公自动化软件（如 Word、Excel 等）提供的"宏"命令编制的病毒，通常寄生于为文档或模板编写的宏中。一旦用户打开感染病毒的文档，宏病毒即被激活并驻留在普通模板上，使所有能自动保存的文档都感染这种病毒。宏病毒可以影响文档的打开、存储、关闭等操作，可删除文件、随意复制文件、修改文件名或存储路径、封闭有关菜单，还可造成不能正常打印，使人们无法正常使用文件。

（4）网络病毒

因特网的广泛使用，使利用网络传播病毒成为病毒发展的新趋势。网络病毒一般利用网络的通信功能，将自身从一个结点发送到另一个结点，并自行启动。它们对网络计算机，尤其是网络服务器主动进行攻击，不仅非法占用了网络资源，而且导致网络堵塞，甚至造成整个网络系统的瘫痪。蠕虫病毒（worm）、特洛伊木马（trojan）病毒、冲击波（blaster）病毒、电子邮件病毒都属于网络病毒。

（5）混合型病毒

混合型病毒是以上两种或两种以上病毒的混合。例如，有些混合型病毒既能感染磁盘的引导区，又能感染可执行文件；有些电子邮件病毒则是文件型病毒和宏病毒的混合体。

4. 计算机感染病毒后的常见症状

了解计算机感染病毒后的各种症状，有助于及时发现病毒。常见的症状如下：

① 屏幕显示异常。屏幕上出现异常图形、莫名其妙的问候语，或直接显示某种病毒的标志信息。

② 系统运行异常。原来能正常运行的程序现在无法运行或运行速度明显减慢，经常出现异常死机，或无故重新启动，或蜂鸣器无故发声。

③ 硬盘存储异常。硬盘空间突然减少，经常无故读/写磁盘，或磁盘驱动器"丢失"等。

④ 内存异常。内存空间骤然变小，出现内存空间不足，不能加载执行文件的提示。

⑤ 文件异常。例如，文件名称、扩展名、日期等属性被更改，文件长度加长，文件内容改变，文件被加密，文件打不开，文件被删除，甚至硬盘被格式化等。莫名其妙地出现许多来历不明的隐藏文件或者其他文件。可执行文件运行后，神秘地消失，或者产生出新的文件。某些应用程序被屏蔽，不能运行。

⑥ 打印机异常。不能打印汉字或打印机"丢失"等。

⑦ 硬件损坏。例如，CMOS 中的数据被改写，不能继续使用；BIOS 芯片被改写等。

1.9.2　网络黑客

黑客（hacker），原指那些掌握高级硬件和软件知识，能剖析系统的人，但现在"黑客"已变成了网络犯罪的代名词。黑客就是利用计算机技术、网络技术，非法侵入、干扰、破坏他人计算机系统，或擅自操作、使用、窃取他人的计算机信息资源，对电子信息交流和网络实体安全具有威胁性和危害性的人。

黑客攻击网络的方法是不停寻找因特网上的安全缺陷，以便乘虚而入。黑客主要通过掌握的技术进行犯罪活动，如窥视政府、军队的机密信息，企业内部的商业秘密，个人的隐私资料等；截取银行账号、信用卡密码，以盗取巨额资金；攻击网上服务器，使其瘫痪，或取得其控制权，修改、删除重要文件，发布不法言论等。

1.9.3　计算机病毒与黑客的防范

计算机病毒和黑客的出现给计算机安全提出了严峻的挑战，解决问题最重要的一点就是树立"预防为主，防治结合"的思想，树立计算机安全意识，防患于未然，积极地预防黑客的攻击和计算机病毒的侵入。

1. 防范措施

① 对外来的计算机、存储介质（光盘、闪存盘、移动硬盘等）或软件要进行病毒检测，确认无毒后才能使用。

② 在别人的计算机使用自己的闪存盘或移动硬盘时，必须处于写保护状态。

③ 不要运行来历不明的程序或使用盗版软件。

④ 不要在系统盘上存放用户的数据和程序。

⑤ 对于重要的系统盘、数据盘以及磁盘上的重要信息要经常备份，以便遭到破坏后能及时得到恢复。

⑥ 利用加密技术，对数据与信息在传输过程中进行加密。

⑦ 利用访问控制权限技术规定用户对文件、数据库、设备等的访问权限。

⑧ 不定时更换系统的密码，且提高密码的复杂度，以增强入侵者破译的难度。

⑨ 迅速隔离被感染的计算机。当计算机发现病毒或异常时应立刻断网，以防止计算机受到更多的感染，或者成为传播源，再次感染其他计算机。

⑩ 不要轻易下载和使用网上的软件；不要轻易打开来历不明的邮件中的附件；不要浏览一些不太了解的网站；不要执行从 Internet 下载后未经杀毒处理的软件；调整好浏览器的安全设置，并且禁止一些脚本和 ActiveX 控件的运行，防止恶性代码的破坏。对于通过网络传输的文件，应在传输前和接收后使用反病毒软件进行检测和清除病毒，以确保文件不携带病毒。

⑪ 关闭或删除系统中不需要的服务。默认情况下，许多操作系统会安装一些辅助服务，如 FTP 客户端、Telnet 等。这些服务为攻击者提供了方便，如果用户不需要使用这些功能，可删除它们，这样可以大幅减少被攻击的可能性。

⑫ 购买并安装正版的具有实时监控功能的杀毒卡或反病毒软件，时刻监视系统的各种异常并及时报警，以防止病毒的侵入。此外，还要经常更新反病毒软件的版本，以及升级操作系统，安装堵塞漏洞的补丁。

⑬ 对于网络环境，应设置"病毒防火墙"。

2. 利用防火墙技术

防火墙是指设置在不同网络（如可信任的企业内部网和不可信的公共网）或网络安全域之间的一系列部件的组合。它可通过监测、限制、更改跨越防火墙的数据流，尽可能地对外部屏蔽网络内部的信息、结构和运行状况，以此来实现网络的安全保护。

在逻辑上，防火墙是一个分离器、一个限制器，也是一个分析器，有效地监控了内部网和 Internet 之间的任何活动，保证了内部网络的安全。典型的防火墙具有以下三方面的基本特性：

① 内部、外部网络之间的所有网络数据流都必须经过防火墙。

② 只有符合安全策略的数据流才能够通过防火墙。

③ 防火墙自身具有非常强的抗攻击能力。

目前常见的防火墙有 Windows 防火墙、天网防火墙、瑞星防火墙、江民防火墙、卡巴斯基防火墙等。

3. 用杀毒软件清除病毒

杀毒软件又称反病毒软件，是用于消除计算机病毒、特洛伊木马和恶意软件，保护计算机安全的一类软件的总称，可以对资源进行实时监控，阻止外来侵袭。杀毒软件通常集成病毒监控、识别、扫描和清除及病毒库自动升级等功能。杀毒软件的任务是实时监控和扫描磁盘，其实时监控方式因软件而异。有的杀毒软件是通过在内存中划分一部分空间，将计算机中流过内存的数据与杀毒软件自身所带的病毒库（包含病毒定义）的特征码相比较，以判断是否为病毒。另一些杀毒软件则在所划分到的内存空间中，虚拟执行系统或用户提交的程序，根据其行为或结果做出判断。部分杀毒软件通过在系统添加驱动程序的方式进驻系统，并且随操作系统启动。大部分杀毒软件还具有防火墙功能。

目前，使用较多的杀毒软件有卡巴斯基、NOD32、诺顿、瑞星、江民、金山毒霸等，具体信息可在相关网站中查询。个别杀毒软件还永久免费使用，如 360 杀毒软件。

由于计算机病毒种类繁多，新病毒又在不断出现，病毒对反病毒软件来说永远是超前的，也就是说，清除病毒的工作具有被动性。切断病毒的传播途径，防止病毒的入侵比清除病毒更重要。

1.10 人 工 智 能

1.10.1 人工智能的定义

智能（intelligence）是人类与生俱来的，它是人类感觉器官的直接感觉和大脑思维的综合体。智能及智能的本质是古今中外许多哲学家、脑科学家一直在努力探索和研究的问题，但至今仍然没有完全了解。近些年来，随着脑科学、神经心理学等研究的进展，人们对人脑的结构和功能有了初步认识，但对整个神经系统的内部结构和作用机制，特别是脑的功能原理没有认识清楚。因此，很难对智能给出确切的定义。

从心理学上讲，一般认为从感觉到记忆再到思维这一过程，称为"智慧"，产生了行为和语言，将行为和语言的表达过程称为"能力"，两者合称"智能"。将感觉、回忆、思维、语言、行为的整个过程称为智能过程，它是智力和能力的表现。具体地讲，智能包括感知与认识客观事物、客观世界和自我的能力，通过学习获取知识、积累经验的能力；运用语言进行抽象、概括和表达能力；联想、分析、判断和推理能力；理解知识、运用知识和经验，分析问题、解决问题的能力；发现、发明、创造、创新能力等。智能可以运用智商来描述其在个体中发挥智能的程度。一个人的智能既有先天遗传因素，也有后天的学习和知识（智力）积累因素，人类的这种与生俱来的智能可看作是自然智能。

人工智能（artificial intelligence，AI）是相对于人类的自然智能而言的，即用人工智能的方法和技术，对人类的自然智能进行模仿、扩展和应用，让机器具有人类的思维能力。它是研究、开发用于模拟、延伸和扩展人的智能的理论、方法、技术及应用系统的一门技术科学。人工智能是计算机科学的一个分支，它企图了解智能的实质，并产生出一种新的能以人类智能相似的方式做出反应的智能机器，该领域的研究包括机器人、机器学习、语言识别、图像识别、自然语言处理和专家系统等。

1.10.2　人工智能的发展阶段

1956 年夏季，以麦卡赛、明斯基、罗切斯特和香农等为首的一批有远见卓识的年轻科学家在一起聚会，共同研究和探讨用机器模拟智能的一系列有关问题，并首次提出了"人工智能"这一术语，标志着"人工智能"这门新兴学科的正式诞生。

从 1956 年正式提出人工智能学科算起，60 多年来，人工智能取得长足的发展，成为一门广泛的交叉和前沿科学。总的来说，人工智能的目的就是让计算机这台机器能够像人一样思考。当计算机出现后，人类开始真正有了一个可以模拟人类思维的工具，在以后的岁月中，无数科学家为这个目标努力着。如今人工智能已经不再是几个科学家的专利，全世界几乎所有大学的计算机系都有人在研究这门学科，学习计算机的大学生也必须学习这样一门课程。在人们不懈的努力下，如今计算机似乎已经变得十分聪明。例如，1997 年 5 月，IBM 公司研制的深蓝（DEEP BLUE）计算机战胜了国际象棋大师卡斯帕洛夫（KASPAROV）。大家或许不会注意到，在一些地方计算机帮助人们进行原来只属于人类的工作，计算机以它的高速和准确为人类发挥着巨大的作用。人工智能始终是计算机科学的前沿学科，计算机编程语言和其他计算机软件都因为有了人工智能的进展而得以存在。

1.10.3　人工智能的研究

人工智能应用无疑是计算机应用的最高境界，它追求机器和人类深层次上的一致。但是，人工智能研究和应用并不像数值计算、事务处理、计算机辅助、过程控制那样直接和可描述。因为人类本身的思维就是最复杂的事情，它涉及哲学、思维科学、逻辑学、生命科学、心理学、语言学、数学、物理学、计算机科学等众多学科领域。所以，人工智能的研究道路更加曲折。但是，这些年来，一些融合了人类知识的具有感知、学习、推理、决策等思维特征的计算机系统也不断出现。例如，各种建立在领域专家知识基础上的专家系统、辅助决策支持系统等都取得了良好的应用效果。

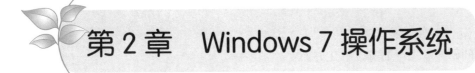

第2章　Windows 7 操作系统

学习目标

- 掌握启动与退出 Windows 7 操作系统的方法。
- 掌握文件窗口和资源管理器的使用。
- 掌握磁盘浏览、格式化、属性设置、碎片整理、备份及清理的方法。
- 掌握控制面板的使用方法。
- 掌握应用程序安装、删除、启动、退出的方法。
- 能够使用常用的工具软件，并了解各种常用工具软件的用途。
- 了解 Windows 7 操作系统的维护。

操作系统（operating system，OS）是最基本的系统软件，它是控制和管理计算机所有硬件和软件资源的一组程序，是用户和计算机之间的通信界面。用户通过操作系统的使用和设置，可使计算机更有效地进行工作。操作系统具有进程管理、存储器管理、设备管理、文件管理和任务管理 5 个功能。

第 2 章课件

Windows 7 是微软继 Windows XP、Windows Vista 之后的又一代操作系统，它具有性能更高、启动更快、兼容性更强等很多新特性和优点，提高了屏幕触控支持和手写识别，支持虚拟硬盘，改善多内核处理器，改善开机速度和内核改进等。Windows 7 的设计主要围绕 5 个重点——针对笔记本式计算机的特有设计、基于应用服务的设计、用户的个性化、视听娱乐的优化、用户易用性的新引擎。

2.1　Windows 7 概述

启动 Windows 7 后，在桌面上显示"计算机""回收站""IE 8.0"等图标，利用"开始"按钮几乎可以打开所有的应用程序。在 Windows 7 下可以同时打开多个窗口，利用鼠标进行窗口的移动、缩放、切换等操作，用不同的方式排列窗口，关闭所有打开的窗口。Windows 7 使用结束后，要正常退出。

2.1.1　Windows 7 简介

同以往的 Windows 版本相比，Windows 7 有以下新特征：

① 便捷的连接：Windows 7 提供了非常便捷的连接功能，不仅可以帮助用户用最短的时间完成网络连接，直接接入 Internet，而且还能够紧密和快捷地将其他的计算机、所需要的信息以及电子设备无缝连接起来，使所有的计算机和电子设备连为一体。

② 透明的操作：Windows 7 中透明的操作有两层意思，第一是指系统所使用的界面看起来将会有一种水晶的感觉，从界面上让用户感到更加整洁；第二是指 Windows 7 将会更加有效地处理和归类用户的数据，系统将会为用户带来最快捷的个人数据服务，让用户更加快捷地管理自己的信息。

③ 加固的安全：Windows 7 为用户带来经过改善的安全措施，将会比以往的操作系统更加安全地保护计算机不受病毒侵害。

1. 安装 Windows 7 系统的硬件需求

Windows 7 系统的硬件需求主要有以下几方面：

① 处理器：1 GHz 的 32 位或 64 位处理器。

② 内存：1 GB 以上。

③ 显卡：支持 DirectX 9 且显存容量为 128 MB。

④ 硬盘空间：至少拥有 16 GB 可用空间的 NTFS 分区。

⑤ 显示器：分辨率至少在 1 024×768 像素，低于该分辨率则无法正常显示部分功能。

2. Windows 7 系统的软件需求

所谓 Windows 7 系统的软件需求，主要是指对于硬盘系统的需求。

① 安装 Windows 7 系统的硬盘分区必须采用 NTFS 结构，否则安装过程中会出现错误提示，无法正常安装。

② Windows 7 系统对于硬盘可用空间的需求比较高，因此用于安装 Windows 7 系统的硬盘必须要确保至少有 1 GB 的可用空间，最好能提供 40 GB 可用空间的分区供系统安装使用。

3. Windows 7 的启动

启动计算机的一般步骤如下：

① 依次打开计算机外围设备的电源开关和主机电源开关。

② 计算机执行硬件测试，测试无误后即开始系统引导。

③ 根据使用该计算机的用户账户数目，界面分为单用户登录和多用户登录两种。单击要登录的用户名，输入用户密码，然后继续完成启动，出现 Windows 7 系统桌面，如图 2-1 所示。

桌面图标

桌面背景

"开始"按钮

任务栏

图 2-1　Windows 7 桌面

4. Windows 7 桌面的显示

启动 Windows 7 后，屏幕上显示图 2-1 所示的 Windows 桌面，即 Windows 用户与计算机交互的工作窗口。桌面上有背景图案，可以布局各种图标，桌面底部有任务栏，任务栏上有开始按钮、任务按钮和其他显示信息，如时钟等。

（1）任务栏

任务栏是位于桌面底部的条状区域，包含"开始"按钮及所有已打开程序的任务栏按钮。Windows 7 中的任务栏由"开始"按钮、窗口按钮和通知区域等几部分组成，如图 2-2 所示。

图 2-2　任务栏

- "开始"按钮：单击可以打开"开始"菜单。
- 窗口按钮栏：集成了常用的应用程序，单击即可启动程序，还可以显示已打开的程序或文档，单击进行切换。
- 语言栏：显示当前的输入法状态。
- 通知区域：包括时钟、音量、网络及其他一些显示特定程序和计算机设置状态的图标。
- "显示桌面"按钮：鼠标指针移动到该按钮上，可以预览桌面，若单击该按钮可以快速返回桌面。

"开始"菜单是计算机程序文件夹和设置的主菜单。通过该菜单可完成计算机管理的主要操作。单击任务栏最左侧的"开始"按钮即可弹出"开始"菜单，如图 2-3 所示。

图 2-3　"开始"菜单

- 常用程序区域：显示使用最频繁的程序。
- 安装软件区域：包括安装在计算机上的所有程序。
- 搜索区域：用户可以输入要搜索的任何文字来查找计算机中的文件、文件夹或网络中的计算机。
- 用户图片：位于最顶部，显示当前登录的用户名。
- 系统文件夹区域：包括最常用的文件夹，用户可以从这里快速找到要打开的文件夹。
- 系统设置程序区域：包含了主要用于系统设置的工具。
- 关机区域：可实现关闭、注销、重新启动计算机等操作。

使用"开始"菜单一般可实现如下操作：

① 打开常用文件夹。

② 启动程序。

③ 搜索计算机中的文件、文件夹和程序，也可以直接搜索 Internet 上的相关信息。

④ 获取有关 Windows 操作系统的帮助信息。

⑤ 调整计算机设置。

⑥ 注销 Windows 或切换到其他用户账户。

⑦ 重新启动、关闭计算机，也可以将计算机设置为锁定或睡眠状态。

（2）桌面背景

桌面背景是指 Windows 桌面的背景图案，又称桌布或墙纸。

（3）桌面图标

桌面图标由一个个形象的图形和相关的说明文字组成。在 Windows 7 中，所有的文件、文件夹和应用程序都用图标来形象的表示，双击这些图标即可快速地打开文件、文件夹或者应用程序。

5. 窗口及窗口的操作

（1）窗口的概念

窗口是 Windows 7 系统的基本对象，是桌面上用于查看应用程序或文件等信息的一个矩形区域。Windows 中有应用程序窗口、文件夹窗口、对话框窗口等。窗口的组成如图 2-4 所示。

地址栏　　　　　　　　　　　　　　　　搜索栏

工具栏　　　　　　　　　　　　　　　　"视图"按钮

　　　　　　　　　　　　　　　　　　　窗口内容

图 2-4　窗口的组成

（2）窗口的组成

① 地址栏。地址栏用于输入文件的地址。用户可以通过下拉菜单选择地址，方便地访问本地或网络的文件夹，也可以直接在地址栏中输入网址，访问互联网。

② 工具栏。工具栏中存放着常用的操作按钮，通过工具栏，可以实现文件的新建、打开、共享和调整视图等操作。在 Windows 7 中，工具栏上的按钮会根据查看内容的不同而有所变化，但一般有"组织"和"视图"等按钮。

③ 视图按钮。调整图标的显示大小，如图 2-5 所示。

通过"组织"按钮可以实现文件（夹）的剪切、复制、粘贴、删除、重命名等操作，如图 2-6 所示。

④ 搜索栏。Windows 7 随处可见类似的搜索栏，这些搜索栏具备动态搜索功能，即当用户输入关键字一部分的时候，搜索就已经开始，随着输入关键字的增多，搜索的结果会被反复筛选，直到搜索到需要的内容。

⑤ 窗口内容。窗口内容是指显示所打开窗口的主体和内容，如"计算机"窗口显示的是本地或网络磁盘。

图 2-5　"视图"按钮

（3）窗口切换

Windows 可以同时打开多个窗口，但只能有一个活动窗口，切换窗口就是将非活动窗口变成活动窗口的操作。切换的方法如下：

方法 1：利用快捷键。

① 按【Alt+Tab】组合键时，屏幕中间的位置会出现一个矩形区域，显示所有打开的应用程序和文件夹图标，按住【Alt】键不放，反复按【Tab】键，这些图标就会轮流由一个蓝色的框包围突出显示，当要切换的窗口图标突出显示时，松开【Alt】键，该窗口就会成为活动窗口。

② 利用【Alt+Esc】组合键。【Alt+Esc】组合键的使用方法与【Alt+Tab】组合键的使用

图 2-6　"组织"按钮

方法相同，唯一的区别是按【Alt+Esc】组合键不会出现窗口图标方块，而是直接在各个窗口之间进行切换。

图 2-7　控制菜单

方法 2：利用程序按钮栏。每运行一个程序，在任务栏中就会出现一个相应的程序按钮，单击程序按钮就可以切换到相应的程序窗口。

（4）窗口的操作

窗口的主要操作有打开窗口、移动窗口、缩放窗口、关闭窗口、窗口的最大化及最小化。窗口的大部分操作可以通过窗口菜单来完成。右击标题栏就可以打开图 2-7 所示的菜单，选择要执行的菜单命令即可。此外，也可以用鼠标完成对窗口的操作。

（5）桌面上窗口的排列方式

桌面上所有打开的窗口，可以采取层叠或平铺的方式进行排列，方法是在任务栏的空白处右击，在弹出的快捷菜单中选择排列方式，如图 2-8 所示。

图 2-8　快捷菜单

6. 剪贴板

剪贴板是 Windows 系统为了传递信息而在内存中开辟的临时存储区，通过它可以实现 Windows 环境下运行的应用程序之间或应用程序内的数据传递和共享。剪贴板能够传送或共享的信息可以是一段文字、数字或符号组合，也可以是图形、图像、声音等。

（1）利用剪贴板传递信息的方法

利用剪贴板传递信息，首先需要将信息从信息源区域复制到剪贴板，然后再将剪贴板中的信息粘贴到目标区域中。操作步骤如下：

① 选择要传送的信息。

② 右击，在弹出的快捷菜单中选择"复制"或"剪切"命令。

③ 将鼠标定位到目标区域需要插入信息的位置。

④ 右击，在弹出的快捷菜单中选择"粘贴"命令，将剪贴板的信息复制到当前光标位置。

（2）利用剪贴板复制屏幕显示

Windows 可以将屏幕画面复制到剪贴板，利用图形处理程序粘贴加工。要复制整个屏幕，按【Print Screen】键；要复制活动窗口，按【Alt+Print Screen】组合键。

7. 退出 Windows 7 并关闭计算机

单击"开始"按钮，接着单击"关机"右侧的三角按钮，此时就可以从弹出的菜单中查看到切换用户、注销、锁定、重新启动、睡眠等命令，如图 2-9 所示。根据需要单击"关机"按钮，即可完成 Windows 7 系统的关闭操作。

图 2-9　Windows 7 关机菜单

2.1.2　键盘和鼠标的使用

在所有的 Windows 系统中，一般使用键盘和鼠标对计算机进行操作。

（1）键盘的操作

键盘的操作除了对计算机输入数据外，还可以用来执行命令。用鼠标实现的命令，键盘也可以实现，即利用键盘的功能键和一些键组合来实现。不同的键盘功能键可能有细微差别，但是基本功能键相同，【Ctrl】、【Shift】和【Alt】是功能键，组合键是功能键和其他键的组合，在 Windows 中组合键的表现方式有两种：

① "+"：表示按住前面的键不放，逐个按后面的键，如【Ctrl + C】表示先按住【Ctrl】键不放，再按字母键【C】，然后放开。

② ","：表示先按下前面的键，释放后紧接着按后面的键，如【Ctrl】,【C】表示先按【Ctrl】，放开后再按【C】键。

注意：使用组合键时不要双手同时按下多个键，组合键是按照先后顺序来识别的。

键盘上还有一些键可以使操作方便快捷，例如上、下、左、右方向键可以移动光标位置；使用【Home】键可使光标回到当前行首；【End】键可将光标移动到当前行末。还要注意【Delete】键和【Backspace】键的使用和区别。大小写字母的切换可以按【Caps Lock】键，也可以使用组合键【Shift+字母】来输入。【Print Screen】键用来打印计算机屏幕，即将当前屏幕做成一个图片，按【Print Screen】键，然后打开附件中的画图程序，使用"粘贴"命令，就可以查看该图片。

（2）鼠标的操作

鼠标是 Windows 的基本操作方式，快捷、方便、易学。鼠标一般有左键和右键，3D 鼠标还有滚轮。一般情况下，左键为鼠标的主键，右键为副键，滚轮是在有滚动条的窗口中使用。

① 鼠标的基本操作包括定位、单击、双击和拖动等。

- 定位：移动鼠标，将光标箭头放在屏幕的某位置上。
- 单击：定位后，迅速按下并释放鼠标左键，又称"单击和选择"；鼠标定位后单击右键即可打开定位对象的快捷菜单。
- 双击：定位后，两次迅速地连续按下并释放鼠标左键。要进入某个应用程序，在该程序的"小图标"上双击鼠标左键即可。
- 拖动：按住鼠标左键并移动鼠标指针到目标位置释放，用于移动或复制对象；鼠标右键的拖动一般用于移动和复制及快捷方式的创建。

② 鼠标指针的形状有不同的意义，使用时注意观察。一般情况下，鼠标指针的形状和意义如表 2-1 所示。

表 2-1　鼠标的形状和意义

鼠标形状	意　义	鼠标形状	意　义
▷	正常选择，鼠标的基本形状	✎	手写
▷?	帮助信息，显示对象的帮助信息	⊘	不可执行
▷⧗	后台正在运行	↔ ↕ ↖ ↗	垂直、水平、对角线调整窗口大小
⧗	忙，系统正在执行某种操作	✛	移动对象
+	精确定位	🖑	链接选择，表示此处有超链接
I	选定文本		

2.2　美　化　桌　面

本节将学习如何选择自己满意的图片作为桌面的背景，学会启动计算机的屏幕保护程序并将计算机设置成节能方式，能够调整显示器的分辨率和计算机的日期及时间。

2.2.1　桌面的组成

启动 Windows 7 后，屏幕上将显示 Windows 的桌面，用户向系统发出的各种操作命令都是通过桌面来接收和处理的。

1. 常见的概念

在 Windows 7 中常见的几个概念如下：

① 对象：指 Windows 的各种组成元素，包括程序、文件、文件夹和快捷方式等。

② 图标：指屏幕上显示的代表程序、文件、文件夹等各种对象的小图形。

③ 快捷图标：指 Windows 为了方便、快速地使用某一对象而复制的可以直接访问该对象目标的替身。

表 2-2 列出了在传统 Windows 桌面上出现的快捷图标及相应的功能。用户可以把常用的应用程序的快捷方式、经常要访问的文件或文件夹的快捷方式放在桌面上，可以不断地在桌面上添加或删除快捷图标。

表 2-2　Windows 桌面主要图标说明

图　标	名　称	功　能
	计算机	用于管理计算机资源，进行软、硬件操作
	Internet Explorer	用于浏览因特网的信息
	回收站	用于暂存用户删除的文件或文件夹，以免错误操作造成不必要的损失

2. 回收站

当用户删除硬盘中的文件或文件夹时，一般情况下那些文件并没有真正从计算机中彻底删除，而是被放到回收站中。如果发现了误删文件，就可以从回收站中将其还原；而确定真正要从计算机中彻底删除放置在回收站中的文件，就需要清空回收站。

从回收站将被删除的文件还原的方法：从桌面上双击其图标打开回收站，选择需要还原的文件或文件夹，单击工具栏中的"还原此项目"按钮，或者从右键菜单中选择"还原"命令（见图 2-10），就可以将选定的文件或文件夹还原到它们被删除以前所在的位置。

要将回收站中的内容真正从计算机中删除，可以右击回收站图标，从弹出的快捷菜单中选择"清空回收站"命令，也可以打开回收站窗口，然后单击"清空回收站"按钮。

"回收站"是硬盘上的一片特定的区域，即一个特殊

图 2-10　还原被删除的文件

的文件夹，硬盘的每个分区都有一个"回收站"，如果没有特殊设置，每个分区的"回收站"大小一样，每个分区的回收站的最大容量是驱动器容量的 10%，用户也可以自己进行调整。

2.2.2　调整桌面的操作

【例 2-1】添加桌面图标。

（1）添加系统图标

进入刚装好的 Windows 7 操作系统时，桌面上只有"回收站"一个图标。"计算机"和"控制面板"等系统图标被放在了"开始"菜单中，用户可以根据需要通过手动方式将其添加到桌面上。将"计算机"和"控制面板"图标添加到桌面的操作步骤如下：

① 在桌面空白处右击，从弹出的快捷菜单中选择"个性化"命令（见图 2-11），打开"个性化"窗口，如图 2-12 所示。

图 2-11　快捷菜单　　　　　　　　　　　　　　图 2-12　"个性化"窗口

② 在窗口的左边窗格中选择"更改桌面图标"选项，弹出"桌面图标设置"对话框，如图 2-13 所示。

③ 用户可以根据需要在"桌面图标"选项区域中选择需要添加到桌面上显示的系统图标，依次单击"应用"和"确定"按钮。

（2）添加应用程序的快捷方式

用户可以将常用的应用程序的快捷方式放置在桌面上形成桌面图标。下面以添加"计算器"小程序图标到桌面为例进行说明，具体操作步骤如下：

① 选择"开始"→"所有程序"→"附件"命令，弹出程序组列表，如图 2-14 所示。

图 2-13 "桌面图标设置"对话框

图 2-14 程序组列表

② 在程序组列表中选择"计算器"命令，右击，从弹出的快捷菜单中选择"发送到"→"桌面快捷方式"命令，如图 2-15 所示。

【例 2-2】排列桌面图标。

在 Window 7 系统中，用户可以根据需要对桌面图标按照不同的方式进行排列。具体操作步骤如下：

① 右击桌面空白处，在弹出的快捷菜单中选择"排列方式"级联菜单中的命令，如图 2-16 所示。

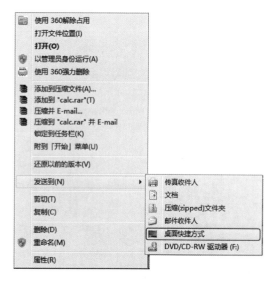

图 2-15 选择"桌面快捷方式"命令

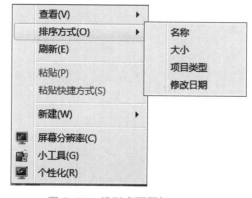

图 2-16 排列桌面图标

② 在提供的排列方式中选择一种排列方式，系统将自动对图标进行排序。

【例 2-3】移动、复制、删除桌面快捷图标。

图标是桌面上或文件夹中用来表示 Windows 各种程序或项目的小图形，分为文件图标、应用程序图标、快捷方式图标、文档图标、驱动器图标等类型。

利用鼠标可以方便地进行移动、复制、删除图标等操作。

① 移动图标。移动一个或多个图标时，先选择要移动的图标，按住鼠标左键拖动图标到目标位置，释放鼠标即可。

② 复制图标。除快捷方式图标外，复制文件或文件夹图标，会生成和原文件或文件夹占相同大小的文件或文件夹。复制图标时，右击图标，从弹出的快捷菜单中选择"复制"命令，然后在目标位置右击，从弹出的快捷菜单中选择"粘贴"命令即可。

③ 删除图标。右击图标，从弹出的快捷菜单中选择"删除"命令即可；选定图标后，按【Delete】键或直接把图标拖动到回收站，以删除图标。

【例 2-4】设置个性化桌面背景，选择自己喜欢的图案作为桌面。

Windows 7 系统提供了很多个性化的桌面背景，用户可以根据自己的爱好来设置桌面背景。操作步骤如下：

① 右击桌面空白处，从弹出的快捷菜单中选择"个性化"命令，打开"个性化"设置窗口，单击底部的"桌面背景"图标，如图 2-17 所示。

② 进入"桌面背景"窗口，默认的图片位置是"Windows 桌面背景"，提供了众多新颖美观的壁纸，选中喜爱的壁纸上方的复选框，如图 2-18 所示。

③ 如果选中了多张背景，可以在"更改图片时间间隔"下拉列表框中选择桌面变换的频率，设置完毕后单击"保存修改"按钮保存设置。

提示：用户除了可以使用系统提供的图片外，单击"浏览"按钮还可以使用保存在硬盘中的图片。

图 2-17　"个性化"窗口

图 2-18　"桌面背景"窗口

【例 2-5】对显示器的分辨率进行设置，以满足不同的视觉需要。

显示分辨率是指显示器上显示的像素数量，分辨率越高，显示器的像素就越多，屏幕区域就越大，可以显示的内容就越多，反之则越少。

设置显示器分辨率的步骤如下：

① 在桌面的空白处右击，在弹出的快捷菜单中选择"屏幕分辨率"命令。

② 在"屏幕分辨率"窗口中的"分辨率"下拉列表框中可以调整屏幕分辨率，调整结束后，单击"确定"按钮，如图 2-19 所示。

【例 2-6】设置 Windows 7 的屏幕保护程序，等待时间为 10 分钟。

屏幕保护程序是指在开机状态下在一段时间内没有使用鼠标和键盘操作时，屏幕上出现的动画或者图案。屏幕保护程序可以起到保护信息安全、延长显示器寿命的作用。

设置屏幕保护程序的步骤如下：

① 在桌面的空白处右击，在弹出的快捷菜单中选择"个性化"命令，打开"个性化"窗口（见图 2-17），单击底部的"屏幕保护程序"图标。

② 弹出"屏幕保护程序设置"对话框。在"屏幕保护程序"下拉列表框中选择一种屏幕保护程序，在"等待"文本框中设置需要等待的时间为 10 分钟后，单击"确定"按钮，如图 2-20 所示。

图 2-19 "屏幕分辨率"窗口

图 2-20 "屏幕保护程序设置"对话框

【例 2-7】更改桌面小工具。

Windows 7 操作系统自带了很多漂亮实用的小工具，它能在桌面右边创建一个窗格，以添加一些实用小工具，用于展示这些小工具软件的主界面或者从互联网获得股市行情、天气追踪或热点新闻之类的信息，也可以为用户进行日程管理。如果计算机在启动后没有出现桌面小工具，可按照以下步骤开启：

① 在桌面空白处右击，从弹出的快捷菜单中选择"小工具"命令，如图 2-21 所示。

② 弹出"小工具库"对话框，如图 2-22 所示。其中列出了系统自带的多个小工具，用户可以双击小工具图标，或者右击，在弹出的快捷菜单中选择"添加"命令，将其添加到桌面上，也可以用鼠标将小工具直接拖到桌面上。

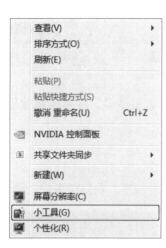

图 2-21 选择小工具

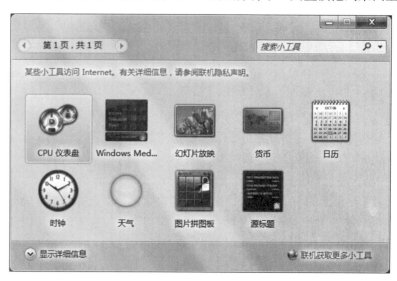

图 2-22 "小工具库"对话框

2.3　配置计算机的硬件和软件

本节将学习使用控制面板进行添加、删除程序，掌握添加、删除和设置硬件设备的方法，并且能够对计算机的网络进行配置；安装和设置打印机。

"控制面板"是 Windows 中一个包含了大量工具的系统文件（见图 2-23），利用其中的独立工具或程序项可以调整和设置系统的各种属性，例如，管理用户账户，改变硬件的设置，安装或删除软件和硬件，进行时间、日期的设置等。

图 2-23　"控制面板"窗口

打开控制面板的方法如下：

方法 1：选择"开始"→"控制面板"命令。

方法 2：双击桌面上的"控制面板"图标。

2.3.1　添加和删除程序

1. 安装应用程序

目前，几乎所有的 Windows 应用程序的安装过程都非常相似，都可以从光盘中直接安装。

如果从光盘进行安装，有的安装程序会自动运行，可以根据提示进行安装。如果不需要该光盘自动运行，可从光盘的右键菜单中选择"打开"命令，从中找到程序的安装文件。如果硬盘中已经存在需要安装的程序文件，则可以直接打开该程序的安装文件所在的文件夹。

一般情况下，应用程序的安装文件名为 Setup，图标为 setup 。当然，也有其他形式的安装文件，如以程序的名称命名，图标为其他形式的安装文件。具体操作步骤如下：

① 找到安装文件后，直接双击，进入程序的安装向导。例如，安装 ACDSee 软件时，双击安装程序，将出现如图 2-24

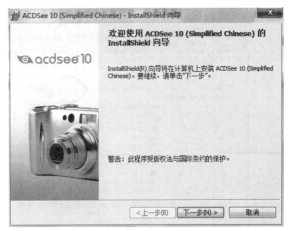

图 2-24　安装程序向导之一

所示的向导，在系统出现的窗口中，单击"下一步"按钮就可以继续安装。

② 一般情况下，安装过程中会出现一个选择是否同意接阅读并接受许可条款的步骤，如图 2-25 所示。选择同意阅读并接受许可条款，才能单击"下一步"按钮继续进行安装。

③ 在安装的过程中，有时还需要用户自定义安装的类型，这里选择完整安装，如图 2-26 所示。

④ 继续按照安装向导的提示进行安装。当安装完成后，一般会出现"安装完成"对话框，单击"确定"按钮即可。有的程序安装后可能需要重新启动计算机，则需要按照提示进行重启。

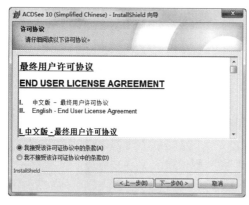

图 2-25　选择同意阅读并接受许可条款

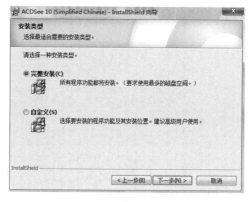

图 2-26　选择安装类型

⑤ 在安装过程的任意步骤中，单击"取消"按钮都可以取消程序的安装。

2. 运行应用程序

软件安装好后就可以运行。例如，运行 Word，选择"开始"→"所有程序"→ Microsoft Office → Microsoft Office Word 2010 命令，就可以启动程序。

在 Windows 7 下，启动应用程序主要有以下几种方式：

方法 1：如果桌面上有该应用程序的快捷方式，可以通过打开快捷方式启动应用程序。

方法 2：选择"开始"→"所有程序"命令，然后从"所有程序"中选择该程序。

方法 3：从"计算机"窗口中找到程序的可执行文件，双击该文件。

方法 4：当某些文件和程序关联时，可以通过打开文件来启动应用程序，如双击打开一个扩展名为".doc"的文件，系统将启动 Word。

3. 卸载应用程序

在如图 2-23 所示的"控制面板"窗口中单击"程序"图标，将打开"程序"窗口，可以通过单击"程序"下的"卸载程序"超链接，打开"卸载或更改程序"窗口，如图 2-27 所示。通过必要的步骤可删除已有的程序。

在该窗口中列出了计算机中已经安装的所有程序，选择某个程序后，单击"卸载"按钮，将出现如图 2-28 所示的卸载程序确认对话框，单击"是"按钮，即可进行卸载。

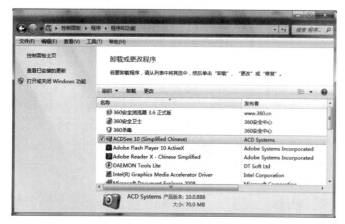

图 2-27　"程序和功能"窗口

图 2-28　卸载程序确认对话框

2.3.2　安装和使用打印机

1．添加打印机

添加打印机的步骤如下：

① 根据打印机厂商的说明书，将打印机电缆连接到计算机正确的端口上。

② 将打印机电源插入电源插座，并打开打印机，这时 Windows 7 将检测即插即用打印机，并在很多情况下不做任何选择即可进行安装。

③ 如果出现"发现新硬件向导"，应选中"自动安装软件（建议）"复选框，单击"下一步"按钮，然后按指示操作。

2．打印机共享

将打印机设置成共享，使局域网内的所有用户计算机共同使用该打印机。

① 在"控制面板"窗口中选择"查看设备和打印机"超链接，打开如图 2-29 所示的"设备和打印机"窗口，选择要设置共享的打印机并右击，在弹出的快捷菜单中选择"打印机属性"命令。

② 在打印机属性对话框中选中"共享这台打印机"复选框，如图 2-30 所示。

③ 单击"确定"按钮，返回至"设备和打印机"窗口中，共享该打印机的设置已完成。

图 2-29　"设备和打印机"窗口

图 2-30　设置共享属性

3．管理打印作业

打印机在进行打印作业时，要对一个或多个打印文稿进行取消、暂停、继续、重新打印操作，因此需要对提交给打印机的用户打印文档进行管理。

（1）激活打印机管理器

要管理打印作业，首先需要激活打印机管理器。

打开"设备和打印机"窗口，双击要使用的打印机图标，打开打印机管理器。如果没有提交任何打印作业至该打印机中，打印机管理器窗口为空白，且在该窗口的状态栏上显示"队列中有 0 个文档"。如果在应用程序中执行了打印操作，即发送了打印作业，这时打印机管理器如图 2-31 所示。

图 2-31　打印机管理器

（2）取消、暂停、继续、重新打印

① 双击正在使用的打印机，打开打印机管理器。

② 右击用户要暂停或继续打印的文档，弹出快捷菜单，如图 2-32 所示。

③ 按照需要选择所需的操作即可。

图 2-32　打印文档快捷菜单

4. 打印机的打印文档设置

（1）打印文档的方法

① 使用工具栏按钮。在打开的要打印文档的窗口内，单击"常用"工具栏中的"打印"按钮 ，文档将直接被打印。

② 使用菜单命令。选择"文件"→"打印"命令，弹出"打印"对话框，如图 2-33 所示。

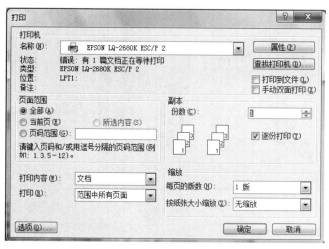

图 2-33　"打印"对话框

（2）"打印"对话框的基本操作

"打印"对话框中有许多可设置的内容，完成设置后，单击"确定"按钮，即可进行打印。

① 份数：

- 在"份数"文本框中输入要打印的份数。
- 选中"逐份打印"复选框，则在多份打印时，会一份一份地打印，否则会打印完所有第 1 页再打印所有的第 2 页，直到完成。

② 打印完整文档。打印完整的文档是最常用的打印方式，操作也是最简单的。操作方法：单击"常用"工具栏中的"打印"按钮。

③ 打印选择部分：

- 打印指定页。选择"文件"→"打印"命令后，在"打印"对话框的"页面范围"选项区域（见图 2-33）选中"页码范围"单选按钮，输入页码或页码范围，或者两者都输入。如输入"3-5，8，10"将会打印第 3 页至第 5 页、第 8 页、第 10 页。

- 当前页。只打印文档中光标所在页。选择"文件"→"打印"命令,在"打印"对话框的"页面范围"选项区域中选中"当前页"单选按钮。
- 在文档中选择要打印的内容,如一部分文档或图表,选择"文件"→"打印"命令,在"打印"对话框的"页面范围"选项区域中选中"所选内容"单选按钮。

2.3.3　在计算机中添加新硬件

硬件包含任何连接到计算机并由计算机的微处理器控制的设备,包括制造和生产时连接到计算机上的设备以及用户后来添加的外围设备。移动硬盘、调制解调器、磁盘驱动器、CD-ROM 驱动器、打印机、网卡、键盘和显示适配卡都是典型的硬件设备。

设备分为即插即用设备和非即插即用设备,它们都能以多种方式连接到计算机上。无论是即插即用还是非即插即用,当安装一个新设备时,通常包括 3 个步骤:

① 连接到计算机上。

② 装载适当的设备驱动程序。如果该设备支持即插即用,该步骤可能没有必要。

③ 配置设备的属性。如果该设备支持即插即用,该步骤可能没有必要。

如果设备不自动工作,那么该设备是非即插即用的,或者是像硬盘那样需要启动的设备,可能需要重新启动计算机。然后,Windows 将尝试检测新设备。

1. 安装即插即用设备

常见的即插即用设备包括闪存盘、移动硬盘以及数码照相机等,按照设备厂商的说明,将设备连接到计算机上的相应端口或插槽中。然后,Windows 会自动查找设备驱动程序以便能够和该设备进行通信。首先检查驱动程序存储处,在这里包含了大量的预先安装的设备驱动程序,如果在这里没有发现,并且计算机连接到 Internet,它将检查 Windows Update 站点,查看是否有该设备的驱动程序。如果有,将下载并安装驱动程序。当驱动程序已经被安装并可以工作后,Windows 将显示弹出消息,告之用户可以使用该设备。

2. 安装非即插即用设备

① Windows 7 检测到安装了新硬件之后,将会弹出图 2-34 所示的对话框,Windows 7 将会检查是否有可以采取的步骤使设备运行,选择"浏览计算机以查找驱动程序软件"选项,激活选择驱动程序对话框,如图 2-35 所示。

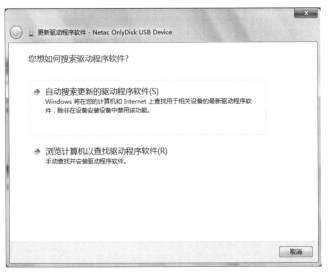
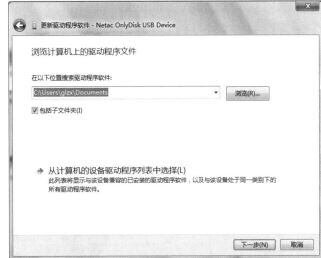

图 2-34　选择检查解决方案　　　　　　图 2-35　选择驱动程序对话框

② 在如图 2-35 所示对话框中,可以直接单击"浏览"按钮,并且从弹出窗口中选择硬件设备驱动程序文件存放的路径,也可以选择"从计算机的设备驱动程序列表中选择"选项安装驱动程序。

提示：选中"包含子文件夹"复选框可以使系统搜索驱动程序时对指定目录中的子文件夹进行搜索，从而提高搜索驱动程序的效率。

- 如果希望 Windows 7 尝试检测你想要安装的新的非即插即用设备，可单击"浏览"按钮。
- 如果知道要安装硬件的类型和型号，并想从设备列表中选择该设备，可选择"从计算机的设备驱动程序列表中选择"选项。

③ 单击"下一步"按钮，按照安装向导进行操作即可。

3. 卸载硬件设备

安装错误的驱动程序，或者硬件设备已不再使用，则应从系统中卸载硬件的驱动程序。

（1）即插即用设备的卸载

卸载即插即用设备，只需将想要卸载的设备从计算机的 USB 接口或者 PS/2 接口中拔下即可。

从系统中卸载 U 盘的操作步骤如下：

① 在系统"任务栏"通知区域单击"显示隐藏的图标"按钮，在展开的组中单击"安全删除硬件并弹出媒体"按钮 ，从弹出的级联菜单中选择"弹出 Flash Disk"命令，如图 2-36 所示。

② 当通知区域弹出"安全地移除硬件"提示时，表明 U 盘已被成功移除，可以将 U 盘从计算机的 USB 接口中拔出。

（2）非即插即用设备的卸载

卸载非即插即用设备，首先要在"设备管理器"窗口中卸载对应的驱动程序，然后再从计算机中移除对应的硬件。操作步骤如下：

① 右击桌面上的"计算机"图标，从弹出的快捷菜单中选择"属性"命令，如图 2-37 所示。

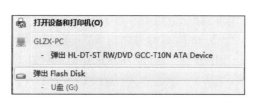

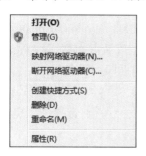

图 2-36 选择"弹出 Flash Disk"命令　　　　图 2-37 计算机属性菜单

② 在打开的"系统"窗口左侧窗格中单击"设备管理器"链接，如图 2-38 所示。

③ 在打开的"设备管理器"窗口中选择要卸载的设备后，右击，从弹出的快捷菜单中选择"卸载"命令，如图 2-39 所示。

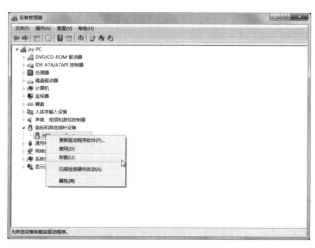

图 2-38 "系统"窗口　　　　　　　　　图 2-39 "设备管理器"窗口

④ 在弹出的"确认设备卸载"对话框中单击"确定"按钮即可卸载对应硬件的驱动程序，如图 2-40 所示。

图 2-40　"确认设备卸载"对话框

⑤ 关闭"计算机"后将安装在"计算机"中的相应硬件从机箱内拔除，即可完成硬件的卸载。

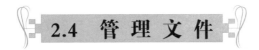

2.4.1　文件和文件夹的概念

1. 文件

文件是计算机系统中数据组织的基本单位，文件系统是操作系统的一项重要内容，它决定了文件的建立、存储、使用和修改等各方面的内容。

在计算机中，数据和程序都以文件的形式存储在存储器上。按一定格式建立在外存储器上的信息集合称为文件。在操作系统中，用户所有的操作都是针对文件进行的。

文件名通常由主文件名和扩展名两部分组成，中间由小圆点间隔，例如，"歌曲 .mp3"。

主文件名即文件的名称，通过它可以了解到文件的主题或内容，主文件名可以由英文字符、汉字、数字及一些符号等组成，但不能使用"＋"、"＜"、"＞"、"*"、"?"、"\"等符号。扩展名表示文件的类型，通常由 3 个字母组成。有些系统软件会自动给文件加上扩展名，如"歌曲 .mp3"表示该文件是音频文件，文件名称为"歌曲"。不同类型的文件都有与之对应的文件显示图标。表 2-3 所示为常见的文件扩展名和文件类型。

表 2-3　常见文件的扩展名和文件类型

扩 展 名	文 件 类 型	扩 展 名	文 件 类 型
.txt	文本文档 / 记事本文档	.docx	Word 文档
.exe　.com	可执行文件	.xlsx	电子表格文件
.hlp	帮助文档	.rar　.zip	压缩文件
.htm　.html	超文本文件	.wav　.mid　.mp3	音频文件
.bmp　.gif　.jpg	图形文件	.avi　.mpg	可播放视频文件
.int　.sys　.dll　.adt	系统文件	.bak	备份文件
.bat	批处理文件	.tmp	临时文件
.drv	设备驱动程序文件	.ini	系统配置文件
.mid	音频文件	.ovl	程序覆盖文件
.rtf	丰富文本格式文件	.tab	文本表格文件
.wav	波形声音	.obj	目标代码文件

2. 文件的类型

计算机中的文件可分为系统文件、通用文件与用户文件三类。前两类是在安装操作系统和硬件、软件时装入磁盘的，其文件名和扩展名由系统自动生成，不能随便更改或删除。

用户文件是由用户建立并命名的文件，多为文本或数据文件，即可以显示或打印供用户直接阅读的文件，可分为文书文件和非文书文件两种。文书文件包括文章、表格、图形等，非文书文件是指用汇编语言或各种高级程序设计语言编写的源程序文件、数据文件及用户编写的批处理文件、系统配置文件等。

3. 文件夹

计算机是通过文件夹来组织管理和存放文件的，文件夹用来分类组织存放文件。可以将相同类别的文件存放在一个文件夹中，一个文件夹中还可以包含其他文件夹。在 Windows 7 中，文件的组织形式是树形结构。

4. 盘符

硬盘空间分为几个逻辑盘，在 Windows 7 中表现为 C 盘、D 盘等。它们其实都是硬盘的分区。每一个盘符下可以包含多个文件和文件夹，每个文件夹下又有文件或文件夹，形成树形结构。

5. 库

Windows 7 中使用了"库"组件，可以方便用户对各类文件或文件夹进行管理。打开资源管理器，在左侧窗格就可以看到"库"。

默认情况下 Windows 7 已经设置了视频、图片、文档和音乐的子库，可以把本机（甚至局域网）不同位置的文件整合在一起，统一管理。

此外，还可以建立新类别的库，例如，可以建立"下载"库，把本机所有下载的文件统一进行管理。实际上，它并不是将不同位置的文件从物理上移动到一起，而是通过库将这些目录的快捷方式整合在一起。在资源管理器任何窗口中都可以方便地访问，大幅提高了文件查找的效率。

2.4.2 "计算机"和"资源管理器"窗口

文件或文件夹的创建、打开、移动、复制、删除、重命名都可以使用"计算机"或"资源管理器"窗口实现。

1. 计算机窗口

用户使用"计算机"窗口可以显示整个计算机的文件及文件夹等信息，可以完成启动应用程序，打开、查找、复制、删除、文件更名、创建新的文件夹及文件的操作，实现管理计算机软件资源。打开"计算机"的方法如下：

方法 1：双击桌面上的"计算机"图标，打开"计算机"窗口，如图 2-41 所示。

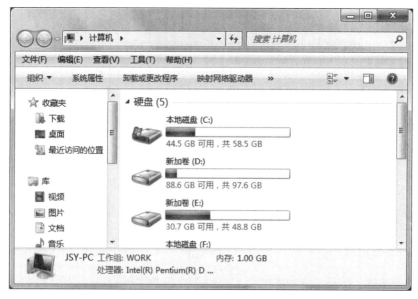

图 2-41 "计算机"窗口

方法 2：选择"开始"→"计算机"命令，也可打开"计算机"窗口。

2. "资源管理器"窗口

"资源管理器"窗口以分层的方式显示计算机内所有文件的详细图表。使用资源管理器可以方便地实现浏览、查看、移动和复制文件或文件夹等操作。可以不必打开多个窗口，而只在一个窗口中浏览所有的磁盘和文件夹。打开"资源管理器"的方法如下：

方法 1：右击"开始"按钮，从弹出快捷菜单中选择"资源管理器"命令。

方法 2：选择"开始"→"所有程序"→"附件"→"Windows 资源管理器"命令。

方法 3：单击 Windows 7 任务栏中"开始"按钮右侧的"Windows 资源管理器"按钮，也可以打开资源管理器，如图 2-42 所示。

图 2-42 Windows "资源管理器"按钮

打开后的 Windows 7 "资源管理器"窗口如图 2-43 所示。

提示：打开"资源管理器"窗口，一般情况下是看不到菜单栏的，若要显示菜单栏，可选择"组织"→"布局"→"菜单栏"命令，如图 2-44 所示。

图 2-43 "资源管理器"窗口

（1）文件复选框

Windows 7 中所有文件都可以显示一个复选框，只要单击这个复选框就可以选中相应的文件。默认情况下该功能并没有打开，需要在"文件夹选项"的"查看"选项卡下启用。在 Windows 7 的"资源管理器"窗口中，选择"工具"→"文件夹选项"命令，弹出"文件夹选项"对话框，选择"查看"选项卡。在下面的"高级设置"列表框中选中"使用复选框以选择项"复选框，然后单击"确定"按钮，如图 2-45 所示。

图 2-44 添加菜单栏

图 2-45 "文件夹选项"对话框

（2）搜索筛选器

Windows 7中的"计算机"或"资源管理器"窗口的右上部有一个"搜索"输入框，可以直接在资源管理器中进行搜索。

① 通过目录地址栏定位到某一位置，接着在右上角的搜索框中输入要搜索的关键字（例如，输入"Win"），按【Enter】键就会立即开始在当前位置搜索。

② 稍等片刻之后，可以看见搜索的反馈信息，如图2-46所示。

③ 单击搜索框中的空白输入区，激活筛选搜索界面，其中提供了"修改日期"和"大小"两项，可以设置根据文件修改日期和大小对文件进行搜索操作。

图2-46　搜索结果

2.4.3　文件和文件夹的管理

文件和文件夹操作在"资源管理器"和"计算机"窗口都可以完成。在执行文件或文件夹的操作前，要先选择操作对象，然后按自己熟悉的方法对文件或文件夹进行操作。文件或文件夹的操作一般有创建、重命名、复制、移动、删除、查找文件或文件夹，修改文件属性，创建文件的快捷操作方式等。这些操作可以用以下6种方式之一完成：

① 用菜单中的命令。

② 用工具栏中的命令按钮。

③ 用该操作对象的快捷菜单。

④ 在"资源管理器"和"计算机"窗口中拖动。

⑤ 用菜单中的发送方式。

⑥ 用组合键。

1．选择文件或文件夹

在打开文件或文件夹之前应先将文件或文件夹选中，然后才能进行其他操作。

（1）选择单个文件或文件夹

选择单个的文件或文件夹的方法很简单，只需要单击文件或文件夹即可；单击文件或文件夹前的复选框也可以选中文件或文件夹。

当选中单个的文件或文件夹时，该对象表现为高亮显示。

（2）选择多个文件或文件夹的操作

按住【Ctrl】键的同时单击，可以实现多个不连续文件（夹）的选择；按住【Shift】键的同时单击，可实现多个连续文件（夹）的选择；单击文件（夹）前的复选框，可实现多个文件（夹）的选择。

2．创建文件夹

如需要在 D 盘中创建一个名为"管理信息"的文件夹，方法如下：

方法 1：

① 使用"计算机"或"资源管理器"窗口，打开 D 盘驱动器窗口。这里选择"计算机"→"本地磁盘（D：）"选项，打开"本地磁盘（D：）"窗口。

② 在窗口的工具栏上单击 新建文件夹 按钮，就会在窗口中新建一个名为"新建文件夹"的文件夹，如图 2–47 所示。

③ 输入新文件夹的名字"管理信息"，按【Enter】键或单击其他地方确认。

方法 2：

① 使用"计算机"或"资源管理器"窗口，打开 D 盘驱动器窗口。这里选择"计算机"→"本地磁盘（D：）"选项，打开"本地磁盘（D：）"窗口。

② 右击窗口右侧的空白处，从弹出的快捷菜单中选择"新建"→"文件夹"命令，如图 2-48 所示。在文件列表窗口的底部将出现一个名为"新建文件夹"的文件夹。

③ 输入新文件夹的名字"管理信息"，按【Enter】键或单击其他地方确认。

图 2–47　新建文件夹窗口

图 2–48　创建新文件夹

3．创建文本文件

在"管理信息"文件夹中创建一个名为"程序"的文本文件，方法如下：

方法 1：使用菜单命令新建"文本"文件。

① 打开某个硬盘分区的窗口（以 C 盘为例），选择要建立文本文件的位置"管理信息"文件夹后，选择"文件"→"新建"→"文本文档"命令，如图 2-49 所示。

② 系统执行新建文件命令，并将文件新建在执行命令的位置。

提示：也可以右击当前窗口的工作区空白处，从弹出的快捷菜单中选择相应命令。

方法 2：利用"记事本"程序来建立新的记事本文件。选择"开始"→"所有程序"→"附件"→"记事本"命令，启动记事本程序窗口，如图 2-50 所示。选择"文件"→"新建"命令，可新建文件。如果正在编辑其他文件还没有保存就新建文件，则会提示是否对当前文件进行保存。

图 2–49　使用菜单命令新建

下面介绍一些"记事本"的基本操作：

编辑文件后，选择"文件"→"保存"或"另存为"命令，可以对文件进行保存。

如果是新建文件后第一次对文件进行保存，选择"保存"或"另存为"命令，都将弹出"另存为"对话框，如图 2-51 所示。选择保存的位置后，从"保存类型"下拉列表框中选择保存文件的类型，默认情况下为文本文档。

如果需要保存为其他类型的文件，则选择"所有文件"选项，然后在"文件名"文本框中输入保存的文件名和扩展名，例"程序.txt"，再单击"保存"按钮。

图 2-50　记事本窗口

图 2-51　"另存为"对话框

当对一个已保存过的文件进行编辑后进行保存，又分两种情况：

① 如果要保存为原来的文件，则选择"文件"→"保存"命令。

② 如果需要将编辑过的文件保存为其他文件，则选择"文件"→"另存为"命令，将弹出"另存为"对话框，如图 2-51 所示。选择保存路径，输入保存文件名和保存类型，确认无误后，单击"保存"按钮。

4．重命名文件或文件夹

选择新建文件命令后，系统采用自动命名。用户更改文件名称的操作被称为重命名，用户可以根据工作需要对文件或文件夹进行重命名操作。例如，将文件夹"管理信息"更名为"管理信息备份"的方法如下：

① 右击需要修改名称的文件或文件夹，从弹出的快捷菜单中选择"重命名"命令，如图 2-52 所示。

② 在可编辑状态的虚框内输入新文件名称，然后按【Enter】键即可重命名文件。

重命名文件夹的操作与重命名文件的操作一致，只是操作的对象是文件夹。

提示：也可以在某个磁盘分区（如 D 盘）进行重命名操作，具体的方法是在"计算机"窗口中，右击"D盘"，从弹出的快捷菜单中选择"重命名"命令，如图 2-53 所示。

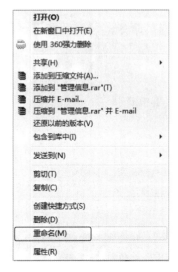

图 2-52　重命名文件

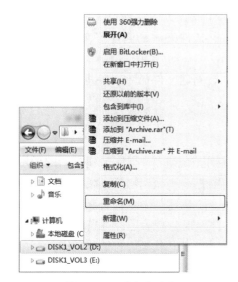

图 2-53　重命名磁盘

5. 复制文件或文件夹

利用"计算机"或"资源管理器"窗口都可以进行文件或文件夹的复制操作。例如,需要把文件夹"管理信息"复制到 E 盘中,方法如下:

方法 1:使用"资源管理器"窗口实现复制。

① 打开"资源管理器"窗口,在右侧窗格中选择文件夹"管理信息"。

② 按住右键,将选定文件夹拖动到"资源管理器"左侧窗格的"本地磁盘(E:)"上,出现图 2-54 所示的快捷菜单。

③ 如果执行移动操作可选择"移动到当前位置"命令;如何执行复制操作则选择"复制到当前位置"命令。此处选择"复制到当前位置"命令即可。

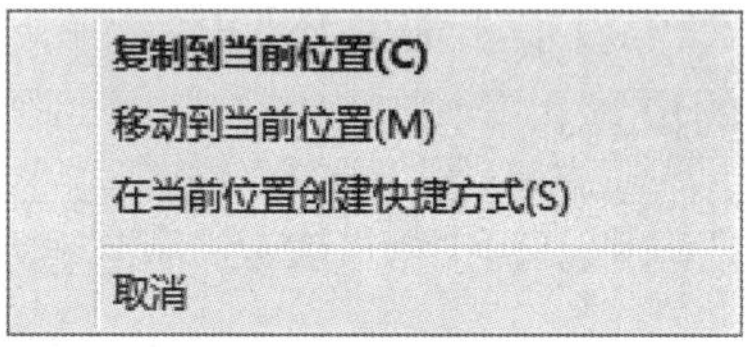

图 2-54　移动 / 复制文件快捷菜单

方法 2:通过复制、粘贴操作实现文件夹的复制。

① 单击选中需要复制的文件或文件夹,选择"编辑"→"复制"命令。

② 在目标窗口中,再选择"编辑"→"粘贴"命令。

提示:也可以使用键盘进行操作。复制的组合键是【Ctrl+C】,粘贴的组合键是【Ctrl+V】。

6. 移动文件或文件夹

移动文件或文件夹和复制文件或文件夹操作类似,但是移动文件或文件夹是将原来位置的文件或文件夹移动到目标位置。移动文件或文件夹的主要方法如下两种:

方法 1:使用剪切、粘贴命令。

① 单击需要移动的文件或文件夹(如选择文件夹"管理信息"),选择"编辑"→"剪切"命令。

② 打开目标位置窗口(如选择 C 驱动器),选择"编辑"→"粘贴"命令。

方法 2:使用"移动文件夹"命令。

① 单击需要移动的文件或文件夹,选择"编辑"→"移动到文件夹"命令,如图 2-55 所示。

② 在弹出的"移动项目"对话框中选择目标位置,单击"移动"按钮即可。

图 2-55　移动文件夹

7. 删除文件或文件夹

当不再需要某文件或文件夹时,可以将其删除,可以释放出更多的磁盘空间来存放其他文件或文件夹。在 Windows 7 操作系统中,从硬盘中删除的文件或文件夹被移动到"回收站"中,当用户确定不再需要时,可以将其彻底删除。

删除文件或文件夹的方法如下:

方法 1:选择要删除的文件或文件夹(如文件夹"管理信息"),按【Delete】键。

方法 2:选择要删除的文件或文件夹,直接拖动至桌面的"回收站"图标。

方法 3:右击需要删除的文件或文件夹,从弹出的快捷菜单中选择"删除"命令。

8. 还原文件或文件夹

删除文件或文件夹时难免会出现误删操作,这时可以利用"回收站"的还原功能将文件还原到原来的位置,即文件在删除之前保存的位置,以减少损失。只有从硬盘被删除的文件才会被操作系统放置到回收站。

① 双击桌面上的"回收站"图标打开"回收站"窗口。

② 右击需要还原的文件,在弹出的快捷菜单中选择"还原"命令（见图 2-56）,文件会被还原到删除前的位置。

图 2-56　还原文件

9. 隐藏文件或文件夹

（1）隐藏文件或文件夹

对于存放在计算机中的一些重要文件,可以将其隐藏起来以增加安全性。以隐藏文件为例,具体步骤如下:

① 右击需要隐藏的文件,在弹出的快捷菜单中选择"属性"命令,如图 2-57 所示。

② 在弹出的属性对话框中选中"隐藏"复选框,单击"确定"按钮,如图 2-58 所示。

图 2-57　选择"属性"命令

图 2-58　设置文件隐藏

③ 返回到文件夹窗口后,该文件已经被隐藏。

（2）在文件夹选项中设置不显示隐藏文件

在文件夹窗口中单击"工具栏"中的"组织"按钮,从弹出的下拉列表中选择"文件夹和搜索选项",如图 2-59 所示。

在弹出的"文件夹选项"对话框中切换到"查看"选项卡,然后在"高级设置"列表框中选中"不显示隐藏的文件、文件夹或驱动器"单选按钮,如图 2-60 所示。单击"确定"按钮,即可隐藏所有设置为隐藏属性的文件、文件夹以及驱动器。

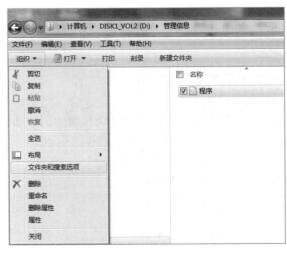

图 2-59　选择"文件夹和搜索选项"

图 2-60　"文件夹选项"对话框

10. 查找文件和文件夹

Windows 7 操作系统中提供了查找文件和文件夹的多种方法，在不同的情况下可以使用不同的方法。

（1）使用"开始"菜单中的搜索框

可以使用"开始"菜单中的搜索框来查找存储在计算机上的文件、文件夹、程序和电子邮件等。

单击"开始"按钮，在弹出的菜单中的"搜索"文本框中输入想要查找的信息，如图 2-61 所示。

例如，想要查找计算机中所有关于图像的信息，只要在文本框中输入"图像"，输入完毕，与所输入文本框相匹配的项就会显示在"开始"菜单中。

（2）使用文件夹或库中的搜索框

"搜索"文本框位于每个文件夹或库窗口的顶部，它根据输入的文本筛选当前的视图。在库中，搜索库中包含的所有文件夹及这些文件夹中所包含的子文件夹。

例如，在"图片"库中查找关于"图像"的相关资料，具体操作步骤如下：

① 打开"图片"库窗口。

② 在"图片"库窗口顶部的"搜索"文本框中输入要查找的内容，如输入"图片"，如图 2-62 所示。

③ 输入完毕将自动对视图进行筛选，可以看到在窗口下方列出了所有关于"图片"信息的文件。

图 2-61　使用"开始"菜单上的搜索框

图 2-62　使用文件夹或库中的搜索框

单击搜索框中的空白输入区，激活筛选搜索界面，其中提供了"修改日期"和"大小"两项，可以设置根据文件修改日期和大小对文件进行搜索操作。

11. 加密文件和文件夹

对文件或文件夹加密，可以有效地保护它们免受未经许可的访问。加密是 Windows 7 提供的用于保护信息安全的最强保护措施。

（1）加密文件和文件夹

加密文件和文件夹的具体操作步骤如下：

① 选中要加密的文件和文件夹并右击，从弹出的快捷菜单中选择"属性"命令。

② 弹出"属性"对话框，切换到"常规"选项卡，如图2-63所示。

③ 单击"高级"按钮，弹出"高级属性"对话框，选中"压缩或加密属性"选项区域中的"加密内容以便保护数据"复选框，如图2-64所示。

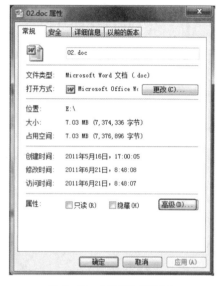

图2-63 "常规"选项卡

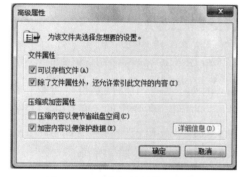

图2-64 "高级属性"对话框

④ 单击"确定"按钮，返回属性对话框，单击"确定"按钮，弹出加密警告对话框，如图2-65所示。选中"加密文件及其父文件夹"或者"只加密文件"中的一项，此处选中"加密文件及其父文件夹"单选按钮。

⑤ 单击"确定"按钮，开始对所选的文件夹进行加密。

⑥ 完成加密后，可以看到被加密的文件夹的名称已经呈现绿色显示，表明文件夹已经被成功加密。

（2）解密文件和文件夹

如果想要恢复加密的文件或文件夹，具体操作步骤如下：

① 右击要解密的文件或文件夹，从弹出的快捷菜单中选择"属性"命令。

② 弹出"属性"对话框，切换到"常规"选项卡，如图2-63所示。

③ 单击"高级"按钮，弹出"高级属性"对话框，取消"压缩或加密属性"选项区域中的"加密内容以便保护数据"复选框的选中状态。

④ 单击"确定"按钮，返回属性对话框，单击"确定"按钮，弹出解密警告对话框，如图2-66所示。选中"仅将更改应用于此文件夹"或者"将更改应用于此文件夹、子文件夹和文件"中的一项，此处选中"将更改应用于此文件夹、子文件夹和文件"单选按钮。

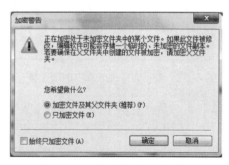

图2-65 "加密警告"对话框

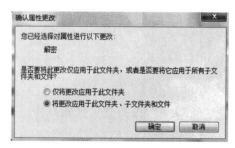

图2-66 解密警告对话框

⑤单击"确定"按钮，开始对所选的文件夹进行解密。

⑥完成解密后，可以看到文件夹的名称已经恢复为未加密状态，表明文件夹已经被成功解密。

12. 创建桌面快捷方式

①右击需要创建快捷方式的对象，从弹出的快捷菜单中选择"发送到"→"桌面快捷方式"命令。

②系统执行该命令后桌面上出现快捷方式图标。

2.4.4　压缩文件

Windows 7 系统的一个重要的新增功能就是置入了压缩文件程序，因此，用户无需安装第三方的压缩软件（如 WinRAR 等），就可以对文件进行压缩和解压缩。通过压缩文件和文件夹来减少文件所占用的空间，在网络传输过程中可以大幅减少网络资源的占用。多个文件被压缩在一起后，用户可以将它们看成一个单一的对象进行操作，便于查找和使用。文件被压缩以后，用户仍然可以像使用非压缩文件一样，对其进行操作，几乎感觉不到有什么差别。可以通过网络下载常用压缩软件，如 WinRAR。

1. 创建压缩文件

【例 2-8】利用 WinRAR 软件程序将文件"综合实验报告模板 1.doc"和"综合实验报告模板 2.doc"压缩形成名称为"VFP 综合实验 .rar"的文件。

操作步骤如下：

右击要压缩的文件，在弹出的快捷菜单中选择"发送到"→"压缩 (zipped) 文件夹"命令，如图 2-67 所示，系统自动将选中文件压缩成一个与文件同名的 zip 压缩文件，可对其进行重命名。

2. 解压缩文件

（1）全部解压

右击压缩文件，在弹出的快捷菜单中，选择"全部提取"命令。这时，会弹出一个窗口，选择提取文件的保存位置，如图 2-68 所示。选择好位置后，单击"提取"按钮即可解压全部文件。系统自动弹出解压后的文件夹窗口界面。

（2）解压其中的某个或某些文件

双击压缩包，打开压缩文件列表，然后选中需要解压的文件，粘贴到指定的文件夹即可。

图 2-67　选择"压缩 (zipped) 文件夹"命令

图 2-68　选择提取文件的保存位置

2.4.5　库的概念与操作

库是 Windows 7 中新增的一个重要的特性和功能，可以把本地或局域网中的文件添加到库，将文件收藏起来。

1. 库的功能

汇总分布在计算机不同位置的文件或文件夹，将它们集中存放在库中，便于统一使用和管理。

汇总不同计算机中的数据，便于多个设备中数据的共存，即可以在同一个窗口中查看多个设备中的数据。

Windows 7 中使用了"库"组件，可以方便用户对各类文件或文件夹的管理。打开"资源管理器"窗口，在左侧窗格就可以看到"库"，如图 2-69 所示。默认情况下 Windows 7 已经设置了视频、图片、文档和音乐的子库。还可以把本机（甚至局域网）不同位置的文件整合在一起，统一管理。此外，还可以建立新类别的库，如可以建立"下载"库，把本机所有下载的文件统一进行管理。实际上，库并不是将不同位置的文件从物理上移动到一起，而是通过库将这些目录的快捷方式整合在一起。在资源管理器任何窗口中都可以方便地访问库，大幅提高了文件查找的效率。

图 2-69　库的位置

2. 打开"库"窗口的方法

① 单击"开始"按钮，选择"文档"命令，便打开了"文档库"及包含"库"的窗格。

② 单击任务栏中的"Windows 资源管理器"按钮，便可打开"库"窗口。

2.5　优化计算机

Windows 操作系统版本不断更新，伴随而来的是操作系统的"臃肿"和运行的缓慢，如何才能让系统更快地运行？优化计算机系统可以实现这个目标。系统优化包括定期清理磁盘、定期整理磁盘碎片和使用系统优化软件对系统进行优化。

用户在使用计算机的过程中，免不了会进行大量的读 / 写以及应用程序的安装等操作。而在系统和应用程序的运行过程中，都会根据系统管理的需要产生一些临时的信息文件。虽然在退出应用程序或者正常关机的情况下，系统会自动地删除这些临时文件。但是，由于在使用中经常会出现误操作或者由于死机等原因引起的非正常关机情况，所以临时文件就随着这种情况的发生留在磁盘上。随着临时文件的增加，磁盘上的可用空间越来越少，直接导致了计算机的运行速度慢。此时，用户就需要删除一些磁盘上的临时文件。

使用磁盘清理程序可以帮助用户释放硬盘空间，删除系统临时文件、Internet 临时文件，安全删除不需要的文件，减少它们占用的系统资源，以提高系统性能。

Windows 7 系统为用户提供了磁盘清理工具。使用这个工具，用户可以删除临时文件，释放磁盘上的可用空间。

2.5.1　整理磁盘和磁盘碎片

1. 磁盘清理

清理磁盘删除某个驱动器上旧的或不需要的文件，释放一定的空间，从而起到提高计算机运行速度的效果。

清理磁盘的步骤如下：

① 单击"开始"按钮，选择"所有程序"→"附件"→"系统工具"→"磁盘清理"命令。

② 打开选择驱动器对话框，如图 2-70 所示。

③ 选择要进行清理的驱动器，单击"确定"按钮，系统将会进行先期计算，同时弹出如图 2-71 所示的对话框，这时用户还可以取消磁盘清理的操作。

图 2-70　选择驱动器对话框　　　　　　　　图 2-71　"磁盘清理"对话框

④ 在该对话框中列出了可删除的文件类型及其所占用的磁盘空间，选中某文件类型前的复选框，在进行清理时即可删除；在"占用磁盘空间总数"信息中显示了删除所有选择文件类型后可得到的磁盘空间。

⑤ 在"描述"中显示了当前选择的文件类型的描述信息，单击"查看文件"按钮，可查看该文件类型中包含文件的具体信息。

⑥ 单击"确定"按钮，将弹出磁盘清理确认删除消息框，如图 2-72 所示。单击"删除文件"按钮，弹出"磁盘清理"对话框，如图 2-73 所示。清理完毕后，该对话框将自动关闭。

图 2-72　磁盘清理确认删除消息框　　　　　　图 2-73　进行磁盘清理

2. 整理磁盘碎片

使用"磁盘碎片整理程序"，可重新整理硬盘上的文件和使用空间，以达到提高程序运行速度的目的。

"文件碎片"表示一个文件存放到磁盘上不连续的区域。当文件碎片很多时，从硬盘存取文件的速度将会变慢。

磁盘整理操作步骤如下：

① 单击"开始"按钮，选择"所有程序"→"附件"→"系统工具"→"磁盘碎片整理程序"命令，打开"磁盘碎片整理程序"窗口，如图 2-74 所示。

图 2-74 "磁盘碎片整理程序"窗口

提示： 一般情况下进行磁盘碎片整理，应先对磁盘进行分析，碎片百分比较高时进行碎片整理比较有效，当然也可直接进行磁盘碎片整理。

② 在图 2-74 所示的"磁盘碎片整理程序"窗口中的"当前状态"列表框中选择需要整理的磁盘。

③ 单击"磁盘碎片整理"按钮，开始磁盘碎片整理。

2.5.2 Windows 优化大师应用

Windows 优化大师是一款功能强大的系统工具软件，它提供了全面有效且简便安全的系统检测、系统优化、系统清理、系统维护四大功能模块及数个附加的工具软件。Windows 优化大师能够有效地帮助用户了解自己的计算机软 / 硬件信息，简化操作系统设置步骤，提升计算机运行效率，清理系统运行时产生的垃圾，修复系统故障及安全漏洞，维护系统的正常运转。图 2-75 所示为"Windows 优化大师"界面。

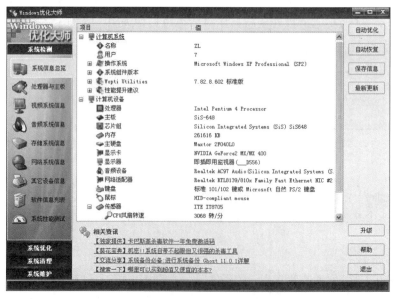

图 2-75 "Windows 优化大师"界面

单击"自动优化"按钮，优化大师将弹出"优化向导"对话框，在向导的指引下，一步一步地自动完成对系统的优化工作。完成优化工作后，计算机便能处于较好的使用状态。

优化大师的功能如下：

① 系统信息。在系统信息中，Windows 优化大师可以检测系统的一些硬件和软件信息，例如 CPU 信息、内存信息等。

② 磁盘缓存。提供磁盘最小缓存、磁盘最大缓存以及缓冲区读 / 写单元大小优化；缩短因按【Ctrl+Alt+Delete】组合键关闭无响应程序的等待时间；优化页面、DMA 通道的缓冲区、堆栈和断点值；缩短应用程序出错的等待响应时间；优化队列缓冲区；优化虚拟内存；协调虚拟机工作；快速关机；内存整理等。

③ 菜单速度。优化"开始"菜单和菜单运行的速度；加速 Windows 刷新率；关闭菜单动画效果；关闭"开始"菜单动画提示等功能。

④ 文件系统。优化文件系统类型；优化 CD-ROM 的缓存文件和预读文件；优化交换文件和多媒体应用程序；加速软驱的读 / 写速度等。

⑤ 网络优化。主要针对 Windows 的各种网络参数进行优化，同时提供了自动优化和域名解析的功能。

⑥ 系统安全。防止匿名用户登录；开机自动进入屏幕保护；每次退出系统时自动清除历史记录；启用 Word 宏病毒保护；禁止光盘自动运行；黑客和病毒程序扫描和免疫等。另外，还提供了开始菜单、应用程序以及更多设置给那些需要更高级安全功能的用户。进程管理可以查看系统进程、进程加载的模块（DLL 动态链接库）以及优先级等，并且可以终止选中的进程等。

⑦ 注册表。清理注册表中的冗余信息和对注册表错误进行修复。

⑧ 文件清理。根据文件扩展名列表清理硬盘；清理失效的快捷方式；清理零字节文件；清理 Windows 产生的各种临时文件。

⑨ 开机优化。主要功能是优化开机速度和管理开机自启动程序。

⑩ 个性化设置和其他优化。包括右键设置、桌面设置、DirectX 设置和其他设置功能。其他优化中还可以进行系统文件备份。

2.6　常用软硬件操作

用户计算机除了安装操作系统外，还需要使用各种常用的应用软件。应用软件是用户利用计算机硬件和系统软件，为解决各种实际应用问题而编制的程序。

常用的应用软件包括媒体播放软件、图像浏览软件、通信工具、文本阅读器、文字输入法等。

2.6.1　虚拟光驱

1. 虚拟光驱的概念

虚拟光驱是一种模拟（CD-ROM）工作的工具软件，具有和计算机上所安装的光驱一样的功能。工作原理是先虚拟出一部或多部虚拟光驱，将光盘上的应用软件镜像存放在硬盘上，生成一个虚拟光驱的镜像文件，然后就可以将此镜像文件放入虚拟光驱中使用。当以后要启动此应用程序时，不必将光盘放在光驱中，只需要单击虚拟光驱盘符，虚拟光盘就会立即装入虚拟光驱中运行，快速又方便。

2. 虚拟光驱的特点及用途

虚拟光驱有很多一般光驱无法达到的功能，如运行时不用光盘，即使没用光驱也可以，同时执行多张光盘软件，快速处理、容易携带等。

虚拟光驱具有以下特点及用途：

（1）高速 CD-ROM

虚拟光驱直接在硬盘上运行，速度可达 200 X；虚拟光驱的反应速度非常快，播放影像文件流畅。

（2）笔记本式计算机最佳伴侣

虚拟光驱可解决笔记本式计算机没有光驱、速度太慢、携带不易、光驱耗电等问题；光盘镜像可从其他计算机或网络上复制过来。

（3）复制光盘易于管理

虚拟光驱复制光盘时只产生一个相对应的虚拟光盘文件，因此非常容易管理。很多光盘软件会要求在光驱上运行，虚拟光驱则完全解决了这些问题。

（4）运行多个光盘

虚拟光驱可同时运行多个不同光盘中的应用软件。例如，可以在一台光驱上观看电影，同时用另一台光驱安装文件，再用真实光驱听 CD 唱片等。

（5）压缩率高

虚拟光驱一般使用专业的压缩和即时解压算法，对于一些没有压缩过的文件，压缩率可达 50% 以上，运行时自动即时解压缩，影像播放效果不会失真。

（6）可代替光盘塔

虚拟光驱可以完全取代昂贵的光盘塔，可同时直接存取无限量光盘，不必等待换盘，速度快，使用方便，不占空间且没有硬件维护困扰。

3. 虚拟光驱的运行

安装虚拟光驱系统后，系统平台上看到一个或多个光驱盘符，而且每个虚拟光驱就像真的光驱一样，如图 2-76 所示。其中，G、H 为虚拟光驱盘符，F 为真实的光驱。

图 2-76　所示虚拟光驱系统总管

在虚拟光驱中插入的是虚拟光盘，从物理 CD/DVD 光盘上制作镜像文件，该镜像文件即为虚拟光盘。可以把下载的 CUE、ISO、CCD、BWT、BIN、IMG 这些类型格式的镜像文件虚拟成光盘直接使用。

2.6.2　多媒体播放（Media Player）

利用 Media Player 播放 MP3、AVI 等多媒体文件。

打开 Windows 7 媒体播放器的方法是单击"开始"按钮，选择"所有程序"→Windows Media Player，媒体播放器的界面如图 2-77 所示。

在导航窗格中，用户可以选择在细节窗格中查看的内容（如音乐、图片或者视频等）。在细节窗口中选择要添加到列表窗格中的项目，然后将其拖动到列表窗格中即可。

图 2-77　媒体播放器

在播放控件区域单击"播放"按钮 ▶，可以播放列表窗格中被选中的项目。

单击"上一个"按钮 ◄◄，可以播放上一个媒体项目；单击"下一个"按钮 ►►，可以播放下一个媒体项目。

单击"无序播放"按钮 ⋈，可以打开或关闭无序播放。

单击"重复"按钮 ↻，可以重复播放同一媒体项目。

单击"静音"按钮 ⏸，可以屏蔽当前播放的多媒体中的声音；再次单击"声音"按钮 ⏸，可以恢复当前播放的多媒体声音。

通过拖动"声音"滑块 ━●，可以调节 Windows Media Player 音量的大小。

2.6.3　Windows Media Center

通过 Windows 7 中集成的 Windows Media Center，可以播放音乐、照片、视频，如果安装了电视卡或电视盒，还可以欣赏直播或录播的电视节目，甚至可以享受某些在线娱乐项目。

1．初始配置媒体中心

在 Windows 7 中单击"开始"按钮，选择"所有程序"→ Windows Media Center 命令，即可激活媒体中心组件，如图 2-78 所示。

第一次使用 Windows Media Center 时，还需要进行相应设置，否则 Windows Media Player 无法发挥其强大的功能。

① 在图 2-78 所示的窗口中单击"继续"按钮，并且在打开的"入门"窗口中选择"自定义"开始设置。

② 图 2-79 所示为设置窗口，用户可根据需要设置 Windows Media Center，确认之后单击"下一步"按钮继续操作。

图 2-78　Windows Media Center 主界面

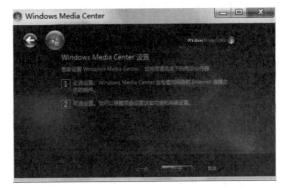

图 2-79　Windows Media 设置内容

③ 设置是否允许接入 Internet 获取音乐 CD 和 DVD 的封面、音乐和电影相关信息等。在此建议选中"是"单选按钮，如图 2-80 所示。

④ 单击"下一步"按钮，则 Windows Media Center 的设置完成。

2. 享受媒体中心

完成了媒体库的设置工作之后，就可以开始享受媒体中心的魅力。

（1）欣赏音乐

进入 Windows Media Center 主界面，单击"音乐"下的"音乐库"，如图 2-81 所示。

图 2-80　设置是否允许接入 Internet　　　　图 2-81　Windows Media Center 主界面

接着会进入"音乐库"界面，这里列出了音乐库中的所有音乐。选择了某张唱片之后，媒体中心会自动进行播放。

（2）欣赏视频影像

如果计算机中安装有电视卡，并且已经成功地预调好电视频道，就可以直接通过媒体中心收看录制电视节目。例如，在媒体中心可以通过"录制的电视"组件调出以前录制下来的视频文件，选取之后即可对视频文件进行播放。

（3）欣赏图片文件

通过媒体中心能够对图片进行欣赏。欣赏图片时可以分别按照名称和日期进行显示。而且还可以将这些图片以幻灯片形式进行全屏播放，使得欣赏图片更为便利。

（4）关闭 Windows 7

在媒体中心欣赏了图片、音乐、视频等类型的媒体文件之后，还可以通过附带的功能来关闭计算机。在媒体中心选择"任务"→"关闭"命令即可关闭 Windows 7 系统。

2.6.4　Flash 播放器

Flash 播放器有多种产品，可以根据其功能和自己的喜好来选用。

1. 火狐 Flash 播放器

火狐 Flash 播放器功能非常强大，基本上有关播放 Flash 文件的相关功能都已经具备，而且界面精美可更换，如图 2-82 所示。

（1）火狐 Flash 播放器的功能

火狐 Flash 播放器有强制播放、自动播放、列表编辑、多界面选择、播放控制、视频调节、可编辑快捷键、可智能地搜索网络的 Flash、整合 IE、抓图、创建屏幕保护、复读功能、各种网络功能、各种插件小工具、对 Flash 文件的各种提取和转换、解除保护等处理功能。

（2）菜单介绍

窗口中的菜单有 8 项，分别为文件、列表、查看、控制、面板、工具、网络、帮助。"文件"菜单具有打开 Flash 文件、破解收费 Flash、提取 Flash 图片 /声音、转换格式等功能；"列表"菜单具有记录、保存、管理演出节目的功能；"查看"菜单则用于播放过程中对画质、播放画面等进行设置；"控制"菜单

图 2-82　火狐播放器

用于对播放的顺序（自动、循环、乱序）、音量大小等进行设置；"面板"菜单包含 6 种皮肤功能；"工具"菜单具有安装插件（如时钟、放大镜、定时更换墙纸等）、抓图、加解注册表等功能；"网络"菜单则具有一键上 Flash 聊天室、闪吧、Flash 游戏等功能。

（3）播放 Flash

打开文件后，该文件会自动添加到播放列表中，默认情况下，播放列表没有显示出来，可以选择"查看"→"显示播放列表"命令调出。通过"查看"菜单中的"高画质播放"命令、"控制"菜单中的"增加 / 降低音量"命令来综合达到播放的效果。可以通过"控制"菜单中的"播放控制"命令手工推动某个影片帧的前行或者后退、影片的前一首 / 后一首。

2. Adobe Flash Player 播放器

Adobe Flash Player 播放器是目前最具盛名的播放器，它是一个跨平台、基于浏览器的应用程序，可原汁原味地呈现具有表现力的应用程序、内容和视频。

此外，常用的 Flash 播放器还有具有任意抓帧功能特点的木瓜 Flash 播放大师等。

2.6.5　PDF 阅读

扩展名为 .pdf 的文件可以使用 Adobe Reader 打开。

Adobe Reader 的操作界面与大多数软件一样，其主要功能为：打开一个 PDF 文档、打印文本选择、文档缩放等。Adobe Reader 提供的文档编辑功能很少，无法对文档的内容进行修改。

① 启动 Adobe Reader。可以双击桌面上的快捷方式 Adobe Reader 图标，也可以选择"开始"→"程序"→ Adobe Reader 命令来启动。

② 软件启动后，将会打开 Adobe Reader 窗口，如图 2-83 所示。

③ 选择"文件"→"打开"命令，或者单击"常用"工具栏中的"打开"按钮，弹出"打开"对话框，如图 2-84 所示。

图 2-83　Adobe Reader 窗口

图 2-84　"打开"对话框

④ 在该对话框中，找到要查看的 PDF 文件，然后单击"打开"按钮，就会在 Adobe Reader 窗口中打开该文件，如图 2-85 所示。

⑤ 如果要调整查看页面的缩放比例，可以利用工具栏中的 73.6% 按钮。如果要查看下一页的内容，可以使用 按钮。

⑥ 如果在查看过程中，想要引用某部分的内容，可以选中要引用的内容，右击，在弹出的快捷菜单中选择"复制"命令，然后粘贴到引用位置即可，如图 2-86 所示。

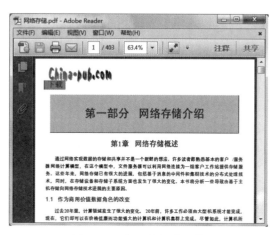

图 2-85　打开并阅读文件

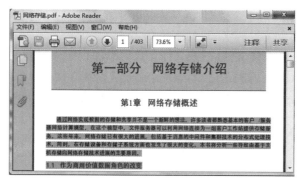

图 2-86　粘贴内容

⑦ 查阅完毕文件后，可以直接关闭软件。

Adobe Reader 可以嵌入浏览器中，浏览网页时如果看到了 PDF 文件，只需单击文件，Adobe Reader 就会自动打开这个 PDF 文件。

2.6.6　图片处理

1. 图片浏览工具 ACDSee

使用 ACDsee 软件，可从照相机中获取相片，也可浏览和编辑 BMP、JPEG、GIF 等格式的图片文件。运行 ACDSee 10，打开如图 2-87 所示的界面。

图 2-87　ACDSee 界面

（1）从照相机中获取相片

① 将相机联机到计算机并打开 ACDSee。

② 选择 "文件" → "获取相片" → "从相机或读卡器" 命令后，单击 "下一步" 按钮。

③ 从 "设备框" 中选择照相机，然后单击 "下一步" 按钮。

④ 单击 "全部选择" 按钮，然后单击 "下一步" 按钮。

⑤ 单击 "浏览" 按钮，查找并单击要存放相片的文件夹，然后单击 "确定" 按钮。

⑥ 单击 "下一步" 按钮，然后单击 "完成" 按钮。

（2）浏览图片

① 单击 ACDSee 窗口左上角的"文件夹"窗格。

② 单击文件夹旁边的"＋"号以显示其子文件夹。

③ 单击任何包含相片的文件夹以查看该文件夹中所有相片的缩略图。

④ 要一次查看几个文件夹中的缩略图，可单击文件夹名称前面的小框。

⑤ 要全屏幕显示图片，可选择"视图"→"全屏幕"命令。

⑥ 选择"工具"→"自动幻灯放映"命令，则可自动放映选中的图片。

2. 图形图像处理软件 Photoshop

Photoshop 是图像创意广告设计、插图设计、网页设计等领域普遍应用的一种功能强大的图形创建和图像合成软件，是目前公认的最好的 PC 通用平面美术设计软件。其功能完善、性能稳定、使用方便，几乎在所有的广告、出版、软件公司都是首选的平面工具。

2.6.7　截图工具

截图的具体步骤如下：

① 单击"开始"按钮，选择"所有程序"→"附件"→"截图工具"命令。

② 弹出"截图工具"对话框，如图 2-88 所示。

③ 单击"新建"按钮右侧的下拉按钮，从弹出的下拉列表中选择截图方式，如图 2-89 所示。

④ 此时鼠标指针变成十字形，单击要截取图片的起始位置，然后按住鼠标左键不放，拖动选择要截取的图像区域。

⑤ 释放鼠标即可完成截图，此时在"截图工具"窗口中会显示截取的图像。

图 2-88　"截图工具"对话框

图 2-89　选择截图方式

另外，抓图工具 HyperSnap-DX 也是一款功能强大的抓图工具，除了可以进行常规的标准桌面抓图外，还支持 DirectX、3Dfx Glide 环境下的抓图。它能将抓到的图保存为通用的 BMP、JPG 等文件格式，方便用户浏览和编辑。

2.6.8　闪存盘的使用

闪存盘是一种采用 USB 接口的无须物理驱动器的微型高容量移动存储设备，它采用的存储介质为闪存（flash memory）。闪存盘将驱动器及存储介质合二为一，不需要额外的驱动器，只要接在计算机上的 USB 接口就可独立地存储读 / 写数据，具有体积小、重量轻、不用驱动器、无须外接电源、即插即用等优点，可在不同计算机之间进行文件传输，可以满足不同用户的需求。

随着集成电路和存储技术的发展，MP3、MP4 等播放器也可用作存储文件，图 2-90 所示为常见的闪存盘、MP3 播放器、MP4 播放器。

图 2-90　常见闪存盘及播放器

1. 闪存盘的使用

闪存盘不仅可以存储多种类型的文件，如文档、图片、音频、视频等，还可以实现不同计算机间数据的传输。闪存盘与计算机主机箱上的 USB 接口连接后，系统会自动进行硬件检测，然后弹出相应窗口。系统闪存盘的具体使用操作步骤如下：

① 在机箱上插好闪存盘，系统进行硬件检测后，会在任务栏上显示移动存储器图标，然后自动弹出"可移动磁盘"窗口。

② 将需要保存的文件通过复制 / 粘贴或剪切 / 粘贴的方式保存到可移动磁盘中，也可使用菜单发送到可移动磁盘中，如图 2-91 所示。

图 2-91 把文件或文件夹发送到可移动磁盘

③ 当不再对闪存盘进行操作时需要将其移除，又称删除硬件。单击任务栏上的图标，弹出如图 2-92 所示的操作对象，单击，可安全删除硬件并弹出媒体。此时系统弹出如图 2-93 所示的对话框。

④ 选择"弹出 Flash Disk"后，系统弹出 USB 大容量存储设备现在可安全移出的提示信息。此时便可直接在机箱上拔出闪存盘。

图 2-92 选择操作对象

图 2-93 安全删除硬件并弹出媒体对话框

2. 闪存盘的维护

闪存盘是一个技术含量相对较低的电子产品，具有极高的易用性，但仍然需要对闪存盘进行必要的维护。首先，闪存盘本身抗震防潮能力比较强，但在长时间不用的情况下，注意防潮还是必要的。

其次，闪存盘存放需要注意的是防止 USB 接口氧化锈蚀和水分对内部电路的腐蚀，一般情况下注意放在干燥的地方，并注意盖好闪存盘的盘帽，此外不需要做特别的防护处理。

最后需要特别注意的是合理的插拔操作。如果直接拔除虽然对主板不会造成什么伤害，但是对闪存盘的控制芯片寿命会造成一定的影响，只有合理使用才能保证闪存盘的使用寿命，而且规范的操作还可以避免数据正在读 / 写时被拔除，可以减少对闪存盘造成的伤害。

2.6.9 刻录机的使用

在 Windows 7 中，已经内置了相应的光盘刻录功能，利用它无须第三方工具，就能轻松地完成对 ISO、IMG 这两种主流光盘镜像格式的刻录工作。具体操作步骤如下：

① 向光驱中放一张供刻录用的空白光盘,接着在"资源管理器"或者"计算机"窗口中双击要刻录的文件,屏幕上会出现"刻录光盘"对话框,如图 2-94 所示。选择刻录光盘的类型后,单击"下一步"按钮。

② 在弹出如图 2-95 所示的窗口中显示要刻录到光盘的文件,此时,如不想将某个文件刻录到光盘,可选中该文件后,单击"删除临时文件"按钮;确认要刻录到光盘的文件后,单击"刻录到光盘"按钮。

图 2-94　选择刻录光盘的类型

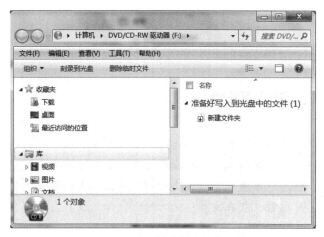

图 2-95　显示刻录要光盘的文件

③ 在弹出的如图 2-96 所示的对话框中选择"刻录速度"后,单击"下一步"按钮。

④ 系统在刻录完成后将弹出光盘,并弹出刻录完成对话框(见图 2-97),单击"完成"按钮。

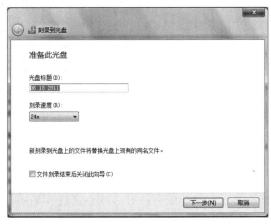

图 2-96　选择刻录速度

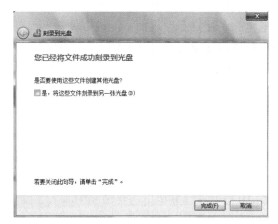

图 2-97　刻录完成

第3章 文稿编辑软件 Word 2010

- 了解并熟悉 Word 窗口的组成、菜单和命令的分类，掌握常用工具按钮的功能。
- 熟练掌握 Word 文档的创建、输入和编辑的相关操作和方法。
- 掌握格式化文档表格和插入其他元素的操作方法。
- 熟练掌握在文档中插入特殊符号、图片、图形、文本框、公式和表格，并进行图文混排的操作。
- 掌握页面设置的方法以及建立目录和索引的基本方法。

Word 2010 是 Office 办公软件之一，用于创建和编辑各种类型的文档，适合家庭、文教、桌面办公和各种专业文稿排版领域用来制作公文、报告、信函、文学作品等。Word 2010 有一个可视化的，用户图形界面，能够方便快捷地输入和编辑文字、图形、表格、公式和流程图。本章将介绍文本和各种插入元素的输入、编辑和格式化操作，以及如何快捷地生成各种标准化的实用文档。

第 3 章课件

3.1 Word 2010 概述

Word 2010 适合在计算机上进行文稿的输入、编辑和格式处理。文稿一般有 3 种形式：文件和信函、告示和报告、长文档（如说明书、写作书稿）。在文稿中还需要插入如图片、表格等增加文稿说明信息的数据。文稿编辑后，还要进行格式化处理，然后即可按照行业或社会要求的通用格式向外传送。

Word 2010 利用面向结果的全新用户界面，让用户可以轻松找到并使用功能强大的各种命令按钮，快速实现文本的录入、编辑、格式化、图文混排、长文档编辑等。用户必须很好地了解和掌握 Word 2010 窗口界面中各选项卡和功能区的命令按钮的使用。

3.1.1 Word 2010 的窗口组成

启动 Word 2010 后，会打开一个 Word 窗口，它是与用户进行交互的界面，是用户进行文字编辑的工作环境。窗口的主要组成如图 3–1 所示。

Word 2010 的窗口摒弃菜单类型的界面，采用"面向结果"的用户界面，可以在面向任务的选项卡上找到操作按钮。Word 2010 的窗口主要由快速访问工具栏、标题栏、选项卡、功能区、状态栏、编辑区、视图按钮、缩放标尺、标尺按钮及任务窗格组成。

Word 2010 窗口功能的描述如下：

视频 3.1.1 Word 2010 的窗口组成

图 3-1　Word 2010 的窗口

1. 选项卡

在 Word 2010 窗口上方是选项卡栏，选项卡类似 Windows 的菜单，但是单击某个选项卡时，并不会打开这个选项卡的下拉菜单，而是切换到与之相对应的功能区面板。选项卡分为主选项卡、工具选项卡。默认情况下，Word 2010 界面提供的是主选项卡，从左到右依次为文件、开始、插入、页面布局、引用、邮件、审阅及视图等 8 个。插入元素如图表、SmartArt、形状（绘图）、文本框、图片、表格和艺术字等元素被选中操作时，在选项卡栏的右侧都会出现相应的工具选项卡。例如，插入"表格"后，就能在选项卡栏右侧出现"表格工具"选项卡，"表格工具"下面有两个工具选项卡：设计和布局。

选项卡和工具选项卡并不是固定不变的，操作者可根据自己的需要增加或减少选项卡、组，具体设置操作详见 3.1.2 小节。

2. 功能区

每选择一个选项卡，会打开对应的功能区面板，鼠标指针指向功能区的图标按钮时，系统会自动在光标下方显示相应按钮的名字和操作，单击命令按钮组右下角的 ■ 按钮可打开下设的对话框或任务窗格。图 3-2 所示为单击"字体"功能区右下端的 ■ 按钮弹出的"字体"对话框。

单击 Word 窗口选项卡栏右方的 ⌃ 按钮，可将功能区最小化，这时 ⌃ 按钮变成 ⌄ 按钮，再次单击该按钮可复原功能区。

下面以 Word 2010 提供的默认选项卡的功能区为例进行说明。

①"开始"选项卡中从左到右依次包括剪贴板、字体、段落、样式和编辑 5 个功能区，该功能区主要用于帮助用户对 Word 2010 文档进行文字编辑和格式设置，是用户最常用的功能区，如图 3-3 所示。

②"插入"选项卡包括页、表格、插图（插入各种元素）、链接、页眉和页脚、文本、符号等几个组，主要用于在 Word 2010 文档中插入各种元素。3.5 节将重点介绍"插图"功能区中的 SmartArt 工具、图表工具以及"文本"功能区中的"文本框"工具。

③"页面布局"选项卡包括主题、页面设置、稿纸、页面背景、段落、排列等几个功能区，用于帮助用户设置 Word 2010 文档页面样式。

④"引用"选项卡包括目录、脚注、引文与书目、题注、索引和引文目录等几个功能区，用于实现在 Word 2010 文档中插入目录等比较高级的功能。

⑤"邮件"选项卡包括创建、开始邮件合并、编写和插入域、预览结果和完成等几个功能区，该功能区的作用比较专一，专门用于在 Word 2010 文档中进行邮件合并方面的操作。

图 3-2 "字体"对话框

图 3-3 "开始"选项卡

⑥"审阅"选项卡包括校对、语言、中文简繁转换、批注、修订、更改、比较和保护等几个功能区，主要用于对 Word 2010 文档进行校对和修订等操作，适用于多人协作处理 Word 2010 长文档。

⑦"视图"选项卡包括文档视图、显示、显示比例、窗口和宏等几个功能区，主要用于帮助用户设置 Word 2010 操作窗口的视图类型。

注意：Word 提供的工具选项卡的查看可通过下列操作步骤完成：

① 右击功能区右端的空白处，在弹出的快捷菜单中选择"自定义功能区"命令。

② 弹出"Word 选项"对话框，在左边的"从下列位置选择命令"列表框中选择"工具选项卡"选项，即可出现如图 3-4 所示的工具选项卡列表。从该列表可看到，文本框、绘图、艺术字、图示、组织结构图、图片等工具所带的"格式"选项卡命令是兼容模式的。

图 3-4 "Word 选项"对话框

3. 快速访问工具栏

快速访问工具栏可实现常用操作工具的快速选择和操作。例如，保存、撤销、恢复、打印预览等。单击

该工具栏右侧的 ■ 按钮,在弹出的下拉列表中选择一个左边未选中的命令,(见图 3-5),可以在快速访问工具栏右侧增加该命令按钮;要删除快速访问工具栏中的某个按钮,只需右击该按钮,从弹出的快捷菜单中选择"从快速访问工具栏删除"命令,如图 3-6 所示。

用户可以根据需要设置快速访问工具栏的显示位置。单击该工具栏右端的 ■ 按钮,在弹出的下拉列表中选择"在功能区下方显示"选项,即可将快速访问工具栏移动至功能区。

图 3-5 "自定义快速访问工具栏"下拉列表　　图 3-6 删除快速访问工具栏中的按钮

4. 状态栏

状态栏提供有文档的页码、字数统计、语言、修订、改写和插入、录制(添加了"开发工具"选项卡后才显示)、视图方式、显示比例和缩放滑块等辅助功能。以上功能可以通过在状态栏上单击相应文字来激活或取消。

下面介绍状态栏的几个功能:

① 页码:显示当前光标位于文档第几页及文档的总页数。单击状态栏最左侧的页码,可打开"查找和替换"对话框,如图 3-7 所示。在其中的"定位"选项卡中,可以快速地跳转到某页、某行、脚注、图形等目标。

② 修订:Word 具有自动标记修订过的文本内容的功能。也就是说,可以将文档中插入的文本、删除的文本、修改过的文本以特殊的颜色显示或加上一些特殊标记,便于以后再对修订过的内容进行审阅。

图 3-7 "查找和替换"对话框

③ 改写和插入:改写指输入的文本会覆盖当前插入点光标"|"所在位置的文本;插入是指将输入的文本添加到插入点所在位置,插入点后面的文本将顺次往后移。Word 默认的编辑方式是插入。键盘上的【Insert】键是插入与改写状态的转换键。

④ 录制:创建一个宏,相当于批处理。如果要在 Word 中反复执行某项任务,可以使用宏自动执行该任务。宏是一系列 Word 命令和指令,这些命令和指令组合在一起,形成了一个单独的命令,以实现任务执行的自动化。

要使用录制功能,必须先添加"开发工具"选项卡。具体操作步骤如下:

① 在 Word 2010 功能区空白处右击,从弹出的快捷菜单中选择"自定义功能区"命令。

② 在弹出的"Word 选项"对话框右侧的"自定义功能区"列表框中选中"开发工具"复选框,这时"开发工具"选项卡出现在右侧,如图 3-8 所示。

图 3-8 "开发工具"选项卡

5. 任务窗格

Word 2010 窗口文档编辑区的左侧或右侧会在"适当"的时间被打开相应的任务窗格，在任务窗格中为读者提供所需要的常用工具或信息，帮助读者快速顺利地完成操作。编辑区左侧的任务窗格有审阅窗格、导航窗格和剪贴板窗格，编辑区右侧的任务窗格有剪贴画、样式、邮件合并和信息检索（信息检索、同义词库、翻译和英语助手）。

如图 3-1 所示，文档编辑区的左侧是导航窗格，导航窗格的上方是搜索框，用于搜索当前打开文档中的内容。在下方的列表框中通过单击 ▤ 、 ▦ 和 ▤ 按钮，可以分别浏览文档、文档中的标题、文档中的页面和当前搜索结果，在该窗格中可以通过标题样式快速定位到文档中的相应位置、浏览文档缩略图、通过关键字搜索定位，下面分别进行介绍。

如果导航窗格没打开，可单击"视图"选项卡"显示"功能区中的 ☑ 导航窗格 按钮即可打开导航窗格。以下 3 种定位方式能保证导航窗格已打开。

（1）通过标题样式定位文档

如果文档中的标题应用了样式，应用了样式的标题将显示在导航窗格中，用户可通过标题样式快速定位到标题所在的位置。打开某个标题应用了样式的文档，在导航窗格的 ▤ 选项卡下，可以看到应用了样式的标题，单击需要定位的标题，可立即定位到所选标题位置。

（2）查看文档缩略图

单击"浏览您的文档中的页面"按钮 ▦ ，可以看到文档的各页面缩略图。

（3）搜索关键字定位文档

如果用户需要查看与某个主题相关的内容，可在导航窗格中通过搜索关键字来定位文档。例如，在导航窗格文本框中输入关键字"排版"，所搜索的关键字立即在文档中突出显示；单击"浏览您当前搜索的结果"按钮 ▤ ，其中显示了文档中包含关键字的标题；单击需要查看的标题，即可定位到文档相应位置，如图 3-9 所示。

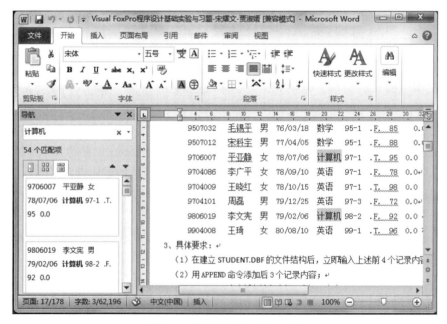

图 3-9　搜索关键字定位文档

6. 文稿视图方式

Word 2010 提供了页面、阅读版式、Web 版式、大纲和草稿 5 个视图方式。各个视图之间的切换可简单地通过单击状态栏右方的视图按钮来实现。

① 页面视图：用于显示整个页面的分布状况和整个文档在每一页上的位置，可以显示出文件图形，表格

图文框，页眉、页脚、页码等，并对它们进行编辑，具有"所见及所得"的显示效果，与打印效果完全相同，可以预先看见整个文档以什么样的形式输出在打印纸上，可以处理图文框、分栏的位置并且可以对文本、格式及版面进行最后的修改，适合用于排版。

②阅读版式视图：分为左/右两个窗口显示，适合阅读文章。

③Web 版式视图：在该视图中，Word 能优化 Web 页面，使其外观与在 Web 或 Internet 上发布时的外观一致，可以看到背景、自选图形和其他在 Web 文档及屏幕上查看文档时常用的效果，适合网上发布。

④大纲视图：用于显示文档的框架，可以用来组织文档，并观察文档的结构，为生成目录和其他列表提供了一个方便的途径，同时显示大纲工具栏，可给用户调整文档的结构提供方便，如移动标题与文本的位置，提升或降低标题的级别等。

⑤草稿：用于快速输入文件、图形及表格并进行简单的排放，这种视图方式可以看到版式的大部分（包括图形），但不能显示页眉、页脚、页码，也不能编辑这些内容，不能显示图文的内容，以及分栏的效果等，当输入的内容多于一页时系统自动加虚线表示分页线，适合录入。

图 3-10　"显示比例"对话框

7. 缩放标尺

缩放标尺又称缩放滑块，单击缩放滑块左端的缩放比例按钮，会弹出"显示比例"对话框，可以对文档进行显示比例的设置，如图 3-10 所示。当然，用户也可以直接拖动缩放滑块进行显示比例的调整。

8. 快捷菜单

右击选中文稿或右键击活插入元素，都会出现快捷菜单。使用快捷菜单能快速对该对象进行各种操作或设置。

3.1.2　Word 2010 自定义"功能区"设置

在"Word 选项"对话框中可查看到 Word 提供的常用命令只有 59 个，而不在功能区的命令却有 700 多个。如果用户在录入、编辑文档时经常要用到某个不在功能区里的命令，可以增加相应的选项卡和功能区及命令按钮。例如，用户想在"插入"和"页面布局"选项卡之间添加一个用户自定义的选项卡"我的菜单"，该选项卡功能区分为两个组，具体操作步骤如下：

①右击功能区空白处，从弹出的快捷菜单中选择"自定义功能区"命令，弹出图 3-4 所示的"Word 选项"对话框。

②在 Word 选项"对话框的"自定义功能区"下拉列表框中选择"主选项卡"选项，并且在下方的列表框中选中要插入新选项卡的"插入"选项卡，单击"新建选项卡"按钮，可在"插入"选项卡之后增加一个名为"新建选项卡"的选项卡，如图 3-11 所示。通过"新建选项卡"按钮旁边的"重命名"及"新建组"定制自己的选项卡和相应功能分组，如图 3-12 所示。本例的选项卡名为"我的菜单"，下分"图片""打印"两组。

③为新建的选项卡及功能区添加命令按钮，在左侧的自定义功能区列表选定一个命令按钮所在的集合，有好几个选择，如"工具选项卡"。如果选择"所有命令"，会将 Word 所提供的全部命令在下面列表罗列出来。如图 3-13 所示，为图片组定制了"图片边框""粗细""组合""其他布局选项"等 4 个命令按钮。

④类似③的操作步骤，为"打印"组添加"打印预览"命令按钮（在常用命令可找到）、"页面设置"命令按钮（在"页面布局"选项卡可找到）。

⑤最后在"Word 选项"对话框单击"确定"按钮，可以看到最后的选项卡外观如图 3-14 所示。

视频 3.1.2 Word 2010 自定义"功能区"设置

图 3-11　新建选项卡

图 3-12　自定义的选项卡

图 3-13　定义"图片"功能组命令按钮

图 3-14　用户添加的"我的菜单"选项卡

将某个已显示的选项卡取消显示，例如，要取消图 3-14 所示"我的菜单"选项卡，操作步骤如下：

① 右击功能区空白处，从弹出的快捷菜单中选择"自定义功能区"命令，弹出如图 3-4 所示的"Word 选项"对话框。

② 取消在右侧的"主选项卡"列表框中列出的"我的菜单"选项卡前面的复选框。

③ 单击"确定"按钮。

这时可看到系统相应的选项卡被取消。这种方法取消后通过再次选中复选框可以重新显示相应的选项卡。如果步骤②里选择相应选项卡后，单击"Word 选项"对话框中间的"删除"按钮，则是真正意义的删除。

3.1.3 Word 2010 文件保存与安全设置

1. 保存新建文档

要保存新建的文档，可通过选择"文件"→"保存"命令；或者直接单击快速访问工具栏中的 ![按钮] 按钮；或者直接按【Ctrl+S】组合键。如果是第一次保存，会弹出"另存为"对话框，如图 3-15 所示。在"另存为"对话框，选择好保存位置，输入文件名，并注意在"保存类型"下拉列表框中选择好类型，最后单击"确定"按钮。

视频 3.1.3 Word 2010 文件保存与安全设置

默认情况下，Word 2010 文档类型为"Word 文档"，扩展名是".docx"；系统还可以提供用户选择 Word 2010 以前的版本，如 Word 97-2003，即 2010 版本是向下兼容以往版本的；用户从"保存类型"下拉列表框可看到系统提供的存储类型相当多，如 PDF、XPS、RTF、纯文本、网页等。

2. 保存已有文档

第一次保存后文档就有了名称。如果之后对文档进行了修改，再保存时通过选择"文件"→"保存"命令；或者直接单击快速访问工具栏中的 ![按钮] 按钮；或者直接按【Ctrl+S】组合键这 3 种方法都可以进行保存，但系统不再弹出"另存为"对话框，只是用当前文档覆盖原有文档，实现文档更新。

如果用户保存时不想覆盖修改前的内容，可利用"另存为"命令保存，通过选择"文件"→"另存为"命令，在图 3-15 所示的"另存为"对话框输入新的保存位置、文件名、文件类型，最后单击"确定"按钮即可。

3. 保存并发送文档

Word 2010 新增加了一个"保存并发送"选项，选择"文件"→"保存并发送"命令，会打开如图 3-16 所示的窗口。Word 2010 可提供"使用电子邮件发送""保存到 Web""保存到 SharePoint""发布为博客文章"等 4 种方式；文件类型中还提供了"创建 PDF/XPS 文档"。

图 3-15 "另存为"对话框及"保存类型"列表框

图 3-16 "保存并发送"选项窗口

如果希望保存的文件不被他人修改，并且希望能够轻松共享和打印这些文件，使得文件在大多数计算机上看起来均相同、具有较小的文件大小并且遵循行业格式，可以将文件转换为 PDF 或 XPS 格式，而无须其他软件或加载项，选择"文件"→"保存并发送"命令，会打出如图 3-16 所示的窗口，单击"创建 PDF/XPS 文档"即可。例如，简历、法律文档、新闻稿、仅用于阅读和打印的文件以及用于专业打印的文档。

注意：将文档另存为 PDF 或 XPS 文件后，无法将其转换回 Microsoft Office 文件格式，除非使用专业软件或第三方加载项。

Word 2010 提供将文件作为附件发送，选择"文件"→"保存并发送"命令，选择"使用电子邮件发送"，然后选择下列 4 个选项之一。

① 作为附件发送：打开电子邮件，附加了采用原文件格式的文件副本。

② 以 PDF 形式发送：打开电子邮件，其中附加了 .pdf 格式的文件副本。

③ 以 XPS 形式发送：打开电子邮件，其中附加了 .xps 格式的文件副本。

④ 以 Internet 传真形式发送。

Word 2010 提供将文件作为电子邮件正文发送的功能，首先需要将"发送至邮件收件人"命令添加到快速访问工具栏。打开要发送的文件，在快速访问工具栏中，单击"发送至邮件收件人"，输入一个或多个收件人，根据需要编辑主题行和邮件正文，然后单击"发送"按钮。

4. 加密文档

Word 2010 提供两种加密文档的方法。

（1）使用"保护文档"按钮加密

"保护文档"按钮提供了 5 种加密方式，各种方式加密后的文档权限在图 3-17 都能看到详细描述，这里以最常用到的"用密码进行加密"方式对文档进行加密。

① 选择"文件"→"信息"命令，单击"保护文档"按钮，弹出下拉列表，如图 3-17 所示。

② 选择"用密码进行加密"选项，弹出如图 3-18（a）所示的"加密文档"对话框，输入密码，单击"确定"按钮。

③ 弹出如图 3-18（b）"确认密码"对话框，再次输入密码，单击"确定"按钮。如果确认密码与第一次输入的不同，系统会弹出"确认密码与原密码不同"的信息提示框，单击"确定"按钮，可重返"确认密码"对话框，重新输入密码。

图 3-17 "保护文档"按钮

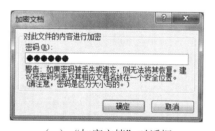

（a）"加密文档"对话框

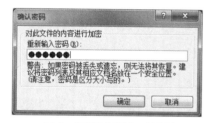

（b）"确认密码"对话框

图 3-18 用密码进行加密

设置好后，"保护文档"按钮右侧的"权限"两字由原来的黑色变成了红色。要打开设置了密码的文档，用户必须在系统弹出的"密码"对话框中输入正确的密码，否则系统会提示密码错误，无法打开文档。

（2）使用"另存为"对话框加密

选择"文件"→"另存为"命令，弹出"另存为"对话框，在对话框下方单击"工具"→"常规选项"，弹出"常规选项"对话框，在该对话框可以设置打开文件时的密码和修改文件时的密码，如图 3-19 所示。

3.1.4 Word 2010 "选项"设置

Word 2010 "选项"设置有 7 个选项卡，可以对 Word 2010 的各种运

图 3-19 "常规选项"对话框

行功能做预先的设置，使 Word 在使用中效率更高，用户使用时更方便安全、更有个性。

Word 2010 "选项"设置可以选择"文件"→"选项"命令，共有 7 个选项，分别是常规、显示、校对、保存、版式、语言和高级。

1. "常规"选项卡

"常规"选项卡提供用户在使用 Word 时的一些常规选项。

例如，选中"选择时显示浮动工具栏"复选框，工具栏将以浮动形式出现。

"配色方案"列表框有"银色""蓝色""黑色" 3 种选择，用户选择不同的颜色，Word 窗口界面颜色会相应地改变。

视频 3.1.4 Word 2010 "选项"设置

2. "显示"选项卡

"显示"选项卡可以更改文档内容在屏幕上的显示方式以及打印时的显示方式。

例如，选中"在页面视图中显示页面间的空白"复选框，在页面视图中，页与页之间将显示空白；反之页与页之间只有一条细线分隔。

选中"悬停时显示文档工具提示"复选框，当光标悬停时会有文档工具提示信息出现。

选中"始终在屏幕显示这些格式标记"下的任意个复选框，将在文档的查看过程中看到相应的格式标记，如选中"制表符"复选框，文档在屏幕将显示所有的制表符符号。

选中"隐藏文字"复选框，在"字体"对话框设置过"隐藏"格式的文字将以带下画虚线的特定格式显示，如对话框，否则该文字将在各视图中都不可见。

在"显示"选项卡下方有 6 个关于打印选项的复选框设置，可以设置多种打印显示方式，用户可自行选中并查看打印显示方式。

3. "校对"选项卡

"校对"选项卡用于更改 Word 更正文字和设置其格式的方式。

自动更正选项列表框中，系统预设了不少自动更正功能，让用户可以输入简单的字符去代替复杂的符号，如录入（e）自动更正为€；或者是将用户容易出现的一些拼写错误自动更正过来，如录入 abbout 自动更正为 about。

如果用户想添加新的自动更正项，设置步骤如下：

① 单击"自动更正选项"按钮，弹出"自动更正"对话框。

② 在"替换"输入框输入 hnsf，在"替换为"输入框输入"华南师范大学"。

③ 单击"添加"按钮，如图 3-20 所示。

这时在文档编辑区输入 hnsf，系统会自动替换成"华南师范大学"。这种自动更正功能可以提高用户录入一些比较复杂且录入频率又高的文本或符号的效率，也可以作为更正全篇文档多处存在相同的某个错误录入字符或词组的简单方法。

在"校对"选项卡还能设置自动拼写与语法检查功能，使得用户在输入文本时，如果无意输入了错误的或不正确的系统不可识别的单词，Word 会在该单词下用红色波浪线标记；如果是语法错误，出现错误的文本会被绿色波浪线标记。具体设置步骤：在如图 3-21 所示的"校对"选项卡中选中"键入时检查拼写""键入时标记语法错误""随拼写检查语法"复选框，单击"确定"按钮。

在"校对"选项卡窗口最下方的"例外项"下拉列表框中可选择要隐藏拼写错误和语法错误的文档，在其下方选中"只隐藏此文档中的拼写错误"和"只隐藏此文档中的语法错误"复选框，这时该文档出现了拼写和语法错误后，将不会

图 3-20 "自动更正"对话框

显示标记错误的波浪线。

图 3-21 "Word 选项"对话框

4."保存"选项卡

"保存"选项卡用于自定义文档保存方式，提供了保存文档的位置、类型、保存自动恢复时间间隔等设置选项。"保存文档"下拉列表提供了文档的多种保存类型的选择，默认情况下是"*.docx"，还提供了 Word 较低版本的格式"*.doc"、文本格式、网页格式等，如图 3-22 所示。

5."版式"选项卡

"版式"选项卡用于中文换行设置。用户在该选项卡可自定义后置标点（如"！"、"、"等，这些标点符号不能作为文档中某一行的首字符）与前置标点（如"（"等，这些标点符号不能作为行的最后一个字符）。

"版式"选项卡用于在中文、标点符号和西文混合排版时，进行字距调整与字符间距的控制设置。

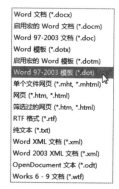

图 3-22 文档保存类型

6."语言"选项卡

"语言"选项卡用于设置 Office 语言的首选项。

7."高级"选项卡

"高级"选项卡提高用户使用 Word 的工作效率，提供设置更具有个性化操作的高级选项。按设置的功能分成"编辑选项"（18 项）、"剪切、复制和粘贴"（9 项）、"图像大小和质量"（3 项）、"显示文档内容"（12 项）、"显示"（12 项）、"打印"（13 项）、"保存"（4 项）、"常规"（9 项）等。因篇幅关系，本节不详述，请读者自行理解和设置。

3.2 Word 文稿输入

一篇 Word 文稿开始的工作是基础文字的输入，可以说是"起草"文书。这篇文稿或者作为文件或信函，或者作为稿件用作他用。因此，为了高效率和高质量地完成文稿的输入任务，必须掌握 Word 文稿快捷输入的各种方法。图 3–23 所示为通告文稿范例。

要快速完成文稿输入，掌握一种便捷的汉字输入法，有一手熟练的键盘手法是最为重要的。Word 输入一般默认提供 A4 纸型、纵向，但是，要学会根据不同的文件、信函和文稿，选择不同的页面设置，选择有效的 Word 模板或样式，这样在文稿的标准化、规范化上就不容易犯错误。此外，还要掌握特殊符号和多级编号的输入方法，掌握 Word 一些特殊的快捷输入方式，如两个文件合并套打的"邮件合并"方式等。

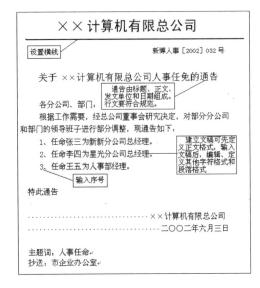

图 3–23　通告文稿范例

3.2.1　页面设置

文档的页面设置就是指确定文档的外观，包括纸张的规格、纸张来源、文字在页面中的位置、版式等。文档最初的页面是按 Word 的默认方式设置的，Word 默认的页面模板是 Normal。为了取得更好的打印效果，要根据文稿的最终用途选择纸张大小，纸张使用方向是纵向还是横向，每页行数和每行的字数等，可以进行特定的页面设置。

用户可以选择"页面布局"选项卡，该功能区有个"页面设置"功能区，提供的"文字方向""页边距""纸张方向""纸张大小""分栏""分隔符""分页符""行号""断字"命令按钮基本可以满足用户页面设置的常用要求，非常方便快捷。例如，要设置纸型为 B5，只需要在"页面设置"功能区中单击"纸张大小"按钮，在弹出的下拉列表中选中 B5 即可，如图 3–24 所示。如果用户对页面设置有更进一步的要求，可以单击"页面设置"功能区右下方的按钮，弹出"页面设置"对话框进一步进行设置。

"页面设置"对话框的 4 个选项卡为"页边距""纸张""版式""文档网格"。

注意： 每个选项卡要选择"应用于"的范围，如"整篇文档"还是"插入点之后"的设置应用范围。

1. "纸张"设置

关于"纸张"的设置，用户更快捷的设置方式是直接单击"页面布局"选项卡"页面设置"功能区相应的按钮进行设置。

"纸张"选项卡可选择纸张的大小，Word 默认的纸张大小为 A4（宽度为 21 cm，高度为 29.7 cm）。

在"纸张"选项卡中，从"纸张大小"下拉列表框中选择需要的纸张型号，如图 3–25 所示。

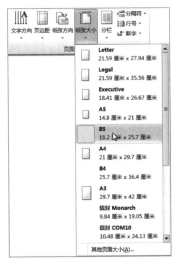

图 3–24　"纸张大小"按钮

图 3–25　"纸张"选项卡

　　如果需要自定义纸张的宽度和高度，在"纸张大小"下拉列表框中选择"自定义大小"选项，然后再分别输入"宽度"和"高度"值。

2．"文字方向""文档网格"设置

　　"文档网格"选项卡可以设置每页的文字排列、每页的行数、每行的字符数等。"文档网格"设置的具体操作步骤如下：

　　① 单击"页面布局"选项卡"页面设置"功能区中的 行号 按钮。

　　② 在弹出的下拉列表中选择"行编号选项"选项。

　　③ 在弹出的"页面设置"对话框中选择"文档网络"选项卡，进行相关选项的设置。

　　如果选中"指定行和字符网格"单选按钮，可以在对话框下的"每行"和"每列"的下拉框中决定每页的行数和每行的字符数，如图 3-26 所示。

　　"文字排列"可以选择每页文字排列的方向。如图 3-26 所示，在"页面设置"对话框的"文档网络"选项卡有"水平"和"垂直"两个单选按钮可供选择。还可选择文档是否分栏以及分栏的栏数。此外，也可通过"页面布局"选项卡"页面设置"功能区的"文字方向"按钮进行文字方向的设置。该按钮列表不仅提供了"水平"和"垂直"方向，还提供了旋转角度方向。

3．"页边距"设置

　　"页边距"选项卡可以设置每页的页边距。页边距是指正文与纸张边缘的距离，包括上、下、左、右页边距。

　　"页面设置"对话框的"页边距"选项卡中还提供了两种页面方向"纵向"和"横向"的设置。如果设置为"横向"，则屏幕显示的页面是横向显示，适合于编辑宽行的表格或文档，如图 3-27 所示。

图 3-26　"文档网格"选项卡

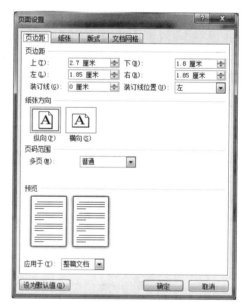

图 3-27　"页边距"选项卡

4．"版式"设置

　　"版式"选项卡用来设置节、页眉和页脚的位置。

5．横向设置应用

　　如果在一个文档中要使某些页面设置成横向方式，可以通过插入"分节符"，然后利用"页面设置"功能实现。如果现在的文档要设置成如图 3-28 所示的版式，可按如下步骤操作：

　　① 在需要设置横向页面格式之处插入分节符。单击"页面布局"选项卡"页面设置"功能区中的"分隔符"按钮，弹出"分隔符"下拉列表，选择"分节符"选项区域的"下一页"选项，如图 3-29 所示。

　　② 单击"页面布局"选项卡"页面设置"功能区中的"纸张方向"按钮，在弹出的下拉列表中选择"横向"选项即可。

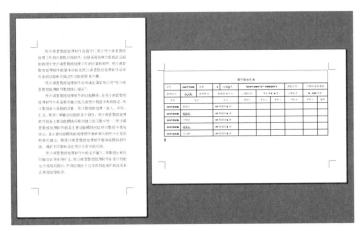

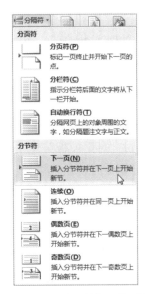

图 3-28　横向页面设置　　　　　图 3-29　"分隔符"下拉列表

视频 3.2.1-1 文本页面设置

视频 3.2.1-2 页面背景样式设置

视频 3.2.1-3 页面边框设置

视频 3.2.1-4 纸张大小设置

视频 3.2.1-5 页边距及页方向设置

视频 3.2.1-6 页面设置案例

3.2.2　使用模板或样式建立文档格式

Word 提供了各种固定格式的写作文稿模板，用户可以使用这些模板的格式，快速地完成文稿的写作。样式为统一文档的一种格式方法，也可以新建或修改原有的样式。利用模板和样式，都能使用户在写作文稿时有一个标准化的环境。

1.　使用模板建立文档格式

模板是一种特殊的预先设置格式的文档，模板决定了文档的基本结构和文档格式设置。每个文档都是基于某个模板而建立的。

用户可以根据文稿使用的目标，选用合适的模板，能快速完成文档输入和编辑操作。

视频 3.2.2-1 使用模板或样式建立文档格式

Word 启动后，会自动新建一个空白文档，默认的文件名为"文档 1"，格式的样式是"正文"。空文档就如一张白纸一样，可以在里面随意输入和编辑。很多格式化的文稿模板是文档交流过程中已形成了的固定的格式，因此 Word 提供了各种类型的模板和向导辅助用户创建各种类型的文件。

选择"文件"→"新建"命令，在"新建"主选项中分"可用模板"、"Office.com 模板"两个列表框，如图 3-30 所示。在"可用模板"列表框中列出了本机的所有模板，Word 2010 提供空白文档、博客文章、书法字帖、最近打开的模板、我的模板、根据现有内容新建、样本模板等七项内容，其中样本模板提供了 53 种模板供用户选择。在"Office.com 模板"列出了来自 Office.com 的几十种模板供用户选择。下面分别在这两个模板列表框中选择一个模板创建文档。

视频 3.2.2-2 使用模板或样式建立文档格式案例

【例 3-1】通过"可用模板"建立一份"黑领结简历"式的文档。

具体操作步骤如下：

① 选择"文件"→"新建"命令，在"可用模板"中单击"样本模板"选项，如图 3-31 所示。

② 在"样本模板"会罗列出系统提供的 53 个模板文件，每选中一个模板，可在窗口的右上方预览该模板，本例选中"黑领结简历"模板，立刻可在右上方预览到该模板，如图 3-32 所示。

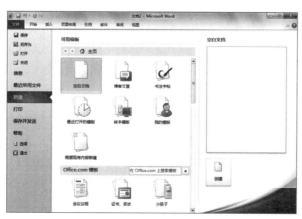

图 3-30　"新建"选项卡

图 3-31　单击"样本模板"选项

③ 选中模板预览下方的"文档"单选按钮，单击"创建"按钮，即可出现已预设好背景、字符和段落格式的"黑领结简历模板"文档，如图 3-33 所示。

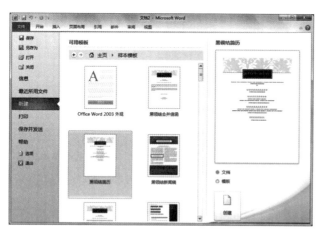

图 3-32　"黑领结简历"模板预览

图 3-33　模板应用示例

注意：在预览模板状态下，单击 🏠 主页 按钮可回到"新建"选项下进行重新选择。

【例 3-2】利用"Office.com 模板"提供的"名片"模板制作名片。

具体操作步骤如下：

① 选择"文件"→"新建"命令，在"Office.com 模板"选项组中右侧文本框中输入"名片"。

② 在"Office 模板"选项组中单击"名片"按钮，打开名片样式模板列表框。

③ 在名片样式模板列表框中选择"名片（横排）"样式，在窗口右侧即可预览效果，单击"下载"按钮，即可将名片样式下载到文档中。

④ 在对应位置输入相关内容，即可完成名片的制作，并且可以打印输出，如图 3-34 所示。

2．通过样式建立文档格式

样式是将一系列格式化设置方案整合成一个"格式化"命令的便捷操作方法。一个"样式"能一次性存储对某个类型的文档内容所做的所有格式化设置，包括字体、段落、边框和底纹等七组格式设置。实际上，Word 的默认样式是"正文"、宋体、五号字。

样式可以对文档的组成部分，如标题（章、节、标题）、文本（正文）、脚注、页眉、页脚提供统一的设置，以便统一整篇文稿的风格。

在决定输入一篇文稿前，如果预先选择好整个文稿的样式的设置，对统一和美化文稿、提高编辑速度和编辑质量都有实际的意义。

详细的使用"样式"格式化文档，可参阅本章 3.4.3 节的内容。

图 3-34　制作名片示例

3.2.3　输入特殊符号

在建立文档时，除了输入中文或英文外，还需要输入一些键盘上没有的特殊字符或图形符号，如数字符号、数字序号、单位符号和特殊符号、汉字的偏旁部首等。

视频 3.2.3-1　输入特殊符号

视频 3.2.3-2　输入特殊符号案例

1．符号

有些符号没办法从键盘直接输入，例如，要在文中插入符号"★"，操作步骤如下：

① 确定插入点后，单击"插入"选项的"符号"功能区中的"符号"按钮后，可显示一些可以快速添加的符号按钮，如果需要的符号恰好在这里列出了，直接选择即可完成操作；如果没有找到想要的符号，可选择最下面的"其他符号"选项，如图 3-35 所示。

② 弹出"符号"对话框，在"符号"选项卡的"字体"下拉列表框中选择字体，在"子集"下拉列表框中选择一个专用字符集，选中所需要的符号，如图 3-36 所示。

③ 单击"插入"按钮，或者在步骤②直接双击需要的符号即可在插入点后插入符号。

注意： 近期使用过的符号会按时间的先后顺序在用户单击"符号"按钮时出现，并且随时更新；另外，用户可以通过单击"符号"对话框中的"快捷键"按钮定义一些常用符号的快捷键，定义后只需要按定义键即可快速输入相应符号。

图 3-35 "符号"按钮

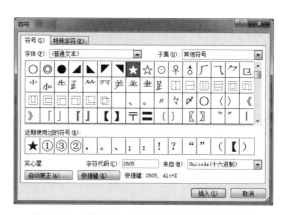

图 3-36 "符号"对话框的"符号"选项卡

2. 特殊符号

通常，文档中除了包含一些汉字和标点符号外，为了美化版面还会包含一些特殊符号，例如 ©、§ 等。具体操作步骤如下：

① 确定插入点后，单击"插入"选项卡"符号"功能区中的"符号"按钮，在弹出的下拉列表中选择"其他符号"命令，如图 3-35 所示。

② 在弹出的"符号"对话框中选择"特殊字符"选项卡，如图 3-37 所示。

③ 在"字符"列表框中选中所需要的符号。

④ 单击"插入"按钮即可。

图 3-37 "特殊字符"选项卡

系统为某些特殊符号定义了快捷键，用户直接按这些快捷键就可插入该符号。

3.2.4 输入项目符号和编号

在描述并列或有层次性的文档时需要用到项目符号和编号，它可以使文档的层次分明，更有条理性，便于人们阅读和理解。Word 2010 提供了项目符号和编号功能，可以使用"项目符号"和"编号"按钮去设置项目符号、编号和多级符号。

1. 自动创建项目符号和编号

方法 1：在输入文本前，先输入数字或字母，如 "1."" (一)"" a)" 等，后跟一个空格或制表符，然后输入文本。按【Enter】键时，Word 自动将该段转换为编号列表。

方法 2：在输入文本前，先输入一个星号 "*" 或一个连字符 "-"，后跟一个空格或一个制表符，然后输入文本。按【Enter】键时，Word 自动将该段转换为项目符号列表。

每次按【Enter】键后，都能得到一个新的项目符号或编号。如果到达某一行后不需要该行带有项目符号或编号，可连续按两次【Enter】键，或选中该段落右击，在弹出的快捷菜单选择"项目符号"命令。

视频 3.2.4–1 输入项目符号和编号

2. 添加项目符号

在文档中添加项目符号的步骤如下：

① 选中要添加项目符号的文本（通常是若干个段落）。

② 单击"开始"选项卡的"段落"功能区中的"项目符号"右侧的下拉按钮，会弹出下拉列表，如图 3–38 所示。该列表列出了最近使用过的项目符号，如果这里没有需要的项目符号，可选择该列表下方的"定义新项目符号"命令。

③ 弹出"定义新项目符号"对话框，如图 3–39 所示。单击"符号"按钮，弹出"符号"对话框，如图 3–40 所示。

视频 3.2.4–2 输入项目符号和编号案例

图 3–38　"项目符号"下拉列表

图 3–39　"定义新项目符号"对话框

④ 在"符号"对话框选择好某个字体集合，如 Windings，这里选择一个时钟符号⊕作为项目符号。

⑤ 单击"确定"按钮，返回到"定义新项目符号"对话框，此时预览框中的项目符号是步骤④所选择的时钟符号⊕。

⑥ 单击"确定"按钮，在选中的每个文档段落前将会插入⊕项目符号，如图 3–41 所示。

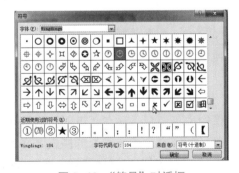

图 3–40　"符号"对话框

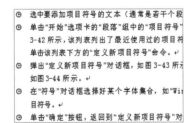

图 3–41　添加项目符号示例

3. 更改项目符号

项目符号设置后还可以进行更改，例如，将例图 3–41 所示的项目符号⊕改为笑脸。具体操作步骤如下：

① 选中要更改项目符号的段落。

② 重复获取图 3–41 的步骤②～⑥，但注意在步骤④中必须选取新的项目符号为笑脸。

注意：在图 3–39 中，单击"图片"按钮，可以在弹出的"图片项目"对话框中选择 Office 提供的图标作为项目符号，也可单击"导入"按钮，导入本地磁盘中的图片作为项目符号。另外，用户还可利用快捷菜单打开"项目符号"下拉列表，只需要在选中文本处后右击即可。

4. 添加编号

编号是按照大小顺序为文档中的行或段落添加编号。添加编号与添加项目符号的操作类似，这里不再赘述，只是用户要特别注意编号的格式。可以单击"段落"功能区中的"编号"右侧的下拉按钮，在弹出的下拉列表，选择"定义新编号格式"命令，在"定义新编号格式"对话框进行指定格式和对齐方式的设置，如图 3–42 所示。

Word 提供了智能化编号功能。例如，在输入文本前，输入数字或字母，如"1.""（一）""a）"等格式的字符，后跟一个空格或制表符，然后输入文本。当按【Enter】键时，Word 会自动添加编号到文字的前端。

同样，在输入文本前，若输入一个星号"*"后跟一个空格或制表符（即【Tab】键），然后输入文本，并按【Enter】键，则会自动将星号转换成黑色圆点"●"的项目符号添加到段前。如果是两个连字号"–"后跟空格，则会出现黑色方点符"■"。

按【Enter】键，下一行能自动插入同一项目符号或下一个序号编号。

若要结束编号，方法有两种：一是双击【Enter】键；二是按住【Shift】键的同时，按【Enter】键。

5. 添加多级列表

多级列表可以清晰地表明各层次之间的关系。

【例 3–3】设置多级符号。如图 3–43 所示，设置二级符号编号。编号样式为 1、2、3，起始编号为 1。一级编号的对齐位置是 0 厘米，文字位置的制表位置是 0.7 厘米，缩进位置是 0.7 厘米。二级编号的对齐位置是 0.75 厘米，文字位置的制表位置是 1.75 厘米，缩进位置是 1.75 厘米。

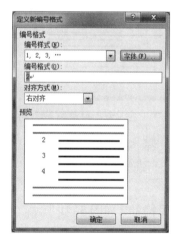

图 3–42 "定义新编号格式"对话框

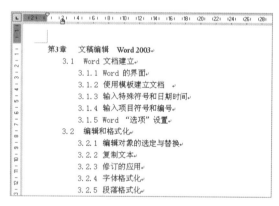

图 3–43 带有多级编号的文档示例

① 单击"开始"选项卡"段落"功能区中的"多级列表"按钮，在弹出的"多级列表"下拉列表中选择"定义新的多级列表"命令。

② 在"定义新多级列表"对话框中单击左下方的"更多"按钮，将对话框展开。

③ 对一级编号进行设置。在"单击要修改的级别"列表框中选择"1"，在"此级别的编号样式"下拉列表框中选择"1，2，3，…"，在"起始编号"下拉列表框中选择"3"，在"输入编号的格式"文本框中的"1"前加一个"第"，后面加一个"章"字。此时，"输入编号的格式"文本框中应该是"第3章"。在位置的编号对齐位置输入 0 厘米；文本缩进位置输入 0.7 厘米，选中制表位添加位置复选框，在文字位置的制表位置输入 0.7 厘米。

④ 对二级编号进行设置。在"单击要修改的级别"列表框中选择"2"，在"此级别的编号样式"下拉列表框中选择"1，2，3，…"，在"起始编号"下拉列表框中选择"1"，此时"输入编号的格式"文本框中应该

是 "3.1"。在编号位置的对齐位置输入 0.75 厘米,选中制表位添加位置复选框,在文字位置的制表位置输入 1.75 厘米,缩进位置输入 1.75 厘米。

⑤ 如果要编辑三级编号,可依照二级编号的设置方法进行设置。

⑥ 输入如图 3-43 所示的标题内容,依次按【Enter】键后,下一行的编号级别和上一段的编号同级,只有按【Tab】键才能使当前行成为上一行的下级编号;若要让当前行编号成为上一级编号,则要按【Shift+Tab】组合键。

3.2.5　使用"自动更正""剪贴板"或"自动图文集"实现字符快速输入

利用"自动更正"或"自动图文集"能够自动快速插入一些长文本、图像和符号。使用"自动更正"功能还可以自动检查并更正输入错误、误拼的单词、语法或大小写错误。如输入 "offce" 及空格,系统会自动更正为 "office"。

1. 创建"自动更正"词条

若要添加在输入特定字符集时自动插入的文本条目,可以使用"自动更正"对话框。操作步骤如下:

① 选择"文件"→"选项"命令。

② 在弹出的"Word 选项"对话框中选择"校对"选项卡。

③ 单击"自动更正选项"按钮,在"自动更正"对话框中选择"自动更正"选项卡。

④ 选中"键入时自动替换"复选框。在"替换"文本框输入 hnsf,在"替换为"文本框输入"华南师范大学"。

⑤ 单击"添加"按钮,结果如图 3-44 所示。

这时,若如在文档编辑区输入 hnsf,系统会自动替换成"华南师范大学"。这种自动更正功能可以提高用户录入一些比较复杂且录入频率又高的文本或符号的效率,也可以作为更正全篇文档多处存在相同的某个错误录入字符或词组的简单方法。

2. 创建和使用自动图文集词条

在 Word 2010 中,可在自动图文集库中添加"自动图文集"词条。

若要从库中添加自动图文集,用户需要将该库添加到快速访问工具栏。添加库之后,可以新建词条,并将 Word 2003/2007 中的词条迁移至此库中。

向快速访问工具栏添加自动图文集的步骤如下:

① 选择"文件"→"选项"命令。

② 在弹出的"Word 选项"对话框中选择"快速访问工具栏"选项卡。

③ 在"从下列位置选择命令"下拉列表框中选择"所有命令"选项。滚动命令列表,直到看到"自动图文集"为止。

④ 选择"自动图文集"选项,然后单击"添加"按钮。

这时快速访问工具栏中将显示"自动图文集"按钮。单击"自动图文集"可以从自动图文集库中选择词条。

在 Word 2010 中,自动图文集词条作为构建基块存储。若要新建词条,使用"新建构建基块"对话框即可。例如,在"自动图文集"创建"广东省广州市东山区 101 中学"新词条;操作步骤如下:

① 在屏幕的空白处输入"广东省广州市东山区 101 中学"后选中。

② 在快速访问工具栏中单击"自动图文集"按钮。

图 3-44　"自动更正"对话框

③ 选择"将所选内容保存到自动图文集库"命令，弹出"新建构建基块"对话框，如图 3-45 所示。

④ 单击"确定"按钮。

添加词条后，用户如果需要输入"广东省广州市东山区 101 中学"，只要在屏幕输入"广东"两字即可在光标上方看到自动图文集词条 的提示，这时按【Enter】键，该词条将自动输入在屏幕上。

"自动图文集"除了可以存储文字外，最能节省时间的地方在于可以存储表格、剪贴板，其操作与上述方法相同。

图 3-45　"新建构建基块"对话框

Word 2003 自动图文集词条可以迁移至 Word 2010。通过执行下列操作之一，将 Normal11.dot 文件复制到 Word 启动文件夹。

① 如果计算机操作系统是 Windows 7，可打开 Windows 资源管理器，然后将 Normal11.dot 模板从 C：\Users\用户名 \AppData\Roaming\Microsoft\Templates 复制到 C：\Users\ 用户名 \AppData\ Roaming\Word\Startup。

② 如果计算机操作系统是 Windows Vista ，打开 Windows 资源管理器，然后将 Normal11.dot 模板从 C：\Users\ 用户名 \AppData\Roaming\Microsoft\Templates 复制到 C：\Users\ 用户名 \AppData\ Roaming\Word\Startup。

如果在 Windows 资源管理器中未看到 AppData 文件夹，可依次选择"组织"→"文件夹和搜索选项"命令，在弹出的"文件夹选项"对话框中选择"查看"选项卡，选中"显示隐藏的文件、文件夹和驱动器"单选按钮，然后关闭并重新打开 Windows 资源管理器。

③ 如果计算机操作系统是 Windows XP，打开 Windows 资源管理器，然后将 Normal11.dot 模板从 C：\Documents and Settings\ 用户名 \Application Data\Microsoft\Templates 复制到 C：\Documents and Settings\ 用户名 \Application Data\Word\Startup。

Word 2007 自动图文集词条可以迁移至 Word 2010，方法很简单，在 Word 2007 中打开 Normal11.dot 模板，将该文件另存为 AutoText.dotx，在系统提示时，单击"继续"按钮。

选择"文件"→"转换"命令，单击"确定"按钮即可。

3. 用"剪贴板"快速输入

（1）使用"Windows 剪贴板"

"Windows 剪贴板"是 Windows 为其应用程序开辟的一块内存区域，用于程序间共享和交换信息。可以将文本、图像、文件等多种类型的内容放入剪贴板，但是 Windows 的剪贴板只能容纳一项内容，后进剪贴板的内容将替换以前的。

（2）使用"Office 剪贴板"

在同一时间反复输入一组长字符，或者需要收集和粘贴多个项目时，可以利用"开始"→"剪贴板"功能区提供的剪贴板功能来完成。2010 版的"剪贴板"是 Office 通用的，如要多次输入"计算机公共课程"，可将它先复制到剪贴板上，需要时，单击该剪贴板选项，"计算机公共课程"则可粘贴到光标处。"Office 剪贴板"最多可容纳 24 个项目，当复制或剪切第 25 项内容时，原来的第 1 项复制或剪切的内容将被清除。

3.2.6　套打相同格式的简单文稿——邮件合并应用

在实际工作中，经常需要处理不少简单报表、信函、信封、通知、邀请信或明信片，这些文稿的主要特点是件数多（客户越多，需处理的文稿越多），内容和格式简单或大致相同，有的只是姓名或地址不同，有的可能是其中数据不同。这种格式雷同的、能套打的批处理文稿操作，利用 Word 里的"邮件合并"功能就能轻松地做好。

这里需要说明的是，"邮件合并"并不是真正两个"邮件"合并的操作。"邮件合并"合并的两个文档，一个是设计好的样板文档"主文档"，主文档中包括了要重复出现在套用信函、邮件选项卡、信封或分类中的固定不变的通用信息；另一个是可以替代"标准"

视频 3.2.6-1 邮件合并应用

文档中的某些字符所形成的数据源文件，这个数据源文件可以是已有的电子表格、数据库或文本文件，也可以是直接在 Word 中创建的表格。

【例 3-4】请分别建立如图 3-46、图 3-47 所示的主文档及数据源，生成一个月销售通知书派发到各分销店，将 8 月份分销店的各项计算机品种的销售情况列在通知单中，生成的邮件合并文档命名为"月销售情况通知 .docx"。

视 频 3.2.6-2 邮件合并应用案例

① 设置页面纸张，切换到"页面布局"选项卡，设置"纸张"的宽度为 21 厘米，高度为 13 厘米。本例是按信函格式设置纸张大小，既节省纸张，也便于打印。

② 创建一个样板文档"主文档"，创建的内容如图 3-46 所示，文件名为"分销店 .docx"。创建一个数据源文件，本例创建的是 Word 表格格式的"销售单 .docx"文档，如图 3-47 所示。

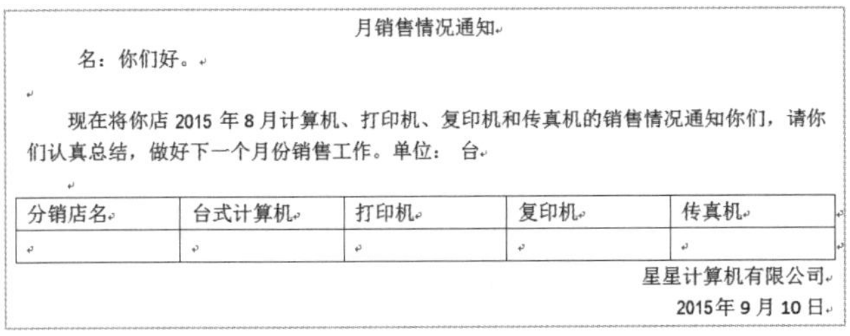

月销售情况通知

名：你们好。

现在将你店 2015 年 8 月计算机、打印机、复印机和传真机的销售情况通知你们，请你们认真总结，做好下一个月份销售工作。单位：台。

分销店名	台式计算机	打印机	复印机	传真机

星星计算机有限公司。
2015 年 9 月 10 日。

图 3-46 "主文档"文件

分销店名	台式计算机	打印机	复印机	传真机
天河店	56	78	65	43
江北店	66	76	89	52
河南店	80	35	78	20
山顶店	69	83	82	76

图 3-47 数据源 Word 表格文件

注意："主文档"里的分销店名、各计算机器材名称与"销售单 .docx"数据源文件的台数形成一对一的套打关系。

③ 关闭数据源文档，打开"分销店 .docx"文档，单击"邮件"→"开始邮件合并"功能区中的"开始邮件合并"按钮，选择"信函"命令。

④ 单击"邮件"选项卡"开始邮件合并"功能区中的"选择收件人"按钮，选择"使用现有列表"命令，弹出"选取数据源"对话框，如图 3-48 所示。

⑤ 在"选取数据源"对话框的地址栏输入数据源文件"销售单 .docx"的文档路径后，单击"打开"按钮，系统返回主文档窗口。

⑥ 此时主文档窗口"邮件"选项卡"开始邮件合并"功能区中的"编辑收件人列表"按钮由灰色变成可选态，单击该按钮，弹出"邮件合并收件人"对话框，如图 3-49 所示。

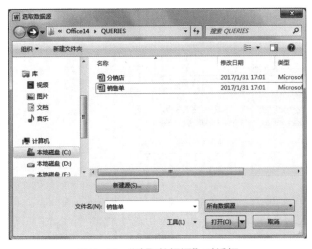

图 3-48 "选取数据源"对话框

图 3-49 "邮件合并收件人"对话框

⑦ 单击"邮件合并收件人"对话框中的"确定"按钮，返回主文档窗口，这时"邮件"选项卡"编写和插入域"功能区中的"插入合并域"按钮由灰色变成可选态，单击该按钮，可弹出由"分销店名、台式计算机、打印机、复印机、传真机"组成的插入域下拉列表，如图 3-50 所示。

⑧ 插入合并域：将光标置于主文档的第二段落开始处（即字符"名"的前面），单击"邮件"选项卡"编写和插入域"功能区"插入合并域"下拉列表中的"分销店名"，可在光标处插入占位符《分销店名》；重复上述操作，分别置位光标在主文档表格的 5 个空白单元格，从"插入合并域"列表中选择对应的插入域插入光标处，完成后如图 3-51 所示。

⑨ 可通过"邮件"选项卡"预览结果"功能区中的命令按钮预览结果，发现无错误后，单击"邮件"选项的"完成"功能区中的"完成并合并"按钮，选择"编辑单个文档"命令，弹出"合并到新文档"对话框。

图 3-50　"插入合并域"按钮

⑩ "合并到新文档"对话框默认选项是选择"全部"的记录合并到新文档，单击"确定"按钮，即可生成合并文档，将该文档命名为"月销售情况通知 .docx"。

图 3-52 所示为邮件合并文档第一页的内容。

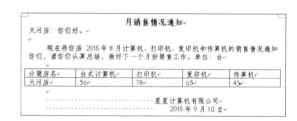

图 3-51　插入合并域后的"标准文档"　　　　　　图 3-52　邮件合并套打结果

3.3　文档编辑

输入文稿以后，应对文稿进行检查，若发现错误，或需要增加或删除文稿，可根据文稿的需要，对文稿进行编辑修改，或再进行分栏、分节，设置首字下沉等操作。图 3-53 所示为首字下沉，分栏，插入换行符、文本框、艺术字、公式，设置段落框线和底纹的范例。

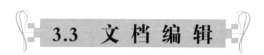
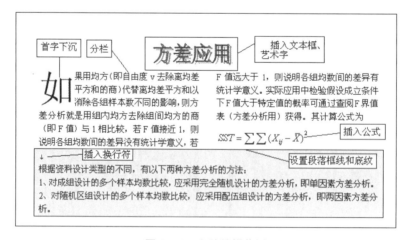

图 3-53　文稿编辑范例

文稿的编辑，首先要选择需要编辑的文稿，选择文稿有多种方法。文稿的复制有 3 种方式，针对性强，操作也方便，要熟悉使用。修订操作是文稿编辑的重要操作，它可追踪办公室文稿定稿流程的修订过程，修订的设置有利于文稿编审的最后确定。

3.3.1　编辑对象的选定

在文档的编辑操作中需要选择相应的文本之后，才能对其进行删除、复制、移动或编辑等操作。文本被选择后将呈反白显示，Word 提供多种选择文本的方法，下面介绍使用鼠标的选择方法。

1. 拖动选择

把插入点光标"I"移至要选择部分的开始处，按住鼠标左键一直拖动到选择部分的末端，然后松开鼠标的左键。该方法可以选择任何长度的文本块，甚至整个文档。

2. 对字词的选择

把插入光标放在某个汉字（或英文单词）上，双击，则该文字词被选择，如图 3-54 所示。

3. 对句子的选择

按住【Ctrl】键并单击句子中的任何位置，如图 3-54 所示。

4. 对一行的选择

光标放置于该行的选定栏（该行的左边界），单击，如图 3-54 示。

视频 3.3.1 编辑对象的选定

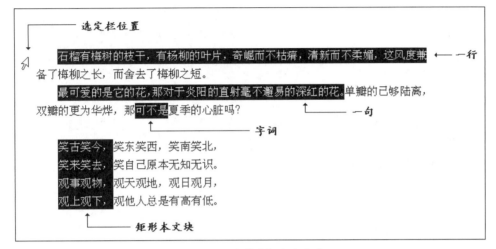

图 3-54　各种选择文本方式

5. 对多行的选择

选择一行，然后在选定栏中向上或向下拖动。

6. 对段落的选择

双击段落左边的选定栏，或三击段落中的任何位置。

7. 对整个文档的选择

将光标移到选定栏，鼠标变成一个向右指的箭头，然后三击鼠标。

8. 对任意部分的快速选择

单击要选择的文本的开始位置，按住【Shift】键，然后单击要选择的文本的结束位置。

9. 对矩形文本块的选择

把插入光标置于要选择文本的左上角，然后按住【Alt】键和鼠标左键，拖动到文本块的右下角，即可选择一块矩形文本，如图 3-54 所示。

3.3.2　查找与替换

编辑好一篇文档后，往往要对其进行核校和订正，如果文档有错误，使用 Word 的查找或替换功能，可非常便捷地完成编辑工作。

查找功能可以让用户在文稿中找到所需要的字符及其格式。

替换功能不但可以替换字符，还可以替换字符的格式。在编辑中还可以用替换功能更换特殊符号。利用替换功能可以批量地快速输入重复的文稿。

在查找或替换操作时，要注意查看和定义"查找和替换"对话框的"搜索选项"中的各个选项，以免在进行查找或替换操作时得不到需要的结果。"搜索选项"中的选项含义如表 3-1 所示。

表 3-1　"搜索选项"选项含义

操 作 选 项	操 作 含 义
全部	操作对象是全篇文档
向上	操作对象是插入点到文档的开头
向下	操作对象是插入点到文档的结尾
区分大小写	查找或替换字母时需要区分字母的大小写
全字匹配	在查找中，只有完整的词才能被找到
使用通配符	可以使用通配符，如"?"代表任一个字符
区分全角/半角	查找或替换时，所有字符要区分全角或半角才符合要求
忽略空格	查找或替换时，空格将被忽略

查找或替换除了对普通字符操作之外，还可以对"格式"和"特殊符号"进行查找或替换操作，这些特殊符号类别如图 3-55 所示。而"格式"包括"字体""段落""制表位""语言""图文框""样式""突出显示"，如图 3-56 所示。也就是说，除了对字符进行查找或替换外，还可以对上述各种"格式"进行查找或替换操作。

【例 3-5】在文稿中查找"计算机"三个字。

在文档的查找操作中，通常是查找其中的字符，可按如下步骤操作：

图 3-55　"特殊符号"的类别　　　　图 3-56　"格式"列表框

① 单击"开始"选项卡"编辑"功能区中的"替换"按钮；或者单击状态栏左端的"页面"，两种方法都可以弹出"查找和替换"对话框。

② 在"查找和替换"对话框的"查找内容"文本框中输入要查找的字符"计算机"，如图 3-57 所示。

③ 单击"查找下一处"按钮，如果查找到，则光标以反白显示，继续单击"查找下一处"按钮，直至查找完成，如图 3-58 所示。

图 3-57　"查找和替换"对话框　　　　图 3-58　查找完成

【例 3-6】将文稿中格式为"（中文）宋体"的"酒"字符，替换成格式为字体"（中文）华文彩云"、字号"四号"、字形"加粗"、字体颜色"深红"。

本例明显是一个"格式"替换操作。操作步骤如下：

① 单击"开始"选项卡"编辑"功能区中的"替换"按钮,在弹出的"查找和替换"对话框的"查找内容"文本框中输入要替换格式的文字"酒"字,单击"格式"按钮,并设置字符原格式（本例是"宋体"）,如图 3-59 所示。

② 在"替换为"文本框中,输入要替换的文字"酒",单击"格式"按钮,在列表框中选择"格式"命令。在弹出的"格式"对话框中选择字体为"华文彩云",字号的"四号",字体颜色为"深红",字形为"加粗"（见图 3-60）,单击"替换"按钮。

③ 在弹出的"查找和替换"对话框中单击"全部替换"按钮。文档替换前与替换后的结果如图 3-61 所示。

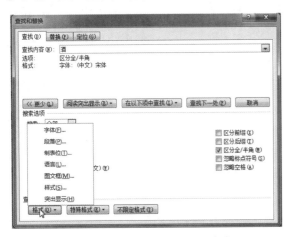

图 3-59　设置被"替换"的格式

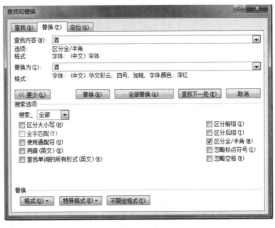

图 3-60　设置"替换为"的格式

（a）原始文稿

（b）替换后的文稿

图 3-61　替换格式前后的效果

视频 3.3.2-1 查找与替换

视频 3.3.2-2 字符的查找

视频 3.3.2-3 字符的替换

视频 3.3.2-4 格式的替换

视频 3.3.2-5 查找与替换案例

3.3.3 文档复制和粘贴

1. 文档复制

复制是文档编辑中最常用的操作之一。对于文档中重复出现的内容或相同的格式，不必一次次地重复输入或格式化，可以采用复制操作完成。复制操作有 3 种方法：使用菜单或工具。使用格式刷和样式。3 种复制方式的操作和效果如表 3-2 所示。

表 3-2　复制操作一览表

复制工具	复制效果	适合操作范围	实际操作
"复制""粘贴"菜单或工具	复制字符、图片、文本框或插入对象在内的全部字符、图片、文本框或插入对象和格式	文本和插入对象的复制	选中复制对象，移动光标到目标处或选中要覆盖对象后，单击粘贴
格式刷	只复制被选中对象的全部"格式"，如字符、段落和底纹的格式，不复制被选中的内容	字符和段落格式的复制	选中复制对象，单击"格式刷"按钮后，光标拖动全部目标文档
样式	把选中的样式的全部格式，复制到被选中的操作对象	文稿的标题、章节标题和段落的格式统一定义	光标置于被格式段落后，单击合适的样式

【例 3-7】使用 Word 的"格式刷"按钮，将如图 3-62 所示文稿的标题格式复制到正文中。

① 选择已设置好格式的段落或文本"落叶与野草"，如图 3-62 所示。

② 单击"开始"选项卡"剪贴板"功能区中的"格式刷"按钮，此时光标变成"⚐"形状。按住鼠标左键拖动，如图 3-63 所示。

③ 按住鼠标左键，选择要复制格式的段落，然后释放鼠标左键。

注意：单击"格式刷"按钮，用户只可以将选择的格式复制一次，双击"格式刷"按钮，用户可以将选择格式复制到多个位置。再次单击格式刷或按【Esc】键即可关闭格式刷。

图 3-62　选择要复制的格式

图 3-63　使用格式刷复制格式

2. 粘贴

在粘贴文档的过程中，有时希望粘贴后的文稿的格式有所不同，在 Word 2010"开始"选项卡"剪贴板"功能区的"粘贴"按钮命令，提供了 3 种粘贴选项："保留源格式"、"合并格式"、"只保留文本"。这 3 个选项的功能如下：

- "保留源格式"：粘贴后仍然保留源文本的格式。
- "只保留文本"：粘贴后的文本和粘贴位置处的文本格式一致。
- "合并格式"：粘贴后的文本格式，是源文本格式与粘贴位置处文本格式的"合并"。

例如，将文本"计算机"设置成"小四、隶书、带波浪下画线、添加底纹"，然后复制该文本"计算机"，单击"开始"选项卡"剪贴板"功能区中的"粘贴"按钮，会弹出"粘贴选项"，如图 3-64 所示。选项从左到右依次是"保留源格式"、"合并格式"、"只保留文本"。复制上述文本"计算机"后，分别选择这 3 个粘贴选项粘贴到文本格式不同的位置，选择不同的粘贴选项后的粘贴效果如图 3-65 所示。

在粘贴文档的过程中，有时希望粘贴后的内容仍然保留源文本的格式，有时希望只保留粘贴后的文本，有时希望粘贴后的文本和粘贴位置处的文本格式一致。计算机复制的内容可以按用户的需求粘贴为各种类型，操作方法如下。

图 3-64　粘贴选项　　　　　　　　　　　　　　　图 3-65　三种粘贴格式示例

如图 3-64 所示，除了 3 种粘贴选项外，Word 还提供了"选择性粘贴"、"设置默认粘贴"选项。选择性粘贴有很多用途，下面介绍其两种常用功能。

（1）将文本粘贴成图片

选中源文本，右击，从弹出的快捷菜单中选择"复制"命令，然后将光标定位到目标位置，单击"开始"选项卡"剪贴板"功能区中的"粘贴"按钮，弹出如图 3-64 所示的"粘贴选项"，选择"选择性粘贴"命令，弹出"选择性粘贴"对话框，如图 3-66 所示。选择一种图片格式，如"图片（Windows 图元）文件"，单击"确定"按钮即可。设置效果如图 3-65 所示。

（2）复制网页上的文本

网页使用格式较多，采取直接复制、粘贴的方法，将网页上的文本粘贴到 Word 文档中，经常由于带有其他格式，编辑处理起来比较困难。通过选择性粘贴，可将其粘贴成文本格式。

在网页中，选中文本，复制，切换到 Word 2010 文档窗口，定位好光标，打开"选择性粘贴"对话框（见图 3-66），选择"无格式文本"选项，单击"确定"按钮即可。

图 3-66　"选择性粘贴"对话框

视频 3.3.3-1 文档复制和粘贴

视频 3.3.3-2 文档复制和粘贴案例

3.3.4　分栏操作

分栏就是将文档分隔成两三个相对独立的部分，如图 3-67 所示。利用 Word 的分栏功能，可以实现类似报纸或刊物、公告栏、新闻栏等的排版方式，既可美化页面，又方便阅读。

1. 在文档中分栏

① 选择要设置分栏的段落，或将光标置于要分栏的段落中。

② 在"页面布局"选项卡中单击"页面设置"功能区中的"分栏"按钮。

③ 在"分栏"下拉列表中可设置常用的一、二、三栏及偏左、偏右格局；如果有进一步的设置要求，可单击该列表的"更多分栏"选项，弹出"分栏"对话框，如图 3-68 所示。

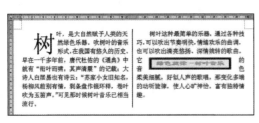

图 3-67　分栏示例

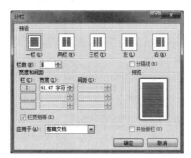

图 3-68　"分栏"对话框

2. 在文本框中分栏

在编辑文档时，有时由于版面的要求需要用文本框来实现分栏的效果，虽然在 Word 的菜单中不支持文本框的分栏操作，但可以通过在文档中插入多个文本框，设置文本框的链接，实现分栏效果。用文本框分栏的好处是，先以文本框定好分栏位置，再用文档复制的方式，把文稿粘贴到文本框内。若以两个文本框链接，分成左右两栏，可按如下步骤操作：

① 单击"插入"选项卡"插图"功能区中的"形状"按钮，选择横排文本框，在文档中插入两个横排的文本框。

② 在第一个文本框中输入文字，文字部分有时会超出这个文本框的范围，如图 3-69 所示。

③ 选中第一个文本框，在增加的"绘图工具格式"选项卡中单击"文本"功能区中的"创建链接"按钮。

④ 将鼠标移到第二个文本框中，鼠标指针变成时单击，此时第一个文本框中显示不了的文字就会自动移动到第二个文本框中，结果如图 3-70 所示。

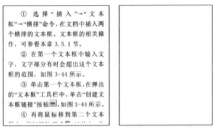

图 3-69　两个文本框链接前的效果　　　　图 3-70　文本框链接后的效果

最后，还可以通过取消文本框的边框线，产生如同分栏命令一样的文档分栏效果。

视频 3.3.4-1 分栏操作　　　　视频 3.3.4-2 分栏操作案例

3.3.5　首字（悬挂）下沉操作

首字下沉或悬挂就是把段落第一个字符进行放大，以引起读者注意，并美化文档的版面样式，如图 3-71 所示。当用户希望强调某一段落或强调出现在段落开头的关键词时，可以采用首字下沉或悬挂设置。首字悬挂操作的结果是段落的第一个字与段落之间是悬空的，下面没有字符。

设置段落的首字下沉或悬挂，可按如下步骤操作：

① 选择要设置首字下沉的段落，或将光标置于要首字下沉的段落中。

② 单击"插入"选项卡"文本"功能区中的"首字下沉"按钮。

③ 在"首字下沉"下拉列表中提供了"无""下沉""悬挂"3 种选择，如果有进一步的设置要求，选择该列表的最后一项"首字下沉选项"命令，弹出"首字下沉"对话框进行设置即可，如图 3-72 所示。

图 3-71　首字下沉示例　　　　　　　　图 3-72　"首字下沉"对话框

若要取消首字下沉，可在"首字下沉"对话框的"位置"选项区中选择"无"选项。

视频 3.3.5-1 首字（悬挂）下沉操作

视频 3.3.5-2 首字（悬挂）下沉操作案例

3.3.6　分节和分页

在 Word 编辑中，经常要对正在编辑的文稿进行分开隔离处理，如因章节的设立而另起一页，这时需要使用分隔符。常用的分隔符有 3 种：分页符、分栏符、分节符。

- 分页符：将文档从插入分页符的位置强制分页。在文档中插入分页符，表明一页结束而另一页开始。
- 分节符：在一节中设置相对独立的格式而插入的标记。要使文档各部分版面形态不同，可以把文档分成若干节。对每个节可设置单独的编排格式。节的格式包括栏数、页边距、页码、页眉和页脚等。例如，将两页设置成不同的艺术型页面边框；又如，希望将一部分内容变成分栏格式的排版，另一部分设置不同的页边距，都可以用分节的方式来设置其作用区域。
- 分栏符：一种将文字分栏排列的页面格式符号。为了将一些重要的段落从新的一栏开始，插入一个分栏符就可以把在分栏符之后的内容移至另一栏，具体操作详见 3.3.4 节。

在文档中插入分隔符，可按如下步骤操作：

① 光标定位于需要插入分隔符的位置。

② 单击"页面布局"选项卡"页面设置"功能区中的"分隔符"按钮。

③ 在弹出的"分页符"下拉列表中可选择分页符或分节符类型，如图 3-73 所示。

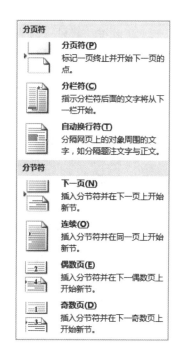

图 3-73 "分页符"列表

视频 3.3.6-1 分节和分页

视频 3.3.6-2 分节和分页案例

3.3.7　修订与批注

文档完成输入以后，往往需要对文稿进行编辑修改，Word 的修订和批注功能可以完成此项工作。

Word 的"修订"工具能对文档中每一处的修改位置进行标注，可以让文档的初始内容得以保留。同时，也能够标记由多位审阅者对文档所做的修改，让作者轻易地跟踪文档被修改的情况。修订完成后，可由作者决定修订标记是否继续保存，或只保留最终修订的结果。

视频 3.3.7-1 修订与批注

视频 3.3.7-2 修订与批注案例

1．对文稿进行修订

① 打开"修订"操作功能。单击"审阅"选项卡"修订"功能区中的"修订"按钮即可使文档处于修订状态，这时对文档的所有操作将被记录下来，单击"保存"按钮可将所有的修订保存下来。

② 设置"修订"选项。单击"审阅"选项卡"修订"功能区中的"修订"下拉按钮，在弹出的下拉列表中选择"修订选项"命令，弹出"修订选项"对话框，在这里可分别对插入、删除、更改格式和修订行设置不同的颜色以示区别，如图 3-74 所示。

③ 在修订操作中有 4 种不同的显示方式，如图 3-75 所示。选择其中之一的选项，在文稿修订过程中将显示该选项的修订显示状态。

- 最终：显示标记：显示标记的最终状态，在文稿中显示已修改完成的，带有修订标记的文稿。
- 最终状态：显示已完成修订编辑的，不带标记的文稿。
- 原始：显示标记：显示标记的原始状态，即显示带有修订标记的，有原始文稿状态的文稿。
- 原始状态：显示还没有做过任何修订编辑的，不带标记的原文稿。

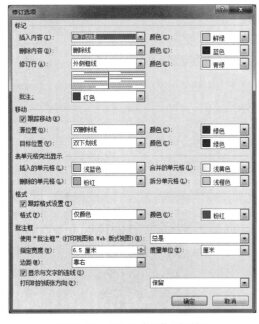

图 3-74 "修订选项"对话框

图 3-75 修订显示方式

④ 关闭"修订"。单击"审阅"选项卡"修订"功能区中的"修订"按钮。关闭修订时，用户可以修订文档而不会对更改的内容做出标记。关闭修订功能不会删除任何已被跟踪的更改。

⑤ 使用状态栏中的"修订"按钮打开和关闭修订。如果发现状态栏上没有相关的按钮，可以自定义状态栏，向其添加一个用来告知修订是打开状态还是关闭状态的指示器。

方法如下：右击状态栏，在弹出的快捷菜单选择"修订"命令，此时该命令左边复选框处于选中状态，状态栏上也添加了"修订"按钮。

在打开修订功能的情况下，可以查看在文档中所做的所有更改。在关闭修订功能时，可以对文档进行任何更改，而不会对更改的内容做出标记。单击状态栏上的"修订"按钮可在打开修订 修订:打开 与关闭修订 修订:关闭 两种状态间进行切换。

2. 插入与删除"批注"

"批注"是审阅添加到独立的批注窗口中的文档注释或者注解，当审阅者只是评论文档，而不直接修改文档时要插入批注，因为批注并不影响文档的内容。批注是隐藏的文字，Word 会为每个批注自动赋予不重复的编号和名称。

Word 2010 的默认设置是在文档页边距的批注框中显示删除内容和批注。用户也可以更改为以内嵌方式显示批注并将所有删除内容显示为带删除线，而不是显示在批注框中。Word 2010 提供了 3 种批注方式，可通过"审阅"选项卡"修订"功能区中的"显示标记"→"批注框"命令查看。

- 插入批注：选中要插入批注的文本，单击"审阅"选项卡"批注"功能区中的"新建批注"按钮，在出现的批注文本框输入批注即可。
- 删除批注：选中要删除的批注，单击"批注"功能区中的"删除"按钮即可。如果要一次将文档的所有批注删除，选择"批注"功能区中"删除"下拉列表中的"删除文档中的所有批注"命令即可。

3. 设置"修订选项"对话框

在进行修订操作前应先设置好修订的样式，然后再进行修订。设置修订样式可通过"修订选项"对话框进行，具体操作步骤如下：单击"审阅"选项卡"修订"功能区中"修订"按钮的下拉按钮，在弹出的下拉列表中选择"修订选项"命令，弹出"修订选项"对话框（见图 3-74），从中可对各选项进行设置。

为了显示修订 4 个项目不同的标记，需要对修订中的插入、删除、更改格式和有修订的行和段落设置不同的颜色和不同的标记形式以示区别。例如，本例设置的插入内容的标记是单下画线，颜色是鲜绿色。

在批注栏中也需要对批注框，包括批注的颜色进行设置。设置后的修订效果如图 3-76 所示。

图 3-76　修订的显示效果

4. 设置"审阅"工具选项

如果需要在修订中显示插入、删除、更改格式、修订的行和批注的标记，必须单击"审阅"选项卡"修订"功能区中的"显示标记"按钮，选择"批注""墨迹""插入和删除""设置格式""标记区域突出显示""审阅者"等命令，如图 3-77 所示。

5. 接受或拒绝修订

文档进行修订后，可以决定是否接受这些修改。如果要确定修改的方案，只需在修改的文字上右击，在弹出的快捷菜单中选择"接受修订"命令即可，如图 3-78 所示。

图 3-77　修订显示标记

图 3-78　选择"接受修订"命令

如果要删除修订，可将光标放在需要删除修订的内容处，单击"审阅"选项卡"更改"功能区中的"拒绝"按钮即可。或者在需要删除修订的内容处右击，在弹出的快捷菜单中选择"拒绝修订"命令。

3.3.8　拼写和语法改正及文档字数统计

文稿输入以后，可以利用 Word 的检查功能，自动挑选出正在编辑的文稿的语法或用字、用词的错误，以减少作者文稿检查的时间。

单击"审阅"选项卡"校对"功能区中的"拼写和语法"按钮，在弹出的"拼写和语法"对话框中显示文稿中有错误的字符段落，并指出该错误可能是"输入错误或特殊用法""数量词错误或标点符号错误"等的错误指导，并且可以通过单击对话框中的"解释"和"词典"按钮弹出相对应的对话框找出正确的输入。对话框出现时，文稿光标同时移到有错误的行或段落，并以反白显示，以供比较和修改。

单击"审阅"选项卡"校对"功能区中的"字数统计"按钮，可以在弹出的"字数统计"对话框中显示正在编辑的文稿的页数、字数、字符数和行数等信息。读者也可以选择"文件"→"信息"命令，在信息窗口右方可看到该文稿的大小、字数、页数及编辑时间总计等信息。

3.3.9　中 / 英文和英 / 中文在线翻译

图 3-79　选择"翻译文档"命令

Word 2010 本身没有内置翻译整篇文档的功能，但 Word 2010 能够借助 Microsoft Translator 在线翻译服务帮助用户翻译整篇 Word 文档。以翻译整篇英文文档为例，操作步骤如下：

① 打开 Word 2010 英文文档窗口，选择"审阅"选项卡"语言"功能区中的"翻译"→"翻译文档"命令，如图 3-79 所示。

② 在弹出的"翻译整个文档"对话框中提示用户将把整篇 Word 文档内容发送到 Microsoft Translator 在线翻译网站，由 Microsoft Translator 进行在线翻译。单击"发送"按钮，如图 3-80 所示。

图 3-80　"翻译整个文档"对话框

③ 在随后打开的"在线翻译"窗口中将出现整篇文档的翻译结果，如图 3-81 所示。

图 3-81　"在线翻译"窗口

注意：实现在线翻译整篇英文文档的前提是当前计算机必须处于联网状态。

中 / 英文在线翻译的操作步骤和上述的英 / 中文在线翻译类似，不再赘述。

3.4 文档格式化

文稿在输入和编辑后，为美化版面效果，会对文字、段落、页面和插入的元素等，根据整体文稿的要求，进行必需的修饰，以求得到更好的视觉效果，这就是在 Word 中的各种格式化操作。图 3-82 所示为图文格式化范例。

图 3-82 图文格式化范例

文稿在输入和编辑后，要求字符格式化、段落格式化、页面格式化、插入元素格式化等。格式化操作涉及的设置很多，不同的设置会有不同的显示效果，在操作中要多实践，从中体会格式化对文稿产生的不同效果。

3.4.1 字符格式化

文稿输入后，需要根据文稿使用场合和行文要求等，对文稿中的字符进行字体、字号、字形或其他设置，包括设置颜色等。

字符格式化设置是通过"开始"选项卡"字体"功能区中的命令按钮或"字体"对话框中的"字体"选项卡（见图 3-83）进行设置的。

1. 设置字体、字号、字形

字体是文字的一种书写风格，常用的中文字体有宋体、仿宋体、黑体、隶书和幼圆等。此外，Word 还提供了方正舒体、姚体和华文彩云、新魏、行楷等字体。

设置文档中的字体，可按如下步骤操作：

① 单击"开始"选项卡"字体"功能区中"字体"下拉列表框右侧的下拉按钮。

② 在字体列表中选择所需的字体，如图 3-84 所示。

图 3-83 "字体"选项卡

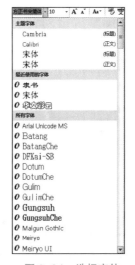

图 3-84 选择字体

字号即字符的大小，汉字字符的大小用初号、小二号、五号、八号等表示。字号也可以用"磅"的数值表示，1 磅等于 1/72 英寸。字号包括中文字号和数字字号，中文字号号数越大，字体越小；相反的，数字字号则数字越大，字号越大。

设置文档中的字号，可按如下步骤操作：

① 单击"开始"选项卡"字体"功能区中"字体"下拉列表框右侧的下拉按钮。

② 在字号列表中选择所需的字号，如图 3-85 所示。

字形是指附加于字符的属性，包括粗体、斜体、下画线等。设置文档中的字形，可按如下步骤操作：

① 单击"开始"选项卡"字体"功能区中的"加粗""倾斜""下画线"等按钮，如图 3-86 所示。

② 选择"**B**"按钮为"加粗"、"*I*"按钮为"倾斜"、"**U**"按钮为"下画线"。

图 3-85　选择字号

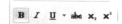

图 3-86　选择字形

2. 字符颜色和缩放比例

（1）字符颜色

字符颜色是指字符的色彩。要选择字符的颜色，可以单击"字体"功能区中"字体颜色"按钮 的下拉按钮，则会弹出调色面板，从中选择某种颜色，如图 3-87 所示。

（2）字符间距、缩放比例、字符位置

字符间距、缩放比例、字符位置可通过"字体"对话框的"高级"选项卡进行设置，单击"字体"功能区右下侧的 ，弹出"字体"对话框，选择"高级"选项卡（见图 3-88），可以在此进行缩放比例、字符间距、字符位置的设置。

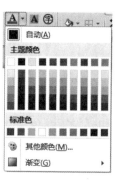

图 3-87　调色面板

缩放比例是指字符的缩小与放大，其中"缩放"下拉列表框用于设置字符的横向缩放比例，即将字符大小的宽度按比例加宽或缩窄。普通字符的宽高比是标准的（100%），若调整为 150%，则字符的宽度加大；若调整为 80%，则字符宽度变小。设置了某段字符的缩放比例后，新输入的文本都会使用这种比例。如果想使新输入的文本比例恢复正常，只需要在"缩放"下拉列表框选择"100%"即可。

字符的缩放还可通过"开始"选项卡"段落"功能区中的"中文版式"按钮 进行设置，单击该按钮，在弹出的下拉列表里选择"字符缩放"命令（见图 3-89），在级连菜单中列出了 200%、100%、33% 等缩放比例选项。如果这些比例都不能满足用户需求，可以选择最下方的"其他"命令，在弹出的"字体"对话框进行设置，如图 3-88 所示。

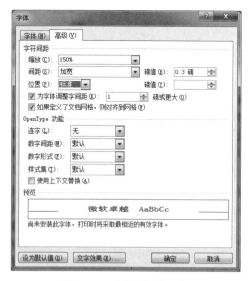

图 3-88　"高级"选项卡

图 3-89　"字符缩放"命令

"间距"下拉列表框可以设置字符间距为标准、加宽或紧缩，右边的"磅值"输入框用于设置其加宽或紧缩的大小。

"位置"下拉列表框可以设置字符的 3 种垂直位置：标准、提升或降低，提升或降低值可以通过右边的"磅值"输入框进行设置。

注意： Word 中经常用到"磅"这个单位，它是一个很小的量度单位，1 磅 =1/72 英寸 =0.35146 mm。但有时我们习惯用其他的一些单位进行量度，Word 为用户提供了自由的单位设置方法。例如，现在要设置"字符间距"中的"位置"为提升 3 mm，可以直接在"磅值"框中输入"3 毫米"或"3 mm"。在 Word 中的其他地方也可如此设置，还可以设置其他的单位，如厘米或 cm。

3. 带特殊效果的字符

将文档中的一个词、一个短语或一段文字设置为一些特殊效果，可以使其更加突出和引人注目，以强调或修饰字符效果的属性，如删除线、下画线、上下标等（如上、下标的效果分别是 S^2、A_3）。

这些属性有些可以在"开始"选项卡的"字体"功能区找到相应的命令按钮，在"字体"功能区找不到的属性，需要单击"字体"功能区右下侧的 ▪，弹出"字体"对话框，在"字体"对话框进行设置。

在"字体"对话框中，还可以设置"西文字体""双删除线""隐藏""着重号"等。

4. 设置字符的艺术效果

设置文字的艺术效果是指更改字符的填充方式、更改字符的边框，或者为字符添加诸如阴影、映像、发光或三维旋转之类的效果，这样可以使文字更美观。

方法 1：通过"开始"选项卡设置。

① 选择要添加艺术效果的字符。

② 单击"开始"选项卡"字体"功能区中的"文本效果"按钮 Ａ，弹出下拉列表，如图 3-90 所示，这里提供了 4×5 的艺术字选项，下方有"轮廓""阴影""映像""发光"等特殊文本效果菜单。

方法 2：通过"插入"选项卡设置。

① 选择要添加艺术效果的字符。

② 单击"插入"选项卡"文本"功能区中的"艺术字"按钮，弹出 6×5 的"艺术字"列表，如图 3-91 所示。

③ 选择一种艺术字样式后，窗口停留在"绘制工具"的"格式"选项卡，用户可以利用"绘制工具 - 格式"选项卡中的命令按钮，进一步设置被选文字，如设置背景颜色。

这种方法与前一种方法不同的是，文字设置艺术效果后，变为一个整体，而前者设置后仍然是单个字符。

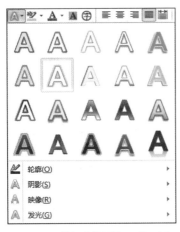

图 3-90　"文本效果"下拉列表

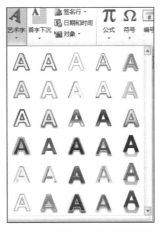

图 3-91　"艺术字"下拉列表

视频 3.4.1-1 字符格式化

视频 3.4.1-2 缩进与间距

视频 3.4.1-3 字符格式化案例

3.4.2 段落格式化

文稿中的段落编辑在文稿编辑中占有较重要的地位，因为文稿是以页面的形式展示给读者阅读的，段落设置的好坏，对整个页面的设计有较大的影响。段落设置有对段落的文稿对齐方式的设置、中文习惯的段落首行首字符位置的设置、每个段落之间距离的设置、每个段落里每行之间距离的设置等。

视频 3.4.2-1 段落格式化　　视频 3.4.2-2 段落格式化案例

段落格式化是通过"开始"选项卡"段落"功能区中的命令按钮或"段落"对话框进行设置的。

1. 段落对齐方式设置

段落的对齐方式有以下几种：两端对齐、右对齐、居中对齐、分散对齐等，如图 3-92 所示，默认的对齐方式是两端对齐。

设置段落的对齐方式有两种方法：

方法 1：选择要进行设置的段落（可以多段），单击"开始"选项卡"段落"功能区中的相应按钮 ，如单击"文本左对齐""居中""文本右对齐""两端对齐""分散对齐"按钮等。

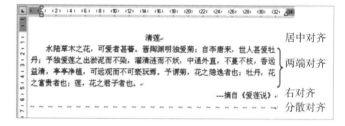

图 3-92　段落对齐方式

方法 2：单击"开始"选项卡"段落"功能区右下方的 ，在弹出的"段落"对话框中，可看到"常规"选项区域的"对齐方式"下拉列表框，选择"左对齐""居中""右对齐""两端对齐""分散对齐"中的一种对齐方式即可。

2. 缩进与间距

为了使版面更美观，在编辑文档时，还需要对段落进行缩进设置。

（1）段落缩进

段落缩进是指段落文字与页边距之间的距离，包括首行缩进、悬挂缩进、左缩进、右缩进 4 种方式。段落缩进可使用标尺（见图 3-93）和"段落"对话框（见图 3-94）两种方法。使用标尺设置段落缩进是在页面中进行的，比较直观，但这种方法只能对缩进量进行粗略的设置。使用"段落"对话框对段落缩进则可以得到精确的设置。量度单位可以用厘米、磅、字符等。"段前"或"段后"间距是指被选择段落与上、下段落间的距离，段落缩进设置完毕可在预览框预览效果。

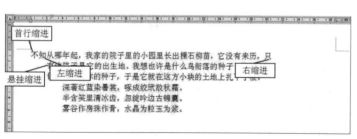

图 3-93　使用标尺缩进段落

图 3-94　"段落"对话框

（2）行间距与段间距

一篇美观的文档，其版面的行与行之间的间距是很重要的。距离过大会使文档显得松垮，过小又显得密密麻麻，不易于阅读。

行间距和段间距分别是指文档的段中行与行、段与段之间的垂直距离。Word 的默认行距是单倍行距。间距的设置方法有两种：

方法 1：选中要设置间距的段落，单击"开始"选项卡"段落"功能区右下方的 ![img]，在弹出的"段落"对话框中设置"行距"或"间距"。

方法 2：选中要设置间距的段落，直接单击"开始"选项卡"段落"功能区中的"行和段落间距"按钮 ![img]，在弹出的下拉列表中选择一种合适的间距值即可。

3. 中文版式

"中文版式"按钮 ![img] 在"开始"选项卡的"段落"功能区，用于自定义中文或混合文字的版式。下面以图 3-95 为例，介绍设置中文版式的操作步骤。

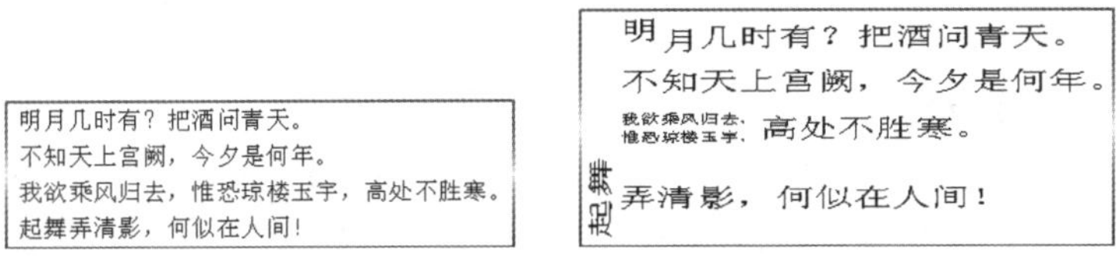

图 3-95　设置中文版式效果示例

① 在 Word 中输入如图 3-95（左）的文字。

② 选中"明月"两个字符，单击"开始"选项卡"段落"功能区中的"中文版式"按钮 ![img]，在弹出的"中文版式"下拉列表中选择"合并字符"命令，弹出"合并字符"对话框，单击"确定"按钮。

③ 选中"我欲乘风归去，惟恐琼楼玉宇，"两句词，单击"开始"选项卡"段落"功能区中的"中文版式"按钮 ![img]，在弹出的"中文版式"下拉列表中选择"双行合一"命令，弹出"双行合一"对话框，单击"确定"按钮。

④ 选中"起舞"两个字符，单击"开始"选项卡"段落"功能区中的"中文版式"按钮 ![img]，在弹出的"中文版式"下拉列表中选择"纵横混排"命令，弹出"纵横混排"对话框，单击"确定"按钮。

⑤ 选中全部文字，单击"开始"选项卡"段落"功能区中的"中文版式"按钮 ![img]，在弹出的"中文版式"下拉列表中选择"字符缩放"命令，在弹出的级联列表中选择 150%。

这时可发现图 3-95（左）就设置成了图 3-95（右）的效果。

3.4.3　使用"样式"格式化文档

样式是文档中的一系列格式的组合，包括字符格式、段落格式及边框和底纹等。应用样式时，只需要单击操作就可对文档应用一系列格式。例如，如果用户希望报告中的正文采用五号宋体、两端对齐、单倍行距，不必分几步去设置正文格式，只需应用"正文"样式即可取得同样的效果。因此利用样式，可以融合文档中的文本、表格的统一格式特征，得到风格一致的格式效果，它能迅速改变文档的外观，节省大量的操作。样式与文档中的标题和段落的格式设置有较为密切的联系。样式特别适用于快速统一长文档的标题、段落的格式。

"样式"的应用和设置在"开始"选项卡"样式"功能区和"样式"任务窗格中进行。样式的操作有查看样式、创建样式、修改样式和应用样式。

"开始"选项卡中"样式"功能区左边的方框显示 Word 目前提供的应用样式，可根据需要进行选择。Word 的默认样式是"正文"，其提供的格式是五号宋体、两端对齐方式、单倍行距。在"样式和格式"列表框中选择"清除格式"命令，样式定义操作即复原到"正文"样式。

1. 样式名

样式名即格式组合（即样式）的名称。样式是按名使用，最长为 253 个字符（除反斜杠、分号、大括号外的所有字符）。

样式可分为标准样式和自定义样式两种。

标准样式是 Word 预先定义好的内置样式，如正文、标题、页眉、页脚、目录、索引等。

自定义样式指用户自己创建的样式。如果需要字符或段落包括一组特殊属性，而现有样式中又不包括这些属性（例如，设置所有标题字符格式为加粗、倾斜的红色隶书），用户可以创建相应的字符样式。如果要使某些段落具有特定的格式，例如，设置段前、段后距为 0.5 行，悬挂缩进 2 字符，1.5 倍行距，但已有的段落样式中不存在这种格式，也可以创建相应的段落样式。

2. 查看样式

在使用样式进行排版前，或者浏览已应用样式排版好的文档，用户可以在文档窗口查看文档的样式，利用"样式"功能区中的"快速样式库"查看样式的具体操作如下：

① 选中要查看样式的段落。

② 单击"开始"选项卡"样式"功能区中的"快速样式列表库"右下方的⊡按钮，即可看到光标所在位置的文本样式会在"快速样式库"中以方框的高亮形式显示出来，如图 3-96 所示。光标所在位置文本应用的样式为"标题 3"。

注意："快速样式库"并不会罗列全部的样式，其中列出的样式是"样式"任务窗格所提供样式列表的子集，"快速样式库"样式的删除可通过在"样式"下拉列表中右击样式名选择相应的"从快速样式库中删除"命令未完成，如图 3-97 所示。右击"页眉"样式，选择"从快速样式库中删除"命令，将从快速样式列表删除该样式。

3. 应用与删除样式

"样式"下拉列表框中包含有很多 Word 的内建样式，或者用户定义好的样式。利用这些已有样式，用户可以快速地格式化文档内容。应用样式可按如下步骤操作：

① 选择或将光标置于需要进行样式格式化的标题或段落。

② 单击"开始"选项卡"样式"功能区右下侧的⊡按钮，弹出"样式"任务窗格，如图 3-98 所示。"样式"任务窗格上方是"样式"下拉列表框，列出了全部的样式集合。

图 3-96　查看所选段落样式

图 3-97　设置快速样式库

图 3-98　"样式"任务窗格

③ 在"样式"下拉列表框选择所需要的样式，步骤①选中的标题或段落即实现该样式的格式。

删除样式非常简单，用户只需要在"样式"下拉列表框右击需要删除的样式，在弹出的快捷菜单中选择"删除"命令即可。

4. 新建样式

当 Word 提供的内置样式和用户自定义的样式不能满足文档的编辑要求时，用户就要按实际需要自定义样式。新建样式可按如下步骤操作：

① 单击"开始"选项卡"样式"功能区右下侧的⊡按钮，在屏幕右侧弹出"样式"任务窗格，如图 3-98 所示。

② 在"样式"任务窗格左下方，单击"新建样式"按钮。

③ 在弹出的"根据格式创建设置新样式"对话框中进行如下设置：

- 在"名称"文本框中输入新建样式的名称，默认为"样式 1""样式 2"，依次类推，如图 3-99 所示。
- 在"样式类型"下拉列表框中根据实际情况选择一种，如选择"字符"或"段落"样式。

"字符"样式中包含一组字符格式，如字体、字号、颜色和其他字符的设置，如加粗等。"段落"样式除了包含字符格式外，还包含段落格式的设置。"字符"样式适用于选定的文本，"段落"样式可以作用于一个或几个选定的段落。在任务窗格中，"字符"样式用符号"a"表示，"段落"样式用类似回车符号表示。

④ 单击"格式"按钮，出现菜单（见图 3-99），可分别对字体、段落、制表位、边框、语言、图文框、编号、快捷键和文字效果进行综合设置。

新建样式的效果可以在对话框中部的预览框中看到，并在下部有详细的样式设置说明，如图 3-100 所示。

⑤ 设置完毕后，单击"根据格式创建设置新样式"对话框中的"确定"按钮。

图 3-99 "根据格式设置创建新样式"对话框

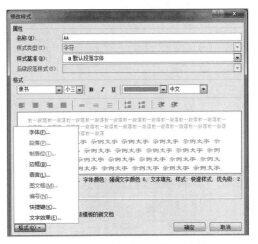

图 3-100 "修改样式"对话框

5. 修改样式

如果 Word 所提供的样式有些不符合应用要求，用户也可以对已有的样式进行修改。操作步骤如下：

① 单击"开始"选项卡"样式"功能区右下侧的 按钮，在屏幕右侧弹出"样式"任务窗格（见图 3-98）。

② 在"样式"任务窗格中，右击要修改的样式名或单击要修改样式名右边的"样式符号"按钮，在弹出的快捷菜单中选择"修改"命令，如图 3-101 所示。

③ 在弹出的"修改样式"对话框中，可以修改字体格式、段落格式，还可以单击对话框中的"格式"按钮，修改段落间距、边框和底纹等选项（见图 3-100）。

④ 单击"确定"按钮，完成修改。

修改样式的操作也可通过"样式"任务窗格的"管理样式"按钮进行。

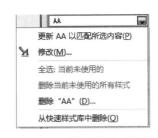

图 3-101 "修改样式"菜单

6. 样式检查器

Word 2010 提供的"样式检查器"功能可以帮助用户显示和清除 Word 文档中应用的样式和格式，"样式检查器"将段落格式和文字格式分开显示，用户可以对段落格式和文字格式分别清除。操作步骤如下：

① 打开 Word 2010 文档窗口，单击"开始"选项卡"样式"功能区右下侧的 按钮，在屏幕右侧弹出"样式"任务窗格。

② 在"样式"窗格中单击"样式检查器"按钮，会出现"样式检查器"窗格，如图 3-102 所示。

③ 在"样式检查器"窗格中，分别显示出光标当前所在位置的段落格式和文字格式。如果想看到更为清晰详细的格式描述，可单击"样式检查器"窗格

图 3-102 "样式检查器"窗格

下方的"显示格式"按钮，在弹出的"显示格式"任务窗格查看。分别单击"重设为普通段落样式""清除段落格式""清除字符样式"和"清除字符格式"按钮清除相应的样式或格式。

7. 管理样式

"管理样式"对话框是 Word 2010 提供的一个比较全面的样式管理界面，用户可以在"管理样式"对话框中完成前述的新建样式、修改样式和删除样式等样式管理操作。下面仅对在 Word 2010"管理样式"对话框中修改样式的步骤进行说明。

① 打开 Word 2010 文档窗口，单击"开始"选项卡"样式"功能区右下侧的按钮，在屏幕右侧弹出"样式"任务窗格。

② 在"样式"窗格中单击"管理样式"按钮，如图 3-103 所示。

③ 打开"管理样式"对话框，切换到"编辑"选项卡。在"选择要编辑的样式"列表框中选择需要修改的样式，然后单击"修改"按钮，如图 3-104 所示。

图 3-103　单击"管理样式"按钮　　　　图 3-104　"管理样式"对话框

④ 在"修改样式"对话框（见图 3-105）中根据实际需要重新设置该样式的格式，单击"确定"按钮。

⑤ 返回"管理样式"对话框，选中"基于该模板的新文档"单选按钮，单击"确定"按钮，如图 3-106 所示。在"管理样式"对话框中完成新建样式、删除样式的步骤类似于上述的修改样式，而且比较简单，不再赘述。

图 3-105　"修改样式"对话框　　　　图 3-106　选中"基于该模板的新文档"单选按钮

视频 3.4.3-1 应用样式　　视频 3.4.3-2 新建样式及修改样式　　视频 3.4.3-3 应用样式案例

3.4.4　快速设置图片格式

在文档中插入的图片，其格式可能不满足用户的要求，需要对图片的格式进行设置。设置格式包括调整图片的大小、图片和文字之间摆放的关系（即版式设置）、调节图片图像效果等操作。

在文档中插入的图片、表格、文本框、自选图形和绘图（如流程图）都需要进行格式设置，右击每个图片，在弹出的快捷菜单中选择"设置图片格式"命令，弹出"设置图片格式"对话框，它有 14 个选项，可以快速设置图片格式。图 3-107 所示为图片的快捷菜单。本节以图 3-108 所示的图片为例，讲解设置图片格式的方法。

视频 3.4.4 快速设置图片格式

图 3-107　图片的快捷菜单

图 3-108　"四周型"环绕方式

1. 设置图片格式

设置图片格式可以在"设置图片格式"对话框中进行操作。打开该对话框有两种方法：选择"图片工具-格式"选项卡"图片样式"功能区右下侧的 （图片已处于被选中状态时），或直接右击图片，在弹出的快捷菜单中选择"设置图片格式"命令。文本框、线条、箭头等形状的格式对话框与"设置图片格式"一样，只是对话框标题为"设置形状格式"。

"设置图片格式"对话框中有 14 个选项，分别是填充、线条颜色、线型、阴影、映像、发光和柔化边缘、三维格式、三维旋转、图片更正、图片颜色、艺术效果、裁剪、文本框和可选文字。图 3-109 所示为"图片更正"选项卡。

① 线条颜色：针对绘图、文本框线和表格的线条或箭头设置线条的颜色（包括无线条、实线、渐变线）、亮度、透明度等。

图 3-109　"设置图片格式"对话框

② 阴影：对图片设置阴影效果，可以设置阴影的颜色、透明度、大小、虚化、角度和距离。

③ 图片更正：调节图片亮度、对比度、清晰度。

④ 图片颜色：主要用于调节图片的色彩饱和度、色调，或者为图片重新着色。

⑤ 发光和柔化边缘：图 3–108 就是在发光和柔化边缘选项卡，设置了柔化边缘大小为 23 磅的效果。

⑥ 艺术效果：用于为图片添加特殊效果，利用"艺术效果"选项卡可以轻松为图片加上特效。

⑦ 裁剪：在"裁剪"区域分别设置左、右、上、下的裁剪尺寸，可以对选中的图像精确快速地进行裁剪。

⑧ 可选文字：可选文字是指把 Word 文档保存为网页格式后，把鼠标放在网页文件的图片上时所显示的文字，或者源图片文件丢失时用于替代源图片的文本。

2. 在图片下方增加文字说明

在文档中插入的图片，往往需要在图片的下方加上一些文字说明。

在图片加上文字说明，方法有两种：

方法 1：右击图片，在弹出的快捷菜单中选择"插入题注"命令，通过在弹出的对话框（见图 3–110）中进行设置，例如在题注上写上该图片的说明，设置编号等后，单击"确定"按钮，在该图片下方即有文字说明。

方法 2：通过插入文本框来实现，按如下步骤操作。

① 单击"插入"选项卡"插图"功能区中的"形状"按钮，在弹出的下拉列表中选择"文本框"命令，在图片下方插入一个文本框。

② 在文本框中输入图片的说明文字，取消文本框边框线。

③ 按住【Shift】键分别单击图片及文本框，然后右击，在弹出的快捷菜单中选择"组合"命令。

图 3–110 "题注"对话框

④ 对组合后带说明的图片设置"环绕方式"，并调整好位置。

3. 利用选项卡设置图片效果

用户还可以通过"图片工具 – 格式"选项卡的功能区来编辑图片，设置图片效果。"图片工具 – 格式"选项卡如图 3–111 所示，该选项卡分成了调整、图片样式、排列、大小 4 个功能区，全面提供了用户设置图片格式的命令按钮，上述在"设置图片格式"对话框快速设置图片的各种格式，也可以在"图片工具 – 格式"选项卡中实现。

图 3–111 "图片工具 – 格式"选项卡

3.4.5 底纹与边框格式设置

为文档中某些重要的文本或段落增设边框和底纹，文稿中的表格同样也需要设置边框和底纹。边框和底纹以不同的颜色显示，能够使这些内容更引人注目，外观效果更加美观，更能起到突出和醒目的显示效果。

1. 设置表格、文字或段落的底纹

设置表格、文字或段落的底纹，可按如下步骤操作：

① 选择需要添加底纹的表格、文字或段落。

② 单击"开始"选项卡"段落"功能区中的"所有框线"按钮；或者单击"开始"选项卡"段落"功能区中的"所有框线"按钮▼旁边的下拉按钮（选择过一次后，系统将用"边框和底纹"按钮▼替换该按钮），在"边框和底纹"下拉列表中选择"边框和底纹"命令（见图 3–112），弹出"边框和底纹"对话框。

③ 在"边框和底纹"对话框中选择"底纹"选项卡，根据版面需求设置底纹的填充颜色、图案的样式和颜色等，如图 3–113 所示。

图 3-112　"边框和底纹"命令　　　　图 3-113　"边框和底纹"对话框

设置底纹时，应用的对象有"文字""段落""单元格""表格"底纹的区别，可在"应用于"下拉列表框中选择。如图 3-114 所示，第一段是文字底纹，第五段是段落底纹的设置效果。

2. 设置表格、文字或段落的边框

给文档中的文本或段落添加边框，既可以使文本与文档的其他部分区分开，又可以增强视觉效果。

设置文字或段落的边框，可按如下步骤操作：

① 选择需要添加边框的文字或段落。

② 单击"开始"选项卡"段落"功能区中的"所有框线"按钮。

③ 在弹出的"边框和底纹"对话框中选择"边框"选项卡（见图 3-115），并设置边框的线型、颜色、宽度等。在"应用于"下拉列表框中选择应用于"文字"或者"段落"，单击"确定"按钮。

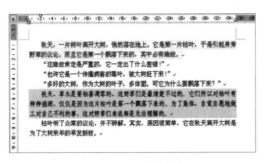

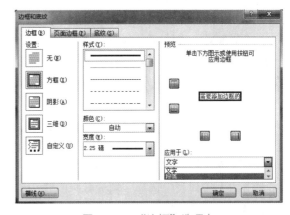

图 3-114　设置底纹　　　　　　图 3-115　"边框"选项卡

如图 3-116 所示，第一段是文字边框；第五段是段落边框，边框线是"双波浪线"。文字与段落边框在形式上存在区别：前者是由行组成的边框，后者是一个段落方块的边框，它们的底纹也一样。

设置表格边框，可按如下步骤操作：

① 选择需要添加边框的表格。

② 单击"开始"选项卡"段落"功能区中的"边框和底纹"按钮旁边的下拉按钮；或者右击，在弹出的快捷菜单中选择"边框和底纹"命令；或者单击"表格工具 - 设计"选项卡"表格样式"功能区中边框按钮旁的下拉按钮，在弹出的下拉列表中选择"边框和底纹"命令。

③ 在弹出的"边框和底纹"对话框中选择"边框"选项卡（见图 3-117），设置边框（包括边框内的斜线、直线、横线、单边的边框线）的线型、颜色、宽度等。

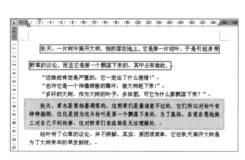

图 3-116 设置边框

图 3-117 "边框和底纹"对话框

视频 3.4.5-1 底纹与边框设置

视频 3.4.5-2 文字或段落的底纹

视频 3.4.5-3 文字或段落的边框

视频 3.4.5-4 底纹与边框设置案例

3.4.6 页面格式化设置

文稿的页面可以设置背景颜色，也可以对整个页面加上边框，或在页面中某处增加横线，以增加页面的艺术效果。

页面设置可通过"页面布局"选项卡"页面背景"功能区中的命令按钮实现设置背景颜色和填充效果、页面边框和底纹，并能设置水印。

单击"页面布局"选项卡"页面背景"功能区中的"页面边框"按钮，可以设置页面的边框线型、线的宽度和颜色，也可以单击"横线"按钮，在页面的某处设置合适的横线。

设置完毕后，还要选择应用范围，如应用于"整篇文章"还是"本节"。

1. 设置页面背景

Word 提供了设置文档页面背景色的功能，利用这个功能可以为文档的页面设置背景色。背景色可以选择填充颜色、填充效果（如渐变、纹理、图案或图片）。例如，将文档加上一张图片作为背景，可按如下步骤操作：

① 单击"页面布局"选项卡"页面背景"功能区中的"页面颜色"按钮。

② 在弹出的下拉列表中选择"填充效果"命令，如图 3-118 所示。

③ 在弹出的"填充效果"对话框中选择"图片"选项卡，然后单击"选择图片"按钮，如图 3-119 所示。

④ 在弹出的"选择图片"对话框中选择某张图片，如图 3-120 所示。

2. 设置页面水印

可以在文稿的背景中增添"水印"，例如，在页面上增加"公司文件"字样的水印效果。操作步骤如下：

① 单击"页面布局"选项卡"页面背景"功能区中的"水印"按钮。

② 在弹出的下拉列表中选择"自定义水印"命令，弹出"水印"对话框，如图 3-121 所示。

③ 在"水印"对话框的"文字"文本框中输入"公司文件"，按要求选择字体、尺寸、颜色，并选中"半透明"复选框版"斜式"单选按钮。单击"确定"按钮，效果如图 3-122 所示。

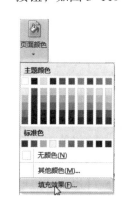

图 3-118 选择"填充效果"命令

图 3-119 "图片"选项卡

图 3-120 选择图片

图 3-121 "水印"对话框

图 3-122 水印效果

注意： 在步骤③中，如果用户所需要的水印效果已在水印下拉列表的水印库中，直接单击选中即可给文档页面添加上相应的水印效果。

3. 设置页面边框

Word 文档中，除了可以给文字和段落添加边框和底纹外，还可以为文档的每一页添加边框。为文档的页面设置边框，可按如下步骤操作：

① 单击"页面布局"选项卡"页面背景"功能区中的"页面边框"按钮，弹出"边框和底纹"对话框。

② 选择"边框和底纹"对话框的"页面边框"选项卡。

③ 在"设置"选项区域选择"方框"选项，并在"样式"列表框中选择一种线型，如图 3-123 所示。也可以在"艺术型"下拉列表框中选择一种带图案的边框线，如图 3-124 所示。

图 3-123 选择边框线型

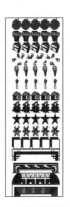

图 3-124 "艺术型"边框线

4. 设置页面内横线

为文档的页面添加横线，可按如下步骤操作：

① 单击"页面布局"选项卡"页面背景"功能区中的"页面边框"按钮，弹出"边框和底纹"对话框。

② 选择"边框和底纹"对话框中的"页面边框"选项卡，单击"横线"按钮。

③ 在弹出的"横线"对话框中选择一种横线的样式，如图 3-125 所示。所选择的横线将设置于回车符下方，与页面同宽。可以通过单击该横线，调节长短和确定位置。

在文档页面中添加背景、页边框和横线后，效果如图 3-126 所示。

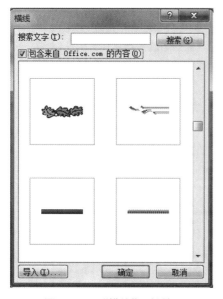

图 3-125　"横线"对话框

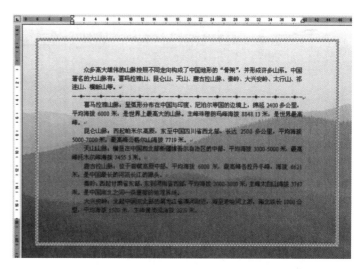

图 3-126　页面格式化的效果

视频 3.4.6-1 页面格式化设置

视频 3.4.6-2 页面格式化设置案例 1

视频 3.4.6-3 页面格式化设置案例 2

3.5　在文档中插入元素

一篇文稿，除了字符之外，往往还需要有图形、表格、图表配合说明。如果是学术文稿，有时还需要输入公式和流程图示。此外，Word 还提供了如文本框这样的特殊的文稿输入方式，以使文稿在排版上更符合实际需要。图 3-127 所示为插入元素范例。

本节要求掌握图片、剪贴画、形状（绘图）、SmartArt 图、公式、艺术字、书签、表格和文本框的建立应用。这些插入元素在文稿中的创立经常与文稿调整有密切的关系，所以要求在学习中注重多次调试，尤其要求掌握插入对象后，对对象快捷菜单的操作应用。这个菜单的各种操作对加工、调整插入对象的最终效果有着重要的作用，如图 3-128 所示。

插入元素如图表、SmartArt、形状（绘图）、文本框、图片、表格和艺术字等元素在被选中操作时，在选项卡栏的右侧会出现相应的该插入元素的工具选项卡，下面的功能区就是该工具选项卡的详细应用。读者只有认真掌握插入元素工具选项卡的应用，才能快速准确地插入各元素。

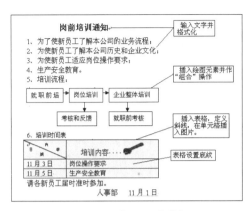

图 3-127　插入元素范例

图 3-128　插入形状的快捷菜单

3.5.1　插入文本框

Word 在文稿输入操作时，在光标引导下，按从上到下，从左到右的顺序进行输入。在实际的文稿排版中，往往排版上有不同的要求，这些要求并不是可以用分栏或格式化就能完成的。引入文本框这样的操作，能较好地完成排版的特殊要求，例如，可以在页面的任何位置完成文稿的输入或图片、表格等元素的插入操作。

视频 3.5.1-1　插入文本框

文本框属于一种图形对象，它实际上是一个容器，可以放置文本、表格和图形等内容。用文本框可以创造特殊的文本版面效果，实现与页面文本的环绕、脚注或尾注。文本框内的文本可以进行段落和字体设置，并且文本框可以移动，调节大小。使用文本框可以将文本、表格、图形等内容像图片一样放置在文档的任意位置，即实现图文混排。

根据文稿的需要，单击"插入"选项卡"文本"功能区中的"文本框"按钮后，在文本框下拉列表选择"绘制文本框"命令，光标变为十字形，在页面的任意位置拖动形成活动方框。在这个活动方框中可以输入文字或图片。

视频 3.5.1-2　插入文本框案例

【例 3-8】如图 3-129 所示建立和输入 3 个文本框，输入文字（可复制文字）和插入图片，在图片下加题注。完成后去除 3 个文本框的边框线。

① 单击"插入"选项卡"文本"功能区中的"文本框"按钮，在弹出的文本框下拉列表选择"绘制文本框"命令。

② 这时光标变成十字形，在文档中任意位置拖动，即自动增加一个"活动"的文本框，如图 3-130 所示。这个活动的文本框可以被拖动到任何位置，或调整大小。

③ 在文本框中输入文字或插入图片（见图 3-129）。插入的图片有自动适应功能，可自动调节图片与文本框大小相适应。如果需要在输入的图片下方输入说明文字，可以右击图片，在弹出的快捷菜单中选择"题注"命令，在"题注"文本框内输入文字即可，输入的题注是"插图 玫瑰花"。

图 3-129　输入文本框内容

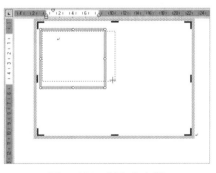

图 3-130　插入文本框

④ 去除文本框的边框线。选中文本框并右击，在弹出的快捷菜单中选择"设置形状格式"命令，在弹出的"设置形状格式"对话框中选择"填充"选项卡，并选中"无填充"单选按钮；选择"颜色与线条"选项卡，并选中"无线条"单选按钮，如图3-131和图3-132所示。

图3-131 设置填充

图3-132 设置线条颜色

⑤ 逐一去除各个文本框的边框线，最后的效果如图3-133所示。

【例3-9】在图3-133所示的文本框中添加边框线和填充底色。给文本框添加绿色边框、黄色底纹。

① 右击"文本框"，在弹出的快捷菜单中选择"设置形状格式"命令。

② 在"设置形状格式"对话框（见图3-131）中，设置"填充"颜色为黄色、线条的颜色为绿色和虚实线样式，结果如图3-134所示。

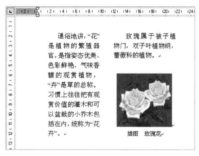

图3-133 没有边框线的文本框

图3-134 带边框线的文本框

3.5.2 插入图片

Word可在文档中插入图片，图片可以从剪贴画库、扫描仪或数码照相机中获得，也可以从本地磁盘（来自文件）、网络驱动器以及互联网上获取，还可以取自Word本身自带的剪贴图片。图片插入在光标处，此外，还必须经过图片的快捷菜单，如设置图片格式、调整图片的大小、设置与本页文字的环绕关系等，以取得合适的编排效果。

视频 3.5.2-1 插入图片

视频 3.5.2-2 插入图片案例

插入各种类型图片的操作都可以通过单击"插入"选项卡"插图"功能区中相应的命令按钮来实现。图3-135所示为系统提供的"插图"功能区命令按钮，允许用户插入包括来自文件的图片、剪贴画、形状（如文本框、箭头、矩形、线条、流程图等）、SmartArt（包括图形列表、流程图及更为复杂的图形）、图表及屏幕截图（插入任何未最小化到任务栏的程序图片）。

1. 插入来自文件的图片

① 将光标置于要插入图片的位置。

②选择"插入"选项卡，单击"插图"功能区中的"图片"按钮。

③在"插入图片"对话框的"地址"下拉列表框中选择图片文件所在的文件夹位置，并选择其中要打开的图片文件，如图 3-136 所示。

图 3-135　"插图"功能区命令按钮　　　　　　　　图 3-136　"插入图片"对话框

④单击"插入"按钮，插入图片后，经过菜单调整的格式如图 3-137 所示。

2. 插入剪贴画

Word 自带了一个内容丰富的剪贴画库，包含 Web 元素、背景、标志、地点、工业、家庭用品和装饰元素等类别的实用图片，用户可以从中选择并插入到文档中。在文档中插入剪贴画，可按如下步骤操作：

①将光标置于要插入图片的位置。

②选择"插入"选项卡，单击"插图"功能区中的"剪贴画"按钮。

③在"剪贴画"任务窗格中单击"搜索"按钮，让 Word 搜索出所有剪贴画，如图 3-138 所示，或者在"搜索文字"文本框中输入剪贴画的类型，如"汽车"。

④双击"剪贴画"任务窗格中的一幅剪贴画，即可将选择的剪贴画插入到文档中。

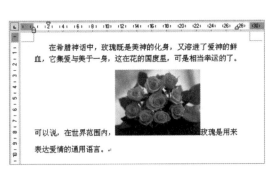

图 3-137　在文档中插入图片　　　　　　　图 3-138　"剪贴画"任务窗格

3．插入形状（自选图形）

插入形状包括插入现成的形状，如矩形和圆、线条、箭头、流程图、符号与标注等。图 3-139 所示为系统提供的可插入的形状列表。插入形状的操作步骤和插入图片及剪贴画类似，与前述的插入文本框方法类似。

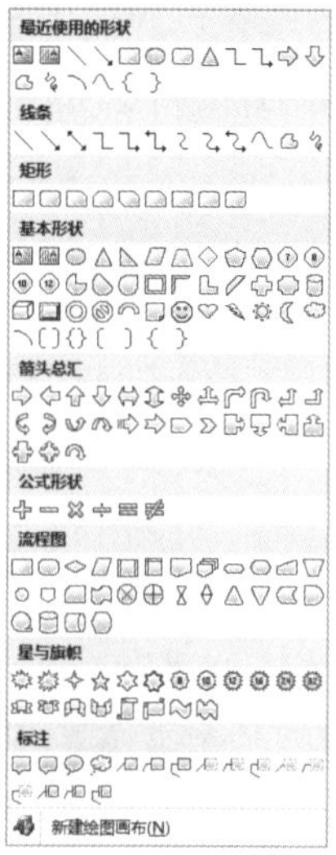

根据文稿的需要，绘制的图形可由单个或多个图形组成。多个图形，可以通过"叠放次序"或"组合"操作，再组合成一个大的图形，以便根据文稿要求插入到合适的位置。

（1）单个图形的制作步骤

① 根据文稿要求，单击"插入"选项卡"插图"功能区中的"形状"按钮，从"形状"下拉列表中选择合适的形状，如图 3-139 所示。

② 将已经变成十字标记的鼠标指针定位到要绘图的位置，拖动鼠标，即可得到被选择的图形，可将图形拖动到文稿的适当位置。

③ 图形中有 8 个控制点，可以调节图形的大小和形状。另外，拖动绿色小圆点可以转动图形，拖动黄色小菱形点可改变图形形状，或调整指示点。

（2）多个图形制作步骤

① 分别制作单个图形。

② 按设计总体要求，调整各图形的位置。

拖动单个图形到合适位置。

图 3-139　"形状"列表

单击"绘图工具－格式"选项卡"排列"功能区中的"对齐"按钮，对图形进行对齐或分布调整；单击"旋转"按钮设置图形的旋转效果。

③ 多图形重叠时，上面的图形会挡住下面的图形，利用"绘图工具－格式"选项卡"排列"功能区中的"上移一层"按钮、"下移一层"按钮调整各图形的叠放次序，改变重叠区的可见图形。

（3）在图形中添加文字

① 右击要添加文字的图形，在弹出的快捷菜单中选择"添加文字"命令。

② 在插入点处输入字符，并适当格式化。

（4）多个图形组合

多个单独的图形，通过"组合"操作，形成一个新的独立的图形，以便于作为一个图形整体参与位置的调整。

方法 1：激活图形后，单击"绘图工具－格式"选项卡"排列"功能区中的"选择窗格"按钮  选择窗格，在弹出的"选择和可见性"任务窗格中选中要组合的各个图形。

方法 2：单击"绘图工具－格式"选项卡"排列"功能区中的"组合"按钮，选择"组合"命令，几个图形即组合为一个整体。

要取消图形的组合，选择"取消组合"命令即可。

【例 3-10】建立以图 3-140 为实例的"仓库管理操作流程图"。

① 单击"插入"选项卡"插图"功能区中的"形状"按钮，然后选择"流程图"命令。

② 根据案例选择所需的图形，在需要绘制图形的位置单击并拖动鼠标。也可以双击选择所选的图形。

"流程图"中的每个图形都在流程图中有具体的"标准"的应用意义。例如，矩形方框是"过程"框，而圆角的矩形框是"可选过程"。所以，绘制标准要求高的流程图时，使用"流程图"图形要注意其图

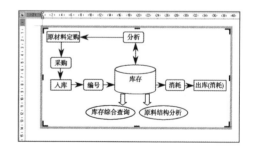

图 3-140　仓库管理操作流程图

形含义，必须符合应用标准。将光标放于该图形之中，可以得到这个图形的含义。

③ 在图形中输入所需的文字并设置字符格式。

④ 以同样的方法，绘制出其他的图形，并为其添加和设置文字，拖动到适当的位置，如图 3-140 所示。

⑤ 对绘制出来的图形，可以对其重新进行调整，例如改变大小、填充颜色、线条类型与宽度以及设置阴

影与三维效果等。再利用"绘图工具"的"组合"命令，将相互关联的图形组合为一个图形，以便于插入文档中使用。

4. "图片工具－格式"选项卡

插入图片后单击激活图片，在选项卡区会自动增加一个"图片工具－格式"选项卡，利用上边的调整、图片样式、排列和大小 4 个组的按钮命令可对图片进行各种设置。在前述的"设置图片格式"对话框中能设置的图片效果，利用"图片工具－格式"选项卡也同样能完成。

（1）设置图片大小

方法 1：利用"图片工具－格式"选项卡设置图片大小。操作步骤如下：

① 激活图片，在选项卡区会自动增加一个"图片工具－格式"选项卡。

② 在"大小"功能区中有"高度""宽度"两个输入框，分别输入高度、宽度值，会发现选中的图片大小立刻得到了调整。

方法 2：用户可以右击图片，在弹出的快捷菜单中直接输入高度、宽度值的方法设置图片的大小，如图 3-107 所示。

注意： 高度、宽度列表会根据鼠标点击位置来调整出现在快捷菜单的上方还是正文，以便整个菜单能全部在屏幕上显示完整。

方法 3：选中要调整大小的图片，图片四周会出现 8 个方块，将鼠标指针移动到控点上，按住左键并拖动到适当位置，再释放左键即可。这种方法只是粗略的调整，精细调整需要采用上述方法 1 或方法 2。

（2）剪裁图片

利用"图片工具－格式"选项卡裁剪图片大小的操作步骤如下：

① 激活图片，在选项卡区会自动增加一个"图片工具－格式"选项卡。

② 单击"大小"功能区中的"裁剪"按钮，在弹出的下拉列表中选择"裁剪"命令，如图 3-141 所示。

③ 这时图片周围会出现 8 个裁切定界框标记，拖动任意一个标记都可达到裁剪效果。如果是拖动右下方则可以按高度、宽度同比例裁剪，图 3-142 是裁剪效果图。

图 3-141　"裁剪"命令

图 3-142　图片裁剪效果

（3）设置图片与文字排列方式

用户可以根据排版需要设置图片与文字的排列方式，具体操作步骤如下：

① 激活图片，在选项卡区会自动增加一个"图片工具－格式"选项卡。

② 单击"排列"功能区中的"自动换行"按钮，在弹出的下拉列表选择一种文字环绕方式即可，如图 3-143 所示。

如图 3-143 所示，在"自动换行"下拉列表中除了可以选择预设的效果，如嵌入式、四周型环绕、上下型环绕等，还可选择"其他布局选项"命令，在弹出的"布局"对话框中设置图片的位置，如图 3-144 所示。

各种文字环绕方式相应的设置效果如图 3-145 所示。

（4）为图片添加文字

使用 Word 2010 文档提供的自选图形不仅可以绘制各种图形，还可以向自选图形中添加文字，从而将自选图形作为特殊的文本框使用。但是，只有在除了"线条"以外的"基本形状""箭头总汇""流程图""标注""星与旗帜"等自选图形类型中才可以添加文字。在 Word 2010 自选图形中添加文字的操作步骤如下：

图 3-143 "自动换行"下拉列表

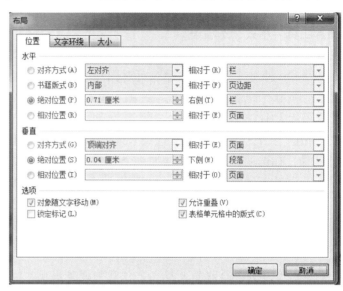

图 3-144 "布局"对话框

（a）四周型环绕效果

（b）紧密型环绕效果

（c）衬于文字下方效果

（d）浮于文字上方效果

（e）上下型环绕效果

（f）穿越型环绕效果

图 3-145 各种文字环绕例子

① 打开 Word 2010 文档窗口，右击准备添加文字的自选图形，在弹出的快捷菜单中选择"添加文字"命令，如果被选中的自选图形不支持添加文字，则在快捷菜单中不会出现"添加文字"命令。

② 自选图形进入文字编辑状态，根据实际需要在自选图形中输入文字内容即可。用户可以对自选图形中的文字进行字体、字号、颜色等格式设置。

图 3-146 所示为添加文字后的七角星自选图形。

图 3-146 添加文字

（5）删除图片背景

Word 2010 可以轻松去除图片的背景，图 3-147 是原图，图 3-148 是删除背景后的效果图。具体操作步骤如下：

① 选择 Word 文档中要去除背景的一张图片，然后单击"图片工具 - 格式"选项卡"调整"功能区中的"删除背景"按钮。

② 进入图片编辑状态，拖动矩形边框四周的 8 个控制点，以便圈出最终要保留的图片区域，如图 3-149 所示。

③ 完成图片区域的选定后，单击"背景消除"选项卡"关闭"功能区中的"保留更改"按钮，或直接单击图片范围以外的区域，即可去除图片背景并保留矩形圈中的部分（见图 3-148）。如果希望不删除图片背景并返回图片原始状态，则需要单击"背景消除"选项卡的"关闭"功能区中的"放弃所有更改"按钮。

图 3-147　原图　　　　　　图 3-148　删除背景后的图　　　　图 3-149　选定保留的图片区域

通常只需调整矩形框括起来要保留的部分，即可得到想要的结果。但是如果希望可以更灵活地控制要去除背景而保留下来的图片区域，可能需要使用以下几个工具，在进入图片去除背景的状态下执行这些操作：

单击"背景消除"选项卡"优化"功能区中的"标记要保留的区域"按钮，指定额外的要保留下来的图片区域。

单击"背景消除"选项卡"优化"功能区中的"标记要删除的区域"按钮，指定额外的要删除的图片区域。

单击"背景消除"选项卡"优化"功能区中的"删除标记"按钮，可以删除以上两种操作中标记的区域。

（6）设置图片艺术效果

为图片设置艺术效果的操作步骤如下：

① 选择 Word 文档中要添加艺术效果的一张图片，然后单击"图片工具 – 格式"选项卡"调整"功能区中的"艺术效果"按钮。

② 在弹出的"艺术效果"下拉列表中选择一种艺术效果，如"玻璃"即可。图 3-150 是将图 3-147 设置为"玻璃"艺术效果后的图片。

（7）设置图片样式

直接选中一幅图片，激活图片后，在"图片样式"组单击"图片样式"列表框的一种图片样式，即可为图片设置一种样式。图 3-151 所示为将图 3-147 设置了"金属椭圆"样式的效果。

图 3-150　"玻璃"艺术效果　　　　　　图 3-151　"金属椭圆"样式

（8）调整图片颜色

① 选中激活图片后，在"调整"功能区单击"颜色"按钮，弹出"颜色"下拉列表，如图 3-152 所示。

② 在"颜色"下拉列表分别设置"颜色饱和度"为"0%"，"色调"为"色温：4700K"，"重新着色"为"水绿色，强调文字颜色 5 浅色"，如图 3-153 所示。

用户还可以在"颜色"下拉列表选择"其他变体""设置透明色""图片颜色选项"命令进一步进行设置，达到所要的图片效果。

图 3–152 "颜色"下拉列表

图 3–153 调整图片颜色后的效果

（9）将图片换成 SmartArt 图

Word 2010 的 SmartArt 图是非常优秀的图形，用户可以通过简单的操作将现有的普通图片转换成 SmartArt 图。下面中将五幅各自独立的普通图片转化成 SmartArt，具体操作步骤如下：

① 在文档中插入五幅普通的图片，紧凑排列在一起，如图 3–154 所示。

② 激活图片，单击"图片工具－格式"选项卡"排列"功能区中的"自动换行"按钮，选择将五幅图片都设置成"浮于文字上方"。

③ 激活一幅图片，"排列"功能区中的"选择窗格"按钮变成可选，单击 选择窗格 按钮，在弹出的"选择和可见性"任务窗格中选中五幅图片。

④ 在步骤③选中五幅图片基础上，单击"图片样式"功能区中的"图片版式"按钮，在弹出的"图片版式"列表选择一种版式，如"升序图片重点流程"，如图 3–155 所示。

⑤ 这时，原来的五幅图片已经转化成了 SmartArt 图，并且窗口的选项卡栏增加了"SmartArt 工具－设计"选项卡，用户可以利用该选项卡"SmartArt 样式"功能区的命令按钮对 SmartArt 图的颜色及样式进行设置，如选择"更改颜色"为"彩色范围 强调颜色 5 至 6"。当然，也可以在"布局"重新调整布局，或在"重置"功能区重设图形，最后的效果图如图 3–156 所示。

图 3–154 五幅普通图

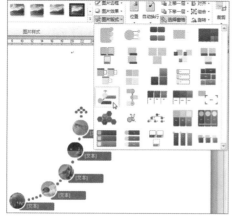

图 3–155 选择图片版式

图 3–156 转化成的 SmartArt

3.5.3 插入 SmartArt 图

在实际工作中，经常需要在文档中插入一些图形，如工作流程图、图形列表等比较复杂的图形，以增加文稿的说服力。Word 2010 提供了 SmartArt 功能，SmartArt 图形是信息和观点的视觉表示形式。可以通过从多种不同布局中进行选择来创建 SmartArt 图形，从而快速、轻松、有效地传达信息。

绘制图形可以使用 SmartArt 完成。SmartArt 图是 Word 设置的图形、文字以及其样式的集合，包括列表（36个）、流程（44个）、循环（16个）、层次结构（13个）、关系（37个）、矩阵（4个）、棱锥（4个）和图片（31个）共 8 个类型 185 个图样。单击"插入"选项卡"插图"功能区中的 SmartArt 按钮，弹出"选择 SmartArt 图形"对话框，如图 3-157 所示。表 3-3 列出了"选择 SmartArt 图形"对话框各图形类型及用途的说明。

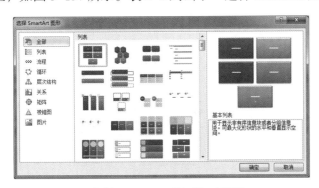

视频 3.5.3-1 插入 SmartArt 图　　视频 3.5.3-1 插入 SmartArt 图案例

图 3-157　"选择 SmartArt 图形"对话框

表 3-3　图形类型及用途

图形类型	图形用途	图形类型	图形用途
列表	显示无序信息	图片	用于显示图片
流程	在流程或日程表中显示步骤		压缩图片
循环	显示连续的流程		文字环绕
层次结构	显示决策树，创建组织结构图		设置图片格式
关系	图示连接		设置透明色
矩阵	显示各部分如何与整体关联		重设图片
棱锥图	显示与顶部或底部最大部分的比例关系		

1. 布局考虑

为 SmartArt 图形选择布局时，要考虑该图形需要传达什么信息以及是否希望信息以某种特定方式显示。通常，在形状个数和文字量仅限于表示要点时，SmartArt 图形最有效。如果文字量较大，则会分散 SmartArt 图形的视觉吸引力，使这种图形难以直观地传达信息。但某些布局（如"列表"类型中的"梯形列表"）适用于文字量较大的情况。如果需要传达多个观点，可以切换到另一个布局，该布局含有多个用于文字的形状，如"棱锥图"类型中的"基本棱锥图"布局。更改布局或类型会改变信息的含义。例如，带有右向箭头的布局（如"流程"类型中的"基本流程"），其含义不同于带有环形箭头的 SmartArt 图形布局（如"循环"类型中的"连续循环"）。箭头倾向于表示某个方向的移动或进展，而使用连接线而不使用箭头的类似布局则表示连接而不一定是移动。

用户可以快速轻松地在各个布局间切换，因此可以尝试不同类型的不同布局，直至找到一个最适合对信息进行图解的布局为止。可以参照表 3-3 尝试不同的类型和布局。切换布局时，大部分文字和其他内容、颜色、样式、效果和文本格式会自动带入新布局中。

2. 创建 SmartArt 图形

本文将插入图 3-158 所示的 SmartArt 图形，创建的操作步骤如下：

① 定位光标至需要插入图形的位置。

② 单击"插入"选项卡"插图"功能区中的 SmartArt 按钮，弹出"选择 SmartArt 图形"对话框。

③ 在"选择 SmartArt 图形"对话框选择"层次结构"选项卡，选择"层次结构"选项。

④ 单击"确定"按钮，即可完成将图形插入到文档中的操作，如图 3-158 所示。

以图 3-159 为例，在 SmartArt 图形中输入文字的操作步骤如下：

① 单击 SmartArt 图形左侧的 按钮，会弹出"在此处键入文字"的任务窗格。

② 如图 3-159 所示，在"在此处键入文字"任务窗格输入文字，右边的 SmartArt 图形对应的形状部分则会出现相应的文字。

图 3-158　层次结构 SmartArt

图 3-159　"在此处键入文字"任务窗格

3. 修改 SmartArt 图形

（1）添加 SmartArt 形状

默认的结构不能满足需要时，可在指定的位置添加形状，添加 SmartArt 形状的操作步骤如下，（下面以图 3-159 为例，介绍添加形状的具体操作步骤）：

① 插入 SmartArt 图形，并输入文字，选中需要插入形状位置相邻的形状，如本例选中内容为"招聘部长"的形状。

② 单击"SmartArt 工具 - 设计"选项卡"创建图形"功能区中的"添加形状"按钮，在弹出的下拉列表中选择"在下方添加形状"命令，并在新添加的形状里输入文字"联络员"，如图 3-160 所示。

（2）更改布局

用户可以调整整个的 SmartArt 图形或其中一个分支的布局，以图 3-160 为例，进行更改布局的具体操作步骤如下：

选中 SmartArt 图形，单击"SmartArt 工具 - 设计"选项卡"布局"功能区中的"层次结构列表"选项，即可将原来属于"层次结构"的布局更改为"层次结构列表"，如图 3-161 所示。

图 3-160　添加形状后的 SmartArt

图 3-161　更改布局后效果图

（3）更改单元格级别

以图 3-160 为例，更改单元格级别的具体操作如下：

选中图 3-160 所示的 SmartArt 图形，选择"联络员"形状，单击"SmartArt 工具 - 设计"选项卡"创建图形"功能区中的"升级"按钮，即可看到如图 3-162 所示的效果。

如果再次单击"升级"按钮，还可将"联络员"形状的级别调到第一级，与"经理"形状同级。

（4）更改 SmartArt 样式

以图 3-162 为例，更改 SmartArt 样式的具体操作步骤如下：

① 选中图 3-162 所示 SmartArt 图形，单击"SmartArt 工具 – 设计"选项卡"SmartArt 样式"功能区中的"更改颜色"按钮，选择"彩色"列表的"彩色范围 强调文字 4 至 5"选项。

② 在"SmartArt 样式"单击"三维"列表的"砖块场景"选项，更改样式后的效果如图 3-163 所示。

图 3-162 更改单元格级别

图 3-163 更改样式

3.5.4 插入公式

在编辑科技性的文档时，通常需要输入数理公式，其中含有许多数学符号和运算式子，Microsoft Word 2010 包括编写和编辑公式的内置支持，可以满足人们日常大多数公式和数学符号的输入和编辑需求。

Word 2010 以前的版本使用 Microsoft Equation 3.0 加载项或 Math Type 加载项。在以前版本的 Word 中包含 Equation 3.0，在 Word 2010 中也可以使用此加载项。在以前版本的 Word 中不包含 Math Type，但可以购买此加载项。如果在以前版本的 Word 中编写了一个公式并希望使用 Word 2010 编辑此公式，则需要使用先前用来编写此公式的加载项。

视频 3.5.4 插入公式

1. 插入内置公式

Word 内置了一些公式，供读者选择插入，具体操作步骤如下：

将光标置于需要插入公式的位置，单击"插入"选项卡"符号"功能区中"公式"旁边的下拉按钮，然后单击"内置"公式下拉列表中所需的公式。例如，选择"二次公式"，立即可在光标处插入相应的公式，如图 3-164 所示。

$$x = \frac{-b \pm \sqrt{b^2 - 4ac}}{2a}$$

图 3-164 内置公式示例

2. 插入新公式

如果系统的内置公式不能满足要求，用户可以插入自己编辑的公式来满足自己的个性化要求。

【例 3-11】按图 3-165 所示的样式，建立一个数学公式。

① 决定公式输入位置：光标定位，单击"插入"选项卡"符号"功能区中"公式"旁边的下拉按钮，然后选择"内置"公式下拉列表中的"插入新公式"命令，在光标处插入一个空白公式框，如图 3-166 所示。

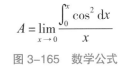

$$A = \lim_{x \to 0} \frac{\int_0^x \cos^2 \mathrm{d}x}{x}$$

图 3-165 数学公式

图 3-166 空白公式框

② 选中空白公式框，Word 会自动展开"公式工具 – 设计"选项卡，如图 3-167 所示。

③ 先输入"A="，然后单击"公式工具 – 设计"选项卡"结构"功能区中的"极限和对数"按钮，在弹出的样式框中选择"极限"样式。

④ 利用方向键，将光标定位在 lim 下面，输入 x → 0，再将光标定位在右方。

图 3-167 "公式工具→设计"选项卡

⑤ "公式工具 – 设计"选项卡 "结构"功能区中的 "分数"按钮样式列表框的第一行第一列的样式，单击分母位置，输入 x，单击分子位置，选择 "积分"按钮样式列表框的第一行第二列的样式。

⑥ 分别单击积分符号的下标与上标，输入 0 与 x，移动光标到右侧。

⑦ 选择 "结构"功能区中的 "上下标"按钮样式列表框中第一行第一列的样式，置位光标在底数输入框并输入 cos，置位光标在上标位置，输入 2。

⑧ 在积分公式右侧单击，输入 dx，输入完成。最后效果图，"专业型"的公式参见图 3–165。

3. 公式框 "公式选项"按钮

公式框的 "公式选项"按钮提供了公式框，方便设置显示方式和对齐方式的功能。

公式框的显示方式可以通过单击公式框右下角的 "公式选项"按钮，弹出一个下拉列表，其中可供用户选择公式有 "专业型" "线性" "更改为内嵌"，如图 3–168 所示。

公式框的对齐同样可通过 "公式选项"下拉列表，选择 "两端对齐"的级联菜单的 "左对齐" "右对齐" "居中" "整体居中" 4 种对齐方式的一种即可。

4. 插入外部公式

在 Windows 7 操作系统中，增加了 "数学输入面板"程序，利用该功能可手写公式并将其插入到 Word 文档中。插入外部公式的操作步骤如下：

① 定位光标在要输入公式的位置。

② 选择 "开始"→"所有程序"→"附件"→"数学输入面板"命令，启动 "数学输入面板"程序，利用鼠标手写公式。

图 3–168 "公式选项"下拉列表

③ 单击右下角的 "输入"按钮，即可将编辑好的公式插入到 Word 文档中。

3.5.5 插入艺术字

艺术字具有特殊视觉效果，可以使文档的标题变得更加生动活泼。艺术字可以像普通文字一样设置字体、大小、字形，也可以像图形那样设置旋转、倾斜、阴影和三维等效果。3.4.1 节有为字符设置艺术效果的操作，与本节类似，读者可结合二者一起学习。

1. 插入艺术字

（1）插入艺术字

在文档中插入艺术字，可按如下步骤操作：

① 单击 "插入"选项卡 "文本"功能区中的 "艺术字"按钮，弹出 6 行 5 列的 "艺术字"列表（见图 3–91）。

② 选择一种艺术字样式后，文档中出现一个艺术字图文框，将光标定位在艺术字图文框中，输入文本即可，如图 3–169 所示。

（2）插入繁体艺术字

① 先在文档中输入简体字符，选中相应字符，选择 "审阅"选项卡，单击 "中文简繁转换"功能区中的 "简转繁"按钮。

② 选中繁体艺术字符，单击 "插入"选项卡 "文本"功能区中的 "艺术字"按钮，在随后出现的下拉列表中选择一种艺术字样式即可，如图 3–170 所示。

图 3–169 插入的艺术字

图 3–170 繁体字艺术字

2. 设置艺术字格式

在文档中输入艺术字后，用户可以对插入的艺术字进一步格式化。方法有两种：

方法 1：选中艺术字后，激活 "绘制工具 – 格式"选项卡，按照前面所讲的设置文本框和形状及图片的操作，对艺术字进一步格式化处理，如图 3-171 所示。

方法 2：利用"开始"选项卡"字体"功能区中的相关命令按钮，设置诸如字体、字号、颜色等格式。

图 3-171　"绘制工具 – 格式"选项卡

3.5.6　插入超链接

超链接是将文档中的文字或图形与其他位置的相关信息链接起来。建立超链接后，单击文稿的超链接，就可跳转并打开相关信息。它既可跳转至当前文档或 Web 页的某个位置，亦可跳转至其他 Word 文档或 Web 页，或者其他项目中创建的文件，甚至可用超链接跳转至声音和图像等多媒体文件。

文稿必须在计算机显示屏中阅读才能显示超链接的效果。纸质文稿不能实现超链接的效果。

视频 3.5.6 插入超链接

1. 自动建立的超链接

在文档中输入网址或电子邮箱地址，Word 2010 自动将其转换成超链接的形式。在连接网络的状态下，按住【Ctrl】键，单击其中的网络地址，可打开相应网页；单击电子邮箱地址，可打开 Outlook，收发邮件。

用户也可以将这种自动转换超链接的功能关闭。操作步骤如下：

① 通过"Word 选项"对话框，单击"校对"选项卡中的"自动更正选项"按钮。

② 在弹出的"自动更正"对话框中选择"键入时自动套用格式"选项卡，取消选中"Internet 及网络路径替换为超链接"复选框。

③ 单击"确定"按钮。

2. 插入超链接

在文档中插入超链接，可按如下步骤操作：

① 选择要作为超链接显示的文本或图形对象，或把光标设置在要插入超链接的字符后面。

② 单击"插入"选项卡"链接"功能区中的"超链接"按钮，或者右击后在弹出的快捷菜单选择"超链接"命令。

③ 在弹出的"插入超链接"对话框中，选择超链接的相关对象，如图 3-172 所示。例如，本例选择"D 盘"的"课程设计报告"的文件为超链接，单击"确定"按钮。

图 3-172　"插入超链接"对话框

④ 已设置超链接的显示：被选择的文稿段变蓝色。

光标定位的超链接的文稿位置：在光标处显示超链接的目标，如本例是显示"课程设计报告 .docx"。

⑤ 单击超链接目标，可以马上打开显示该超链接目标，如本例打开"课程设计报告 .docx"。

3. 取消超链接

要取消超链接，可按如下步骤操作：

右击要更改的超链接，在弹出的快捷菜单中选择"取消超链接"命令。

3.5.7 插入书签

Word 提供的"书签"功能，主要用于标识所选文字、图形、表格或其他项目，以便以后引用或定位，下面就介绍一下书签的具体用法。

文稿的书签功能必须在计算机显示环境下才能实现。

视频 3.5.7 插入书签

1. 添加书签

要使用书签，就必须先在文档中添加书签，可按如下步骤操作：

① 若要用书签标记某项（如文字、表格、图形等），则选择要标记的项，如选择一段文字。若要用书签标记某一位置，则单击要插入书签的位置。

② 单击"插入"选项卡"链接"功能区中的"书签"按钮。

③ 在弹出的"书签"对话框的"书签名"文本框中输入书签的名称，如图 3–173 所示。

④ 单击"添加"按钮。

2. 显示书签

默认状态下，Word 的书签标记是隐藏起来的，如果要将文档中的书签标记显示出来，可打开"Word 选项"对话框，在"高级"选项卡中选中"显示文档内容"选项区域中的"显示书签"复选框，单击"确定"按钮即可。

设置上述选项后，默认状态下，添加的书签在文档中以书签标记，即以一对方括号形式显示出来。

3. 使用书签

在文档中添加书签后，就可以使用书签，有两种方法可跳转到所要使用书签的位置。

图 3–173　"书签"对话框

方法 1：查找定位法。选择"开始"选项卡"编辑"功能区中的"查找"按钮，在弹出的下拉列表中选择"转到"命令，弹出"查找和替换"对话框，在"定位"选项卡中设置即可，如图 3–174 所示。

方法 2：对话框法。打开"书签"对话框，选中需要定位的书签名称，然后单击"定位"按钮，如图 3–175 所示。

图 3–174　书签定位方法一

图 3–175　书签定位方法二

4. 删除书签

若不再需要一个书签，可以将它删除，可按如下步骤操作：

① 单击"插入"选项卡"链接"功能区中的"书签"按钮。

② 在弹出的"书签"对话框中选择要删除的书签名，然后单击"删除"按钮。

3.5.8　插入表格

在编辑的文档中,使用表格是一种简明扼要的表达方式。它以行和列的形式组织信息,结构严谨,效果直观。往往一张简单的表格就可以代替大篇的文字叙述,所以在各种科技、经济等文章和书刊中越来越多地使用表格。

在文档中插入表格后,选项区会增加一个"表格工具"选项卡,下面有设计和布局两个选项,分别有不同的功能。

1. 表格工具概述

图 3-176 所示为"表格工具 – 设计"选项卡,有"表格样式选项""表格样式""绘图边框"3 个组,"表格样式"提供了 141 个内置表格样式,提供了方便地绘制表格及设置表格边框和底纹的命令。

图 3-176　"表格工具→设计"选项卡

图 3-177 所示为"表格工具 – 布局"选项卡,有"表""行和列""合并""单元格大小""对齐方式""数据"等 6 个功能区,主要提供了表格布局方面的功能。例如,在"表"功能区可以方便地查看与定位表对象;在"行和列"功能区则可以方便地在表的任意行(列)的位置增加或删除行(列)。"对齐方式"提供了文字在单元格内的对齐方式、文字方向等。

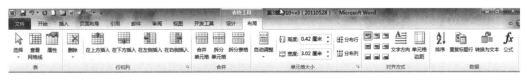

图 3-177　"表格工具 – 布局"选项卡

2. 建立表格和表格样式

使用"插入"选项卡的"表格"功能区中的"表格"按钮建立表格。建立表格的方法有 4 种:

方法 1:拖拉法。定位光标到需要添加表格处,单击"表格"功能区中的"表格"按钮,在弹出的下拉列表中拖拉鼠标设置表格的行列数目,这时可在文档预览到表格,释放鼠标即可在光标处按选中的行列数增添一个空白表格,如图 3-178 所示。这种方法添加的最大表格为 10 列 8 行。

方法 2:对话框法。在图 3-178 中,选择"插入表格"命令,在弹出的"插入表格"对话框中按需要输入"列数""行数"的数值及相关参数,单击"确定"按钮即可插入一空白表格,如图 3-179 所示。

图 3-178　拖拉法生成表格

图 3-179　"插入表格"对话框

方法3：绘制法。通过手动绘制方法来插入空白表格。在图 3-178 中，选择"绘制表格"命令，鼠标会转成铅笔状，可以在文档中任意绘制表格，而且这时系统会自动展开如图 3-176 所示的"表格工具 – 设计"选项卡，可以利用其中的命令按钮设置表格边框线或擦除绘制错误的表格线等。绘制表格过程如图 3-180 所示。

方法4：组合符号法。将光标定位在需要插入表格处，输入一个"+"号（代表列分隔线），然后输入若干个"–"号（"–"号越多代表列越宽），再输入一个"+"号和若干个"–"号……最后再输入一个"+"号，最后按【Enter】键，如图 3-181 所示。一个一行多列的表格插入到了文档中，如图 3-182 所示。

图 3-180 绘制表格　　　　图 3-181 用组合符号插入表格　　　　图 3-182 组合符号法插入的表格

3. 单元格的合并与拆分

对于一个表格，有时需要把同一行或同一列中两个或多个单元格合并起来，或者把一行或一列的一个或多个单元格拆分为更多的单元格。

合并单元格，可按如下步骤操作：选择要合并的多个单元格，如图 3-183 所示。选择"表格工具 – 布局"选项卡，单击"合并"功能区中的"合并单元格"按钮即可。也可以同时选中多个单元格，右击，在弹出的快捷菜单选择"合并单元格"命令。结果如图 3-184 所示。

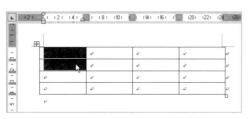 

图 3-183 选择要合并的单元格　　　　图 3-184 合并单元格结果

拆分单元格，可按如下步骤操作：

① 选择要拆分的单元格，如图 3-185 所示。

② 选择"表格工具 – 布局"选项卡，单击"合并"功能区中的"拆分单元格"按钮，在弹出的"拆分单元格"对话框中输入要拆分的列数和行数，如图 3-186 所示。

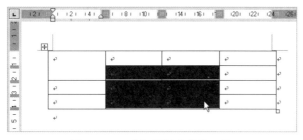 

图 3-185 选择要拆分的单元格　　　　图 3-186 "拆分单元格"对话框

单元格拆分后的结果，如图 3-187 所示。

4. 插入斜线

有时为了更清楚地指明表格的内容，经常需要在表头中用斜线将表格中的内容按类别分开。在表头的单元格内制作斜线，可按如下步骤操作：

① 将光标置于要制作斜线的单元格中（一般是表格的左上角单元格）。

② 单击"表格工具 – 设计"选项卡的"表格样式"功能区中的"边框"按钮。

③ 在弹出的"边框"下拉列表中只有两种斜线框线可供选择，这里选择"斜下框线"命令，如图 3-188 所示。

图 3-187 拆分单元格结果

④ 此时可看到已给表格添加斜线，向表格输入“成绩”并连续按两次【Enter】键，取消最后一次前的空格符，并输入“科目”，完成斜线表头的绘制，表头的效果如图 3-189 所示。

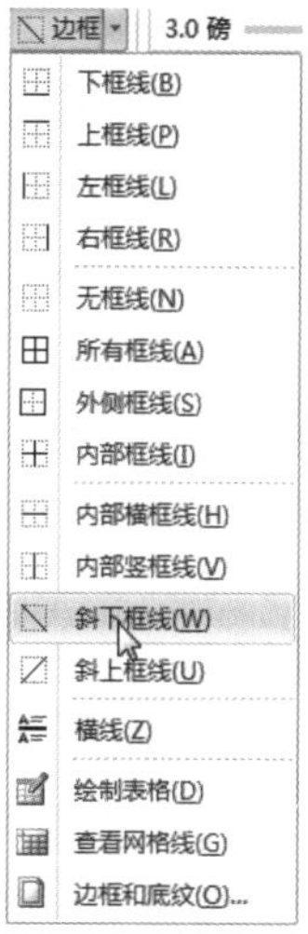

图 3-188　“边框”下拉列表

实际上可在表格任何单元格插入斜线和写字符，如果表头斜线有多条，在 Word 2010 中的绘制就显得有些复杂，必须经过绘制自选图形直线及添加文本框的过程。具体操作步骤如下：

① 将光标置于要制作斜线的单元格中（一般是表格的左上角单元格）。

② 单击“插入”选项卡“插图”功能区中的“形状”按钮。

③ 在弹出的“形状”下拉列表中选择“直线”命令，这时鼠标变成了“+”状，在选中的表头单元格内根据需要绘制斜线，斜线有几条就重复几次操作。本例中添加两条斜线，最后调整直线的方向和长度以适应单元格大小。

④ 为绘制好斜线的表头添加文本框：单击“插入”选项卡“插图”功能区中的“形状”按钮，在弹出的“形状”下拉列表中选择“文本框”命令，重复此操作，在斜线处添加 3 个文本框。

⑤ 在各个文本框中输入文字，并调整文字及文本框的大小，将文本框旋转一个适当的角度以达到最好的视觉效果。

⑥ 调整好外观后，将步骤③、步骤④、步骤⑤所绘制的所有斜线及文本框均选中，右击选择“组合→组合”命令即可。

最后的效果如图 3-190 所示。

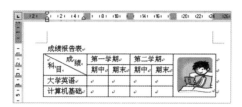

图 3-189　添加一条斜线表头的表格

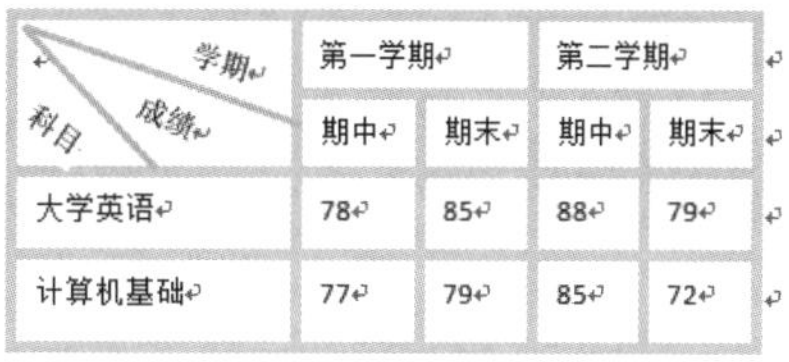

学期 成绩 科目	第一学期		第二学期	
	期中	期末	期中	期末
大学英语	78	85	88	79
计算机基础	77	79	85	72

图 3-190　添加多条斜线表头的表格

5. 输入表格的标题、图片和表格格式化

建立表格的框架后，就可以在表格中输入文字或插入图片。

在表格中输入字符时，表格有自动适应的功能，即输入的字符大于列宽，行宽也不能满足要求时，表格会自动增大行的高度。

需要在表格外输入表标题，表标题的输入方法如下：

将鼠标指针移向表格左上角的标志符⊞，按住鼠标左键向下拖动一行，然后在表头的空白行中输入表标题，如图 3-191 所示。

图 3-191　输入表格标题

需要在表格中插入图片时，单击表格中需要插入图片的单元格，单击“插入”选项卡“插图”功能区中的“图片”按钮即可完成操作。图片的尺寸大小可能与单元格的大小不相符，可以单击图片，再拖动图片四周的控点，调整到合适的大小。

表格的字符输入编辑以后，还需要进行字符格式化、表格的边框和底纹的格式化等，可参照 3.4.1 字符格式化及 3.4.5 底纹与边框格式设置。

6. 调整表格列宽与行高

修改表格的其中一项工作是调整它的列宽和行高，下面就介绍几种调整列宽和行高的方法。

（1）用鼠标拖动

这是最便捷的调整方法，可按如下步骤操作：

① 将光标移到要改变列宽的列边框线上，鼠标指针变成⇹形状，按住左键拖动，如图 3-192 所示。

② 释放鼠标，即可改变列宽。

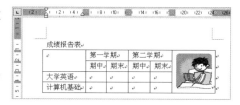

如果要调整表格的行高，则鼠标指针移到行边框线上，将变成 ⇕ 形状，按住鼠标左键拖动即可。

（2）用"表格属性"对话框

用"表格属性"对话框，能够精确设置表格的行高或列宽，可按如下步骤操作：

图 3-192　用鼠标改变列宽

① 选择要改变"列宽"或"行高"的列或行。

② 右击，在弹出的快捷菜单选择"表格属性"命令，在弹出的"表格属性"对话框中选择"列"或"行"选项卡，然后在"指定宽度"或"指定高度"文本框中输入宽度或高度的数值，如图 3-193 所示。

（3）用"自动调整"选项

如果想调整表格各列（行）的宽度，可按如下步骤操作：

① 选择表格中要平均分布的列（行）。

② 右击，在弹出的快捷菜单中选择"平均分布各列（行）"命令即可，如图 3-194 所示。

在图 3-194 中，可看到里面有"自动调整"中"根据内容调整表格""根据窗口调整表格""固定列宽"等 3 个命令用于自动调整表格的大小。

图 3-193　"表格属性"对话框　　　　　　　图 3-194　"自动调整"级联菜单

7. 增加或删除表格的行与列

在表格的编辑中，行与列的增加或删除有两种方法可以实现。

方法 1：可以使用快捷菜单命令来实现。例如，删除表格的行，可按如下步骤操作：

① 选择表格中要删除的行。

② 右击，在弹出的快捷菜单中选择"删除单元格"命令。

③ 在弹出的"删除单元格"对话框中选中"删除整行"单选按钮，如图 3-195 所示。

如果删除的是表格的列，则选中要删除的列，右击，在弹出的快捷菜单选择"删除列"命令即可。

方法 2：利用"表格工具 – 布局"选项卡来完成。例如，删除表格的行，可按如下步骤操作：

① 选择表格中要删除的行，激活"表格工具 – 布局"选项卡。

② 选择"表格工具 – 布局"选项卡"行和列"功能区中的"删除"按钮。

③ 在弹出的"删除"下拉列表中选择"删除行"命令即可，如图 3-196 所示。

若要增加表格的行或列，可按如下步骤操作：

① 选择表格中要增加行（列）位置相邻行（列），激活"表格工具 – 布局"选项卡。

② 单击"表格工具 – 布局"选项卡"行和列"功能区中的"在上方插入"（在左方插入）按钮，则会在步骤①选中的行（列）的上方（左方）插入一行（列）；如果选中的是多行（列），那么插入的也是同样数目的多行（列）。

图 3-195　"删除单元格"对话框

图 3-196　"删除"下拉列表

8. 表格与文本的转换

在 Word 中可以利用"表格工具 – 布局"选项卡"数据"功能区中的"转换为文本"按钮，如图 3-197 所示。在弹出的"表格转换成文本"对话框（见图 3-198）中方便地进行表格和文本之间的转换，这对于使用相同的信息源实现不同的工作目标是非常有益的。

图 3-197　表格的转换功能

图 3-198　"表格转换成文本"对话框

（1）将表格转换成文本

以图 3-199 所示的表格为例，进行表格与文本的转换，可按如下步骤操作：

① 将光标置于要转换成文本的表格中，或选择该表格，会激活"表格工具 – 布局"选项卡。

② 选择"表格工具 – 布局"选项卡"数据"功能区中的"转换为文本"按钮。

③ 在弹出的"表格转换成文本"对话框中选择一种文字分隔符，默认是"制表符"，即可将表格转换成文本，如图 3-200 所示。

图 3-199　表格

图 3-200　转换成文本

在"表格转换成文本"对话框中提供了 4 种文本分隔符选项，下面分别介绍它们的功能。

- 段落标记：把每个单元格的内容转换成一个文本段落。
- 制表符：把每个单元格的内容转换后用制表符分隔，每行单元格的内容成为一个文本段落。
- 逗号：把每个单元格的内容转换后用逗号分隔，每行单元格的内容成为一个文本段落。
- 其他字符：在对应的文本框中输入用作分隔符的半角字符，每个单元格的内容转换后用输入的字符分隔符隔开，每行单元格的内容成为一个文本段落。

（2）将文字转换成表格

也可以将用段落标记、逗号、制表符或其他特定字符分隔的文字转换成表格，可按如下步骤操作：

① 选择要转换成表格的文字，这些文字应类似如图 3-200 所示的格式编排。

② 单击"插入"选项卡"表格"功能区中的"表格"按钮。

③ 在弹出的"表格"下拉列表中选择"文本转换成表格"命令。

④ 在弹出的"将文字转换成表格"对话框输入相关参数，如在"文字分隔位置"选项区域选择当前文本所使用的分隔符，默认为"空格"，如图 3–201 所示。单击"确定"按钮即可将文字转换成表格。

图 3–201　"将文字转换成表格"对话框

视频 3.5.8–1 插入表格

视频 3.5.8–2 调整表格的行高与列宽

视频 3.5.8–3 增删表格的行与列

视频 3.5.8–4 斜线表头的制作

视频 3.5.8–5 表格的计算

视频 3.5.8–6 表格与文本的转换

视频 3.5.8–7 插入表格案例

3.5.9　插入图表

Word 可以插入类型多样的图表，利用"插入"选项卡"插图"功能区中的"图表"按钮可以完成图表的插入，具体内容与操作步骤将在 Excel 详细讲述，这里不再赘述。

视频 3.5.9–1 插入绘图元素

视频 3.5.9–2 插入图表

视频 3.5.9–3 插入图表案例

3.6 长文档编辑

通过之前的学习，我们基本掌握了文稿的输入、编辑、格式化和各元素的插入方式。长文稿在完成以上工作后，为了便于读者阅读，需要在文稿中加入页码、页眉和页脚、脚注和尾注，最重要的是必须编辑目录，以方便对本文稿进行阅读。本节介绍文稿的主题、添加页码、页眉和页脚、脚注和尾注、目录和索引的操作，希望读者能掌握。图 3-202 所示为长文稿编辑范例。

主题、页码、页眉和页脚，脚注和尾注，目录等操作在长文稿中属于文稿编辑过程中的最后修饰，应注意保护文稿的完整性。

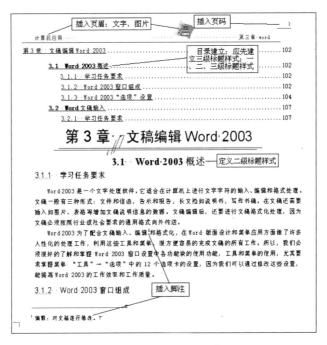

图 3-202 长文稿编辑范例

3.6.1 为文档应用主题效果

文档主题是一组格式选项，包括一组主题颜色、一组主题字体（包括标题字体和正文字体）和一组主题效果（包括线条和填充效果）。应用主题可以更改整个文档的总体设计，包括颜色、字体、效果。

文档主题设置是利用"页面布局"选项卡"主题"功能区中的命令按钮进行的，如图 3-203 所示。

Word 2010 提供了许多内置的文档主题，用户可以直接应用系统提供的内置主题，也可以通过自定义并保存文档主题来创建自己的文档主题。

1. 应用主题

【例 3-12】请按 Word 2010 系统内置主题效果的"行云流水"设置文档"荷塘月色 .docx"（见图 3-204）的文档主题格式。

① 打开原始文件"荷塘月色 .docx"，单击"页面布局"选项卡"主题"功能区中的"主题"按钮。

② 在弹出的"主题"下拉列表中可以看到系统提供了 44 个内置主题，34 个来自 office.com 的模板，本例选择内置主题的"行云流水"。

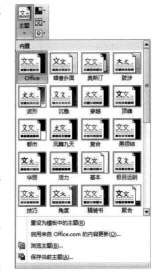

图 3-203 主题设置

这时可看到，"荷塘月色.docx"文档应用了所选主题的效果，如图3-205所示。

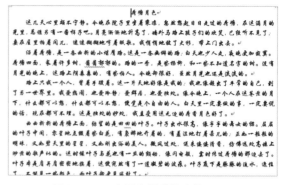

图3-204 原始文档　　　　　　　图3-205 应用主题后的文档

2. 自定义主题

（1）自定义主题字体及颜色

【例3-13】创建一个主题字体"淡雅"，中文标题字体采用为"楷体"，正文字体为"幼圆"。

① 打开"新建主题字体"对话框：单击"页面布局"选项卡"主题"功能区中的"主题字体"按钮，在弹出的下拉列表选择"新建主题字体"命令。

② 在"新建主题字体"对话框设置新的字体组合，如本例中文标题字体采用为"楷体"，正文字体为"幼圆"。

③ 为新建主题字体命名：在"新建主题字体"对话框下方的"名称"文本框中输入"淡雅"。

④ 单击"保存"按钮。

此时，可发现新建的主题字体"淡雅"出现在了"主题字体"按钮的下拉列表的"自定义"库中。

类似的，可以创建自定义主题颜色。单击"页面布局"选项卡"主题"功能区中的"主题颜色"按钮，在弹出的下拉列表中选择"新建主题颜色"命令，在弹出的"新建主题颜色"对话框对主题颜色进行设置，然后为新建的主题颜色命名即可。

（2）选择一组主题效果

主题效果是线条和填充效果的组合，用户可以选择想要在自己的文档主题中使用的主题效果，只需要单击"页面布局"选项卡"主题"功能区中的"主题效果"按钮，即可在与"主题效果"名称一起显示的图形中看到用于每组主题效果的线条和填充效果。

（3）保存文档主题

可以将对文档主题的颜色、字体或线条及填充效果所做的更改保存为可应用于其他文档的自定义文档主题。具体操作步骤如下：

① 单击"页面布局"选项卡"主题"功能区中的"主题"按钮。

② 在弹出的下拉列表中选择"保存当前主题"命令。

③ 在"文件名"文本框中为该主题键入适当的名称，单击"保存"按钮。

视频3.6.1-1 文档应用主题效果

视频3.6.1-2 文档应用主题效果案例

3.6.2 页码

页码用来表示每页在文档中的顺序编号，在Word中添加的页码会随文档内容的增删而自动更新。

页码设置是在"插入"选项卡"页眉和页脚"功能区中的"页码"下拉列表中完成。

1. 插入页码

① 单击"插入"选项卡"页眉和页脚"功能区中的"页码"按钮。

② 在弹出的"页码"下拉列表中设置页码在页面的位置和"页边距"，如图3-206所示。

如果要更改页码的格式，则选择"页码"按钮下拉列表中的"设置页码格式"命令，然后在弹出的"页码格式"

对话框中选择页码的格式，如图 3-207 所示。

图 3-206　"页码"下拉列表　　　　图 3-207　"页码格式"对话框

　　除了可以使用菜单命令将页码插入到页面中，也可以作为页眉或页脚的一部分，在页眉或页脚设置过程中添加页码。操作方法如下：

　　① 进入页眉 / 页脚编辑状态，将光标定位在页眉的合适位置。

　　② 单击"页眉和页脚工具 - 设计"选项卡"页眉和页脚"功能区中的"页码"按钮，在弹出的下拉列表中展开"当前位置"选项，选择一种合适的页码样式即可。

　　当然，利用该下拉列表相关命令，还可以进一步设置页码格式。

2．删除页码

　　若要删除页码，只需要单击"插入"选项卡"页眉和页脚"功能区中的"页码"按钮，在弹出的下拉列表中选择"删除页码"命令即可。

　　如果页码是在页眉 / 页脚处添加的，双击页眉或页脚编辑区进入页眉 / 页脚编辑状态，选中页码所在的文本框，按【Delete】键即可。

3.6.3　页眉与页脚

　　页眉是指每页文稿顶部的文字或图形，页脚是指每页文稿底部的文字或图形。

　　一本完美的书刊都会有页眉和页脚，特别是页眉上的文字，可以让读者了解当前阅读的内容是哪篇文章或哪一章节。页眉页脚通常包含公司徽标、书名、章节名、页码、日期等文字或图形。

1．添加页眉或页脚

　　① 单击"插入"选项卡"页眉和页脚"功能区中的"页眉"按钮，在弹出的下拉列表中选择"编辑页眉"命令（或是任意一种内置的页眉样式）；或者直接在文档的页眉 / 页脚处双击。

　　② 这时会进入页眉 / 页脚编辑状态，在页眉编辑区中输入页眉的内容，同时 Word 也会增加"页眉和页脚工具 - 设计"选项卡，如图 3-208 所示。

图 3-208　"页眉和页脚工具 - 设计"选项卡

　　如果想输入页脚的内容，可以单击"导航"功能区中的"转至页脚"按钮，转到页脚编辑区中输入即可。

2．首页不同的页眉页脚

　　对于书刊、信件或报告等文档，通常需要去掉首页的页眉。这时，可按如下步骤操作：

　　① 进入页眉 / 页脚编辑状态，选择"页眉和页脚工具 - 设计"选项卡。

　　② 选中该选项卡"选项"功能区中的"首页不同"复选框，如图 3-208 所示。

　　③ 按上面"添加页眉或页脚"的方法，在页眉或页脚编辑区中输入页眉或页脚。

3. 奇偶页不同的页眉或页脚

对于进行双面打印并装订的文档，有时需要在奇数页上打印书名，在偶数页上打印章节名。这时，可按如下步骤操作：

① 进入页眉 / 页脚编辑状态，选择"页眉和页脚工具 – 设计"选项卡。

② 选中该选项卡"选项"功能区中的"奇偶页不同"复选框，如图 3-208 所示。

③ 按上面添加页眉或页脚的方法，在页眉或页脚编辑区中，分别输入奇数页和偶数页的页眉或页脚内容。

4. 在页眉 / 页脚中添加元素

在页眉 / 页脚中可以添加页码，操作方式如上所述，还可以添加日期和时间、添加图片。

在页眉 / 页脚中添加日期和时间的操作步骤如下：

① 进入页眉 / 页脚编辑状态，光标定位在页眉 / 页脚合适的地方。

② 选择"页眉和页脚工具 – 设计"选项卡，单击"插入"功能区中的"日期和时间"按钮。

③ 在弹出的"日期和时间"对话框中选择一种日期和时间格式，单击"确定"按钮。

在页眉 / 页脚中添加图片的操作步骤如下：

① 进入页眉 / 页脚编辑状态，光标定位在页眉 / 页脚合适的地方。

② 选择"页眉和页脚工具 – 设计"选项卡的"插入"功能区中的"图片"按钮。

③ 在弹出的"插入图片"对话框中选择一张图片，单击"确定"按钮。

3.6.4　脚注与尾注

很多学术性的文稿都需要加入脚注和尾注，这两者都是对文本的补充说明。脚注一般位于页面的底部，可以作为本页文档某处内容的注释，如术语解释或背景说明等；尾注一般位于文档的末尾，通常用来列出书籍或文章的参考文献等。

视频 3.6.4 脚注与尾注设置

脚注和尾注均由两个关联的部分组成，包括注释引用标记和它对应的注释文本。

1. 脚注

（1）插入脚注

① 将光标移到要插入脚注的位置。

② 单击"引用"选项卡"脚注"功能区中的"插入脚注"按钮。

③ 这时立即在右上角插入一个脚注序号（通常是阿拉伯数字）上标，同时在文档相应页面下方添加一条横线，并自动在下方插入一个脚注，在此序号后面输入脚注内容，如图 3-209 所示。

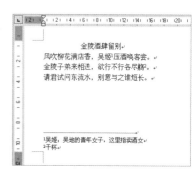

图 3-209　插入脚注的效果

（2）修改脚注

将光标定位到页面底部脚注位置，即可修改脚注内容。

双击相应的脚注序号，可快速定位到页面下方的相应脚注上。

（3）删除脚注

要删除脚注，只需选择要删除的脚注的注释标记，然后按【Delete】键，即可删除脚注的内容。

（4）移动或复制脚注

要移动或复制脚注的注释时，应对注释引用标记进行操作，而非注释中的文字。Word 会对移动或复制后的注释引用标记重新编号。

① 选择要移动或复制的注释标记。

② 如果要移动注释引用标记，可按住鼠标左键直接拖动到新位置；如果是复制注释引用标记，则先按住【Ctrl】键，再按住左键拖动到新位置。

2. 尾注

尾注和脚注效果相似，只是尾注显示在文档末尾，尾注的序号通常是罗马字母，脚注一般在相应页面下方，脚注的序号通常是阿拉伯数字。

（1）插入尾注

① 将光标移到要插入尾注的位置。

② 单击"引用"选项卡"脚注"功能区中的"插入尾注"按钮。

③ 这时立即在文档相应位置右上角插入一个尾注序号（通常是罗马字母）上标，同时在文档下方展开"尾注"任务窗格自动在插入一个尾注序号，在此序号后面输入尾注内容。

如果"尾注"任务窗格没有自动打开，可以通过单击"脚注"功能区中的"显示备注"按钮打开。

（2）修改和删除尾注

将光标移到文档末尾或者"尾注"任务窗格相应的尾注位置（双击相应的尾注序号，可快速定位到相应尾注上），即可修改尾注的内容。

选中文档中的尾注序号，按【Delete】键，即可将文档中的尾注序号及尾注内容同时删除。

当一个文档中有多个尾注时，删除其中某个尾注后，尾注的序号会自动调整。

（3）转换脚注和尾注

脚注和尾注之间是可以相互转换的，这种转换可以在一种注释间进行，也可以在所有的脚注和尾注间进行。

① 光标定位在任意脚注或尾注序号处。

② 单击"引用"选项卡"脚注"功能区右下角的 按钮，弹出"脚注和尾注"对话框，如图 3-210 所示。

③ 单击"转换"按钮，弹出"转换注释"对话框，如图 3-211 所示。

如果是对个别注释进行转换，则要将光标移动到注释文本中，右击，在弹出的快捷菜单中选择"定位至尾注"或"转换为脚注"命令，如图 3-212 所示。

图 3-210 "脚注和尾注"对话框

图 3-211 "转换注释"对话框

图 3-212 转换个别注释

3.6.5 目录与索引

1. 建立目录

目录是长文稿必不可少的组成部分，由文章的章、节的标题和页码组成，如图 3-213 所示。为文档建立目录，建议最好利用标题样式，先给文档的各级目录指定恰当的标题样式。

① 将文档中作为目录的内容设置为标题样式，将第一级标题"第 3 章"设置为"标题 1"样式，第二级标题"3.1""3.2"等设置为"标题 2"样式，第三级标题"3.1.1""3.1.2""3.2.1"等设置为"标题 3"样式。

② 将光标移动到要插入目录的位置，如文档的首页。

③ 单击"引用"选项卡"目录"功能区中的"目录"按钮。

④ 在弹出的"目录"下拉列表中选择"自动目录 1"或"自动目录 2"命令（见图 3-214），即可在光标处插入目录（见图 3-213）。

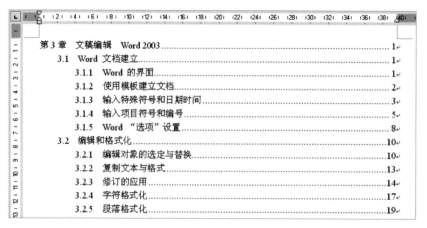

图 3-213　建立目录示例

2. 自定义目录

如果觉得内容的目录样式不能满足要求，用户可以自定义目录样式，自定义目录样式的操作步骤如下：

① 将文档中作为目录的内容设置为标题样式，将第一级标题"第 3 章"设置为"标题 1"样式，第二级标题"3.1"、"3.2"等设置为"标题 2"样式，第三级标题"3.1.1"、"3.1.2"、"3.2.1"等设置为"标题 3"样式。

② 将光标移动到要插入目录的位置，如文档的首页。

③ 单击"引用"选项卡的"目录"组中的"目录"按钮。

④ 在弹出的"目录"下拉列表（见图 3-214）中选择"插入目录"命令，弹出"目录"对话框，如图 3-215所示。

⑤ 设置目录的格式，如"古典"、"优雅"、"流行"等，默认是"来自模板"，还可以设置显示级别，如图 3-213 所示的三级目录结构，"显示级别"应该设置为 3。习惯上，还应该选中"显示页码"复选框、选择"制表符前导符"等选项。单击"选项"按钮和"修改"按钮，分别在弹出的"目录选项"对话框（见图 3-216）和"样式"对话框（见图 3-217）根据用户需要，修改目录的格式和样式。

⑥ 完成修改后单击"确定"按钮即可在光标处插入一个自定义的目录。

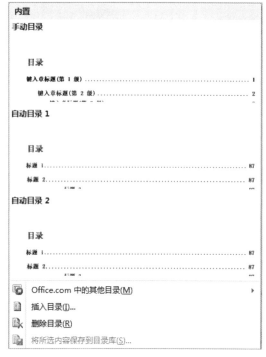

图 3-214　"目录"下拉列表

图 3-215　"目录"对话框

图 3-216　"目录选项"对话框

图 3-217　"样式"对话框

3. 索引

在文档中建立索引，就是将需要标示的字词列出来，并注明它们的页码，以方便查找，如图 3-218 所示。建立索引主包含两个步骤：一是对需要创建索引的关键词进行标记，即告诉 Word 哪些关键词参与索引的创建；二是调出"标记索引项"对话框，输入要作为索引的内容并设置好索引的相关格式。

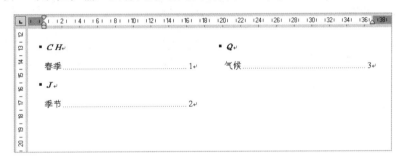
图 3-218　建立的索引

（1）标记索引项

标记索引项的操作步骤如下：

① 选择要建立索引项的关键字，如以"春季"为索引项。

② 单击"引用"选项卡"索引"功能区中的"标记索引项"按钮，弹出"标记索引项"对话框。

③ 此时可以在弹出的"标记索引项"对话框的"主索引项"文本框中看到上面选择的字词"春季"，如图 3-219 所示。在该对话框可进行相关格式的设置（一般可以直接采用默认的格式）。

④ 单击"标记索引项"对话框的"标记"按钮，这时，文档中被选择的关键字旁边添加了一个索引标记："{XE " 春季 "}"；如果选择"标记全部"命令，即可将文档中所有的"春季"字符标记为索引。

⑤ 如果还有其他需要建立索引项的关键字，可不关闭"标记索引项"对话框，继续在文档编辑窗口中选择关键字，直至所有关键字选择完毕。

注意：文档中显示出的索引标记，不会被打印出来。

（2）关闭索引标记

读者如果觉得索引标记影响文档阅读效果，可以将索引标记关闭。操作步骤如下：

单击"开始"选项卡"段落"功能区中的"显示 / 隐藏编辑标记"按钮 ，即可关闭索引标记；再次单击该按钮，可重新显示索引标记。

（3）建立索引目录

在文档中建立了索引项，就可以为所有的索引项建立索引目录。操作步骤如下：

① 将光标移到要插入索引的位置，单击"引用"选项卡"索引"功能区中的"插入索引"按钮，弹出"索

引"对话框，如图 3-220 所示。

②在"索引"选项卡中，可设置"格式""类型""栏数"等，然后单击"确定"按钮。

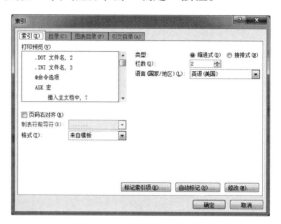

图 3-219　索引标记项　　　　　　　　　　图 3-220　"索引"对话框

视频 3.6.5-1 目录
与索引

视频 3.6.5-2 目录
的制作

视频 3.6.5-3 目录
与索引案例

第4章 数据统计和分析软件 Excel 2010

学习目标

- 了解和掌握 Excel 2010 的基础知识与基本操作。
- 掌握工作表的建立、编辑以及格式化操作。
- 掌握函数和公式的应用。
- 掌握利用函数和工作表的数据进行分析、统计和应用。
- 掌握图表处理。

Excel 2010 是数据处理软件，它在 Office 办公软件中的功能是数据信息的统计和分析。它是一个二维电子表格软件，能以快捷方便的方式建立报表、图表和数据库。利用 Excel 2010 平台提供的函数（表达式）与丰富的功能对电子表格中的数据进行统计和数据分析，为用户在日常办公中从事一般的数据统计和分析提供了一个简易快速平台。因此，在本章的学习中，必须掌握如何快捷建立表格，运用函数和功能区进行统计和数据分析，掌握建立图表的技能以形象地说明数据趋势。

第 4 章课件

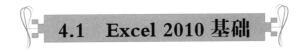

4.1.1 Excel 2010 工作表

Excel 2010 是一个二维表格。这个二维"表格"称为工作簿，工作簿由若干张工作表组成，默认情况下新建的工作簿为三张工作表。但用户可根据需要修改默认值，默认值最少为 1，最多为 255。每个工作表有 1 048 576 行，16 348 列组成。每个行与列的交叉点称为单元格，单元格所在位置称为单元格地址，如第 B 列与第 5 行交叉点的单元格地址是 B5。工作表左上角的单元格为 A1，右下角的单元格是 XFD1048576。每个单元格可以容纳 32 767 个字符。

视频 4.1.1 Excel 2010 工作表

Excel 是 Office 办公软件的一个组件，尽管 Excel 每个单元格能输入 32 767 个字符，还能插入文字、图片、结构图、艺术字、SmartArt 图和文本框，但文字处理还是 Word 功能更强，数据库处理 Access 也比 Excel 强。所以在本章学习中，不提倡用 Excel 做文字处理，如做节目单、会议程序表等文字处理功能的学习，也不提倡用 Excel 做出差表、报销表等涉及数据库内容的知识点的学习，学好二维表格的简单数据处理与分析即可。

怎样才能利用 Excel 2010 做好数据的统计和分析呢？首先，要十分了解 Excel 2010 工作界面的各部分图形界面的使用功能和功能区中各个命令按钮的使用；其次，要根据数据分析的目标，设计好用于数据分析的二维表格的行与列的结构和数据类型定义，并熟悉快捷、准确输入各种数据信息的方法；最后是熟练使用 Excel 2010 的统计和分析工具对表格中的数据进行分析统计，以达到使用 Excel 2010 的目的。

4.1.2　Excel 2010 基本概念

1．Excel 2010 的用户界面

启动 Excel 后，其操作界面如图 4-1 所示。Excel 的窗口主要包括快速访问工具栏、标题、窗口控制按钮、选项卡、功能区、名称框、编辑栏、工作区、行号、列标、状态栏和滚动条等。

视频 4.1.2 Excel 2010 基本概念

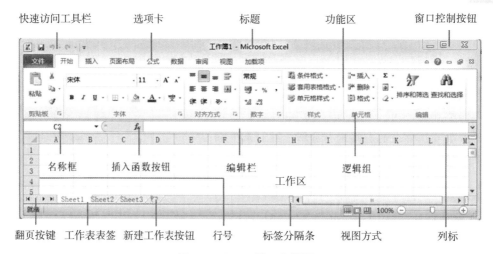

图 4-1　Excel 的工作界面

（1）标题

标题用于标识当前窗口程序或文档窗口所属程序或文档的名字，如"工作簿 1-Microsoft Excel"。此处"工作簿 1"是当前工作簿的名称，"Microsoft Excel"是应用程序的名称。如果同时又建立了另一个新的工作簿，Excel 自动将其命名为"工作簿 2"，依此类推。在其中输入了信息后，需要保存工作簿时，用户可以另取一个与表格内容相关的更直观的名字。

（2）选项卡

选项卡包括"文件""开始""插入""页面布局""公式""数据""审阅""视图""加载项"等。用户可以根据需要单击选项卡进行切换，不同的选项卡对应不同的功能区。

（3）功能区

每一个选项卡都对应一个功能区，功能区命令按逻辑组的形式组织，旨在帮助用户快速找到完成某一任务所需的命令。为了使屏幕更为整洁，可以使用控制工具栏下的 ⌃ 按钮打开 / 关闭功能区。

（4）快速访问工具栏

快速访问工具栏 位于窗口的左上角（用户也可以将其放在功能区的下方），通常放置一些最常用的命令按钮，用户可单击自定义工具栏右边的 按钮，根据需要删除或添加常用命令按钮。

（5）名称框

名称框用于显示（或定义）活动单元格或区域的地址（或名称）。单击名称框旁边的下拉按钮可弹出一个下拉列表框，列出所有已自定义的名称。

（6）编辑栏

编辑栏用于显示当前活动单元格中的数据或公式。可在编辑栏中输入、删除或修改单元格的内容。编辑栏中显示的内容与当前活动单元格的内容相同。

（7）工作区

在编辑栏下面是 Excel 的工作区，在工作区窗口中，列号和行号分别标在窗口的上方和左边。列号用英文字母 A ～ Z，AA ～ AZ，BA ～ BZ，…，XFD 命名，共 16 348 列；行号用数字 1～1 048 576 标识，共 1 048 576 行。

行号和列号的交叉处就是一个表格单元（简称单元格）。整个工作表包括 16 348 × 1 048 576 个单元格。

（8）工作表标签

工作表的名称（或标题）出现在屏幕底部的工作表标签上。默认情况下，名称是 Sheet1、Sheet2 等，但是用户可以为任何工作表指定一个更恰当的名称。

2. Excel 2010 专业术语

（1）工作簿

工作簿是指 Excel 环境中用来存储并处理工作数据的文件。也就是说，Excel 文档就是工作簿。它是 Excel 工作区中一个或多个工作表的集合，其扩展名为 xlsx。

（2）工作表

工作表是用于存储和处理数据的一个二维电子表格。初始化时，工作簿中包含三张独立的工作表，分别命名为 Sheet1、Sheet2、Sheet3，并在工作区显示工作表 Sheet1，该表就是当前工作表。单击工作表标签可以选择其他工作表，被选中的工作表就变成了当前工作表。

（3）单元格和单元格区域

在工作表中，以数字标识行，以字母标识列，行和列的交叉处为一个单元格，单元格是组成工作表的最小单位，用户可以在单元格中输入各种各样类型的数据、公式和对象等内容。

单元格区域是一个矩形块，它是由工作表中相邻的若干个单元格组成的。

（4）单元格地址

每个单元格都有自己的行列位置，称为单元格地址（或称坐标），单元格的地址表示方法是"列标行号"。例如，A3 就代表 A 列的第 3 行的单元格。

引用单元格区域时可以用它的对角单元格的坐标来表示，中间用一个冒号作为分隔符，如 B2：E5，表示由 B2 到 E5 对角单元格区域的所有单元格范围的数据。

在统计数据时，有时需要引用一个工作表中的多个单元格或单元区域数据，这时的多个单元格和区域的引用，中间用"，"（英文的逗号）分开。若要同时引用 B3、A2 单元格，C4：F7 区域，就用 B3，A2，C4：F7 来表示，有时要按要求前后加括号 ()。

如果需要引用非当前工作表中的单元格，可在单元格地址前加上"工作表名称"。例如，Sheet1!C12，表示 Sheet1 工作表中的 C12 单元格。Sheet3!A6 表示 Sheet3 工作表中的 A6 单元格。

（5）单元格引用

通常单元格坐标有 3 种表示方法：

- 相对坐标（或称相对地址）：由列标和行号组成，如 A1、B5、F6 等。
- 绝对坐标（或称绝对地址）：由列标和行号前全加上符号"$"构成，如 $A$1、$B$5、$F$6 等。
- 混合坐标（或称混合地址）：由列标或行号中的一个前加上符号"$"构成，如 A$1、$B5 等。

4.1.3　Excel 2010 基本操作

1. 工作簿的操作

工作簿的建立、打开、保存、关闭等操作与 Word 类似，不再赘述。在此仅对用模板建立工作表做简单介绍。

默认情况下建立的工作簿都是基于空白的模板，除此之外 Excel 还提供了大量的、固定的、专业性很强的表格模板，如规划工具、会议议程、库存控制等。这些模板对数字、字体、对齐方式、边框、图案和行高与列宽做了固定的搭配。用户使用模板可以轻松设计出引人注目的、具有专业功能和外观的、有趣的表格。

视频 4.1.3–1 Excel 2010 基本操作

视频 4.1.3–2 Excel 2010 基本操作案例

选择"文件"→"新建"命令，在打开的窗口中可看到有"可用模板"和"Office.com 模板"两大部分，如图 4-2 所示。双击"可用模板"中的"样本模板"可以看到本机上可用的模板。"Office.com 模板"是放在指定服务器上的资源，用户必须联网才能使用这些功能。

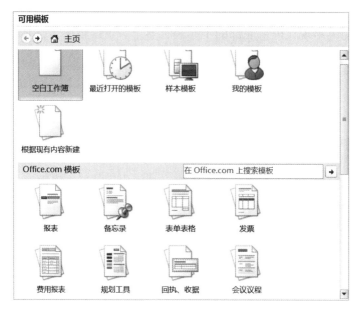

图 4-2　Excel 模板

2. 工作表的操作

（1）插入新工作表

插入新工作表最快捷的方法是在现有工作表的末尾单击屏幕底部的"插入工作表" 按钮。

（2）移动或复制工作表

移动工作表最快捷的方式：选中要移动的工作表，然后将其拖动到想要的位置。

复制工作表，选中需要复制的一个或多个工作表，右击，在弹出的快捷菜单中选"移动或复制工作表"命令，弹出如图 4-3 所示的对话框，按图示操作即可。

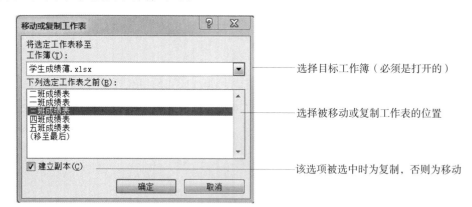

图 4-3　移动或复制工作表

（3）删除工作表

选中要删除的一个或多个工作表，右击，在弹出的快捷菜单中选择"删除"命令。

（4）重命名工作表

选中要重命名的工作表，右击，在弹出的快捷菜单中选择"重命名"命令，或者双击工作表标签，均可对工作表标签进行重命名。

（5）改变工作表标签颜色

选中要改变标签颜色的工作表，右击，在弹出的快捷菜单中选择"工作表标签颜色"命令。

（6）更改新工作簿中的默认工作表数

选择"文件"→"选项"命令，然后在"常规"类别"新建工作簿时"下的"包含的工作表数"框中，输入新建工作簿时默认情况下包含的工作表数。默认新建工作表数最少为1，最多为255。

3. 单元格及单元格区域的操作

（1）选中单元格或单元格区域

① 选中单个单元格。将鼠标指向要选中的单元格，然后单击即可选中该单元格。

② 选中连续的单元格区域。选中单元格区域左上角。开始拖动鼠标直到要选区域的右下角，然后释放鼠标。或者单击待选中区域左上角的单元格，按住【Shift】键不放再单击待选中区域右下角的单元格。

③ 选中整行或整列。将鼠标指向要选中的行号（或列标）上，当鼠标变为黑色箭头时单击即可。

④ 选中不连续的单元格区域。按住【Ctrl】键不放，依次拖动鼠标选中需要的单元格区域即可。

（2）单元格（或单元格区域）的插入与删除

① 插入操作：选中要插入的单元格或单元格区域，在"单元格"功能区单击"插入"按钮 弹出如图 4-4 所示的选项。

- 如果选择"插入单元格"选项会弹出如图 4-5 所示的对话框，根据需要选择"活动单元格右移"或"活动单元格下移"，单击"确定"即可。
- 如果选择"插入工作表行"选项，将会在活动单元格区域插入若干空白行，活动单元格区域所在的行下移。
- 如果选择"插入工作表列"选项，将会在活动单元格区域插入若干空白列，活动单元格区域所在的列右移。
- 如果选择"插入工作表"选项，将会在当前工作表之前插入一个新的工作表。

② 删除操作：选中要删除的单元格或单元格区域，在"单元格"功能区单击"删除"按钮 弹出如图 4-6 所示的选项。

图 4-4　"插入"选项　　　　图 4-5　"插入"对话框　　　　图 4-6　"删除"选项

- 如果选择"删除单元格"选项，会弹出如图 4-7 所示的对话框，根据需要选择"右侧单元格左移"或"下方单元格上移"，单击"确定"按钮即可。
- 如果选择"删除工作表行"选项，将会删除活动单元格区域所在的行，原来活动单元格区域下面的行上移。
- 如果选择"删除工作表列"选项，将会删除活动单元格区域所在的列，原来活动单元格区域右面的列左移。
- 如果选择"删除工作表"选项，将会删除活动单元格区域所在的工作表。

（3）清除

清除操作单元格本身依旧保留，但会清除单元格中的全部或部分信息。操作方法为：单击"编辑"功能区中的橡皮擦按钮 ，弹出如图 4-8 所示的选项，根据需要进行选择即可。

（4）移动与复制

移动操作：移动操作会移走除单元格本身之外的所有信息，包括公式及其结果值、单元格格式和批注等，粘贴时也包括所有信息。

图 4-7 "删除"对话框   图 4-8 "清除"选项

操作方法为：选中要移动的单元格或单元格区域，单击"开始"选项卡"剪贴板"功能区中的"剪切"按钮 ✄（也可以按【Ctrl+X】组合键）。选中目标单元格，再单击"粘贴"按钮 📋 即可。

在移动公式时，无论使用哪种单元格引用，公式内的单元格引用都不会更改。

复制操作：在复制单元格时，Excel 也会复制包括公式及其结果值、单元格格式和批注在内的单元格中的所有信息，但在粘贴时移动与复制有很大不同。

复制的操作步骤如下：

① 选中要复制的单元格或单元格区域。

② 在"开始"选项卡"剪贴板"功能区中（或者使用快捷菜单），单击"复制" 📋 按钮（也可以按【Ctrl+C】组合键）。

③ 选中目标单元格。

④ 单击"剪贴板"功能区中的"粘贴"按钮 📋，弹出如图 4-9 所示的选项，可以根据需要选择粘贴方式。

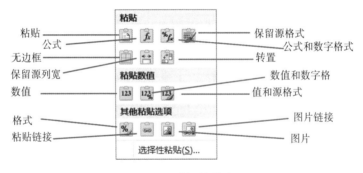

图 4-9 选择性粘贴

如果选择图 4-9 最底部的"选择性粘贴"命令，会弹出如图 4-10 所示的对话框，该对话框中包括了所有的选择性粘贴选项。各选项的功能说明如表 4-1 所示。

图 4-10 "选择性粘贴"对话框

表 4-1　选择性粘贴功能说明

选　项	说　　明
全部	粘贴所有单元格内容和格式
公式	只粘贴在单元格中输入的公式
数值	只在单元格中显示公式运算后的数值
格式	仅粘贴单元格格式，不粘贴单元格的实际内容
批注	仅粘贴附加到单元格的批注
有效性验证	将复制单元格的数据有效性规则粘贴到粘贴区域
边框除外	粘贴应用到被复制单元格的所有内容和格式，边框除外
公式和数字格式	仅从选中的单元格粘贴公式和所有数字格式选项
值和数字格式	仅从选中的单元格粘贴值和所有数字格式选项
无	复制单元格的数据，不经计算，完全粘贴（取代）到目标区域
加	复制单元格的数据，加上粘贴单元格数据，再粘贴到目标区域
减	复制单元格的数据，减去粘贴单元格数据后，再粘贴到目标区域
乘	复制单元格的数据，乘粘贴单元格数据后，再粘贴到目标区域
除	复制单元格的数据，除以粘贴单元格数据后，再粘贴到目标区域
跳过空单元	当复制区域中有空单元格时，避免替换粘贴区域中的值
转置	将被复制数据的列变成行，将行变成列

（5）查找与替换

单击编辑功能区中的查找命令按钮🔍可对工作表进行查找、替换、定位等操作，操作方法与 Word 类似，在此不再赘述。

4. 工作表的保护和共享

与其他用户共享工作簿时，可能需要保护工作簿或特定工作表或工作表中的特定单元格数据或工作表的结构以防用户对其进行更改。还可以指定一个密码，用户必须输入该密码才能修改受保护的特定工作表和工作簿元素。操作方法为单击"审阅"选项卡，在"更改"功能区可通过各种按钮进行相关操作。如图 4-11 所示。

图 4-11　共享与保护

（1）保护工作簿的结构和窗口

单击图 4-11 中的"保护工作簿"按钮🔲弹出如图 4-12 所示的对话框，用户可以锁定工作簿的结构，以禁止添加或删除工作表，或显示隐藏的工作表。同时，还可禁止用户更改工作表窗口的大小或位置。工作簿结构和窗口的保护可应用于整个工作簿中的所有工作表。

（2）保护工作表

单击图 4-11 中的"保护工作表"按钮🔲，弹出如图 4-13 所示的对话框，在该对话框中可以设置"允许此工作表的所有用户进行"列表中，选择希望用户能够更改的操作。

（3）保护单元格或单元格区域

默认情况下，保护工作表时，该工作表中的所有单元格都会被锁定和隐藏，用户不能对锁定的单元格进行任何更改。例如，用户不能在锁定的单元格中插入、修改、删除数据或者设置数据格式。但是，在很多情况下用户并不希望保护所有的区域。

设置不受保护的区域（即用户可以更改的区域）。操作步骤如下：

图 4-12 "保护结构和窗口"对话框

图 4-13 "保护工作表"对话框

① 选中要解除锁定（或隐藏）的单元格或单元格区域。

② 在"开始"选项卡的"单元格"功能区中，单击"格式"命令按钮，在弹出的列表中选择"设置单元格格式"命令。

③ 在"保护"选项卡中，根据需要选择清除"锁定"复选框或"隐藏"复选框，单击"确定"按钮。

④ 单击"审阅"选项卡"更改"功能区中的"保护工作表"按钮。

设置不受保护区域也可以通过单击"允许用户编辑区域"按钮来设置选择希望用户能够更改的元素。设置受保护的区域（即用户不可以更改的区域）的操作步骤如下：

① 选中整张工作表中的所有单元格

② 在"开始"选项卡的"单元格"功能区中，单击"格式"按钮，在弹出的下拉列表中选择"设置单元格格式"命令。

③ 单击"保护"选项卡，根据需要选择清除"锁定"复选框或"隐藏"复选框，然后单击"确定"按钮，则此状态下该工作表中所有的单元格都处于未被保护的状态。

④ 选中需要保护的单元格区域，如 A3：D5。

⑤ 再次单击"保护"选项卡，根据需要选中"锁定"复选框或"隐藏"复选框，然后单击"确定"按钮，则该工作表中仅 A3：D5 单元格区域处于被保护的状态。

⑥ 在"审阅"选项卡的"更改"功能区中单击"保护工作表"按钮。

以上无论是对工作簿、工作表还是对单元格区域的操作均可以选择添加一个密码，使用该密码可以编辑解除锁定的元素。在这种情况下，此密码仅用于允许特定用户进行访问，并同时禁止其他用户进行更改。

4.2 工作表数据输入与工作表格式化

4.2.1 工作表数据输入基础

1. 建立工作表

要用 Excel 2010 进行数据信息的统计和分析，首先要建立一个二维表格。二维表格可以称为数据库中的关系型数据库。因此，用户一定要根据自己工作的目标对数据进行统计或分析，选定要进行统计的各个项目，并冠以名字，在数据库中称为"字段"，在二维表格中是"列名称"，而把参加统计的各元素在同一行的所有单元格，称为"记录"。

以设计一个公司的工资表为例（见图 4-14），这里以一个公司的工资作为统计对象。统计的项目是根据入职时间求工龄，再由工龄求

视频 4.2.1-1 工作表数据输入基础

视频 4.2.1-2 工作表数据输入基础案例

出职务补贴（本章没有将职务补贴计入案例），从应发工资数求出实发工资数。实发工资是应发工资减去预扣基金。公司人事部门要利用这个工资表统计实发工资的总数、每人实发工资、部门和公司的平均工资等数据。

	A	B	C	D	E	F	G	H
1				工资表				
2	序号	姓名	部门	入职时间	工龄	应发工资	预扣基金	实发工资
3	51003	关汉瑜	办公室	2004/6/21	10	3520	280	3240
4	51006	林淑仪	办公室	2000/3/4	14	4790	400	4390
5	51007	区俊杰	办公室	2007/6/1	7	2470	350	2120
6	51010	朋小林	办公室	2002/6/5	12	4680	400	4280
7	51001	艾小群	工程部	2008/1/10	6	3450	320	3130
8	51002	陈美华	工程部	2001/2/6	13	5700	460	5240
9	51004	梅颂军	工程部	1987/7/9	27	6900	600	6300
10	51008	王玉强	工程部	1998/9/6	16	4700	200	4500
11	51005	蔡雪敏	技术部	2002/4/12	12	5680	500	5180
12	51009	黄在左	技术部	1982/12/1	32	7200	300	6900

图 4-14　工资表的输入和统计

2. Excel 2010 数据统计分析过程

使用 Excel 工作表的目的是要利用工作表进行数据的统计和分析。所以，在统计和分析之前，必须建立一个以统计或分析为目标的工作表格。这个工作过程如下：

① 根据工作目标要求，建立二维表格。尤其对目标统计或分析的项目，要建立完整的列字段名称。

② 对表格内的数据进行统计或分析。

③ 若需要，在表格中增加图表，以图表增加形象说明的力度。

④ 工作表格格式化，增加工作表的视觉效果。

工作表的数据主要有字符和数字。同时为了完成对工作表内的数据进行统计或分析，有必要在某些单元格中输入公式或函数对有关数据进行运算。公式和函数运算的结果同样是以数字或字符的形式在单元格中显示。

所以，为了能取得正确的统计和分析结果，在建立工作表时，必须按 Excel 的规定输入字符、数字、公式和函数。也可以利用 Excel 中提供的工具快速有效和准确地输入数据。最后对表格进行格式化。

4.2.2　文本输入

Excel 2010 中的文本通常是指字符或者任何数字和字符的组合。任何输入到单元格内的字符集，只要不被系统识别成数字、公式、日期、时间、逻辑值，则 Excel 一律将其视为文本。在 Excel 中输入文本时，默认对齐方式是单元格内靠左对齐。在一个单元格内最多可以存放 32 767 个字符。

视频 4.2.2-1 文本输入　　视频 4.2.2-1 文本输入案例

对于全部由数字组成的字符串，如邮政编码、身份证号码、电话号码等这类字符串，为了避免输入时被 Excel 认为是数值型数据，Excel 2010 提供了在这些输入项前添加"'"（英文的单引号）的方法，来区分是"数字字符串"而非"数值"数据。例如，要在 B5 单元格中输入非数字的电话号"02088886666"，则可在输入框中输入"'02088886666"。

4.2.3　数字输入

在 Excel 2010 中，当建立新的工作表时，所有单元格都采用默认的通用数字格式。通用格式一般采用整数（无千位分隔符）、小数（二位，如 7.89）、负数格式，而当数字的长度超过单元格的宽度时，Excel 将自动使用科学计数法来表示输入的数字。

在 Excel 中，输入单元格中的数字按常量处理。输入数字时，自动将它沿单元格右对齐。有效数字包含 0 ~ 9、+、-、( )、/、$、%、.、E、e 等字符。输入数据时可参照以下规则：

① 可以在数字中包括逗号，以分隔千分位。

② 输入负数时，在数字前加一个负号（－），或者将数字置于括号内。例如，输入"－20"和"（20）"都可在单元格中得到 －20。

③ Excel 忽略数字前面的正号（＋）。

④ 输入分数（如 2/3）时，应先输入"0"及一个空格，然后输入"2/3"。如果不输入"0"，Excel 会把该数据作为日期处理，认为输入的是"2 月 3 日"。

视频 4.2.3-1 数字输入　　视频 4.2.3-2 数字输入案例

⑤ 当输入一个较长的数字时，在单元格中显示为科学计数法（如 2.56E＋09），意味着该单元格的列宽大小不能显示整个数字，但实际数字仍然存在。

Excel 还提供了不同的数字格式。例如，可以将数字格式设置为带有货币符号的形式、多个小数位数、百分数或者科学计数法等。用户可以使用多种方法对数字格式进行格式化，但改变数字格式并不影响计算中使用的实际单元格数值。

1. 使用"开始"选项卡"数字"功能区按钮快速格式化数字"格式"

"数字"功能区提供了 5 个快速格式化数字的按钮 ，分别是"货币样式""百分比样式""千位分隔样式""增加小数位数""减少小数位数"。首先选择需要格式化的单元格或区域，然后单击相应的按钮即可。

（1）使用货币样式

单击"货币样式"按钮，可以在数字前面插入货币符号（￥），并且保留两位小数。当然，用户可以选择 Windows "控制面板"窗口中的"区域设置"选项来改变货币符号的位置和小数点的位数等。

注意： 如果其中的数字被改为数字符号（＃），则表明当前的数字超过了列宽。只要改变单元格的列宽后，即可显示相应的数字格式。

（2）使用百分比样式

单击"百分比样式"按钮，可以把选择区域的数字乘以 100，在该数字的末尾加上百分号。例如，单击该百分比按钮可以把数字"12345"格式为"1234500%"。

（3）使用千位分隔样式

单击"千位分隔样式"按钮，可以把选择区域中数字从小数点向左每三位整数之间用千分号分隔。例如，单击千位分隔符按钮可以把数字"12345.08"格式为"12，345.08"。

（4）增加小数位数

单击"增加小数位数"按钮，可以使选择区域的数字增加一位小数。例如，单击该按钮可以把数字"12345.01"格式化为"12345.010"。

（5）减少小数位数

单击"减少小数位数"按钮，可以使选择区域的数字减少一位小数。例如，单击该按钮可以把数字"12345.08"格式化为"12345.1"。

2. 使用"设置单元格格式"对话框设置数字格式

使用"格式"工具栏中的工具按钮可以对数字进行快捷、简单的格式化，还可以使用快捷菜单或"数字"功能区右下角的 按钮打开"设置单元格格式"对话框，在"数字"选项卡中对数字进行更加完善的格式化。表 4-2 列出了 Excel 的数字格式分类。

表 4-2　Excel 的数字格式分类

分　类	说　明
常规	不包含特定的数字格式
数值	可用于一般数字的表示，包括千位分隔符、小数位数，还可以指定负数的显示方式

续表

分　类	说　明
货币	可用于一般货币值的表示，包括使用货币符号¥、小数位数、还可以指定负数的显示方式
会计专用	与货币一样，只是小数或货币符号是对齐的
日期	把日期和时间序列数值显示为日期值
时间	把日期和时间序列数值显示为时间值
百分比	将单元格值乘以 100 并添加百分号，还可以设置小数点位置
分数	以分数显示数值中的小数，还可以设置分母的位数
科学计数	以科学计数法显示数字，还可以设置小数点位置
文本	在文本单元格格式中，数字作为文本处理
特殊	用来在列表或数据中显示邮政编码、电话号码、中文大写数字、中文小写数字
自定义	用于创建自定义的数字格式

4.2.4　公式和函数输入

1. 公式输入

公式的输入是 Excel 为完成表格中相关数据的运算（计算）而在某个单元格中按运算要求写出的数学表达式。

输入的公式类似于数学中的数学表达式，它表示本单元格的这个数学表达式（公式）运行的结果存放于这个单元格中。也就是说，"公式"只在编辑时出现在编辑栏中，这个单元格只显示这个公式编辑后运行的结果。不同之处在于，在 Excel 工作表的单元格输入公式时，必须以一个等号（=）作为开头，等号（=）后面的"公式"中可以包含各种运算符号、常量、变量、函数以及单元格引用等,如"=D2*

视频 4.2.4-1 公式输入　　视频 4.2.4-2 公式输入案例

（B2-C2）"。公式可以引用同一工作表的单元格，或同一工作簿不同工作表中的单元格，或者其他工作簿的工作表中的单元格。

（1）公式中的运算符

运算符用于对公式中的元素进行特定类型的运算。在 Excel 中有 4 类运算符：算术运算符、文本运算符、比较运算符和引用运算符。

运算符运算的优先级与数学运算符运算的优先级相同。

① 算术运算符。算术运算符可以完成基本的数学运算，如加、减、乘、除等，还可以连接数字并产生数字结果。算术运算符包括：加号（+）、减号（-）、乘号（*）、除号（/）、百分号（%）以及乘幂（^）。

② 文本运算符。在 Excel 公式输入中不仅可以进行数学运算，还提供了文本操作的运算。利用文本运算符（&）可以将文本连接起来。在公式中使用文本运算符时,以等号开头输入文本的第一段(文本或单元格引用),加入文本运算符（&），输入下一段（文本或单元格引用）。例如，用户在单元格 A1 中输入"第一季度"，在 A2 中输入"销售额"。在 C3 单元格中输入"= A1 &"累计" & A2"，结果会在 C3 单元格显示"第一季度累计销售额"。

如果要在公式中直接使用文本，需用英文引号将文本括起来，这样就可以在公式中加上必要的空格或标点符号等。

另外，文本运算符也可以连接数字，例如输入公式"=23 & 45"，其结果为"2345"。

用文本运算符连接数字时，数字两边的引号可以省略。

③比较运算符。比较运算符可以比较两个数值并产生逻辑值 TRUE 或 FALSE。比较运算符包括 =（等于）、<（小于）、>（大于）、<>（不等于）、<=（小于等于）、>=（大于等于）。

例如，用户在单元格 A1 中输入数字"9"，在 A2 中输入"= A1 < 5"，由于单元格 A1 中的数值为 9 大于> 5，因此为假，在单元格 A2 中显示 FALSE。如果此时单元格 A1 的值为 3，则将显示 TRUE。

④引用运算符。一个引用位置代表工作表上的一个或者一组单元格，引用位置告诉 Excel 在哪些单元格中查找公式中要用的数值。通过使用引用位置，用户可以在一个公式中使用工作表上不同部分的数据，也可以在几个公式中使用同一个单元格中的数据。

在对单元格位置进行引用时，有 3 个引用运算符：冒号、逗号及空格。引用运算符如表 4-3 所示。

表 4-3 引用运算符

引用运算符	含　　义	示　　例
：（冒号）	区域运算符，对两个引用之间，包括两个引用在内的所有单元格进行引用	SUM（C2：E2）
，（逗号）	联合运算符，将多个引用合并为一个引用	SUM（A1：A3，D1：D3）
␣（空格）	交叉运算符，产生同时属于两个引用的单元格	SUM（B2：D3 C1：C4）（这两个单元区域引用的公共单元格为 C2 和 C3）

（2）公式的修改和编辑

在 Excel 2010 中编辑公式时，被该公式所引用的所有单元格及单元格区域的引用都将以彩色显示在公式单元格中，并在相应单元格及单元格区域的周围显示具有相同颜色的边框。当用户发现某个公式中含有错误时，要单击选中要修改公式的单元格。按【F2】键使单元格进入编辑状态，或直接在编辑栏中对公式进行修改。此时，被公式所引用的所有单元格都以对应的彩色显示在公式单元格中，使用户很容易发现哪个单元格引用错了。编辑完毕后，按【Enter】键确定或单击编辑栏中的 ✔ 按钮确定。如果要取消编辑，按【Esc】键或单击编辑栏的 ✘ 按钮退出编辑状态。

2. 函数输入

函数是 Excel 2010 内部预先定义的特殊公式，它可以对一个或多个数据进行数据操作，并返回一个或多个数据。函数的作用是简化公式操作，把固定用途的公式表达式用"函数"的格式固定下来，实现方便的调用。

函数含函数名、参数和括号三部分。在工作表中利用函数进行运算，可以提高数据输入和运算的速度，还可以实现判断功能。所以，当进行复杂的统计或运算时，应尽量使用 Excel 2010 提供的 12 类共400 多个函数。学习本章课程后，应熟练掌握表 4-4 中的 14 个函数，并以此融会贯通。

视频 4.2.4-3 函数输入　　视频 4.2.4-4 函数输入案例

在 Excel 提供了 12 类函数，其中包括数学与三角函数、统计函数、数据库函数、财务函数、日期与时间函数、逻辑函数、文本函数、信息函数、工程函数、查找与引用函数、多维数据集函数、兼容性函数以及将其中经常使用及最近使用的函数归结到一起的"常用"函数。

表 4-4 简单函数功能表

函　数　名　称	函　数　功　能
SUM（number1，number2，…）	计算参数中数值的总和
AVERAGE（number1，number2，…）	计算参数中数值的平均值

续表

函数名称	函数功能
MAX（number1，number2,…）	求参数中数值的最大值
MIN（number1，number2,…）	求参数中数值的最小值
COUNT（value1，value2,…）	统计指定区域中有数值数据的单元格个数
COUNTA（value1，value2,…）	统计指定区域中非空值（即包括有字符的单元格）的单元格数目（空值是指单元格是没有任何数据）
COUNTIF（range，criteria）	计算指定区域内满足特定条件的单元格的数目
RANK（number，ref，order）	求一个数值在一组数值中的名次
YEAR（date）	取日期的年份
TODAY()	求系统的日期
IF（logical_test，valuel_if_true，value_if_false）	本函数对比较条件式进行测试，如果条件成立，则取第一个值（即 value_if_true），否则取第二个值（即 value_if_false）
VLOOKUP（lookup_value，table_array，col_index_num，range_lookup）	搜索表区域首行满足条件的元素，确定待检索单元格在区域中的行序号，再进一步返回选定单元格的值
FV（rate，nper，pmt，pv，type）	求按每期固定利率及期满的本息总和
PMT（rate，nper，pv，fv，type）	求固定利率下贷款等额的分期偿还额

【例 4-1】函数的使用。要求使用函数，求出如图 4-15 所示工资表中职工号为 51001 职工的应发工资。

第一步，选中需要使用函数的单元格 F2，单击编辑栏中的插入函数按钮 fx。

第二步，根据工作目标，找到最适合目标要求的函数，如本例要求求出工资表中第一个职工的应发工资。实际上，应发工资是由职务工资与补贴之和组成，所以要用求和函数 SUM()。

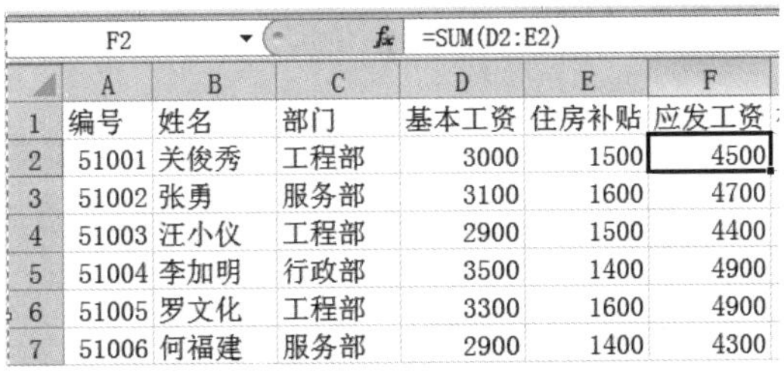

F2　fx　=SUM(D2:E2)

	A	B	C	D	E	F
1	编号	姓名	部门	基本工资	住房补贴	应发工资
2	51001	关俊秀	工程部	3000	1500	4500
3	51002	张勇	服务部	3100	1600	4700
4	51003	汪小仪	工程部	2900	1500	4400
5	51004	李加明	行政部	3500	1400	4900
6	51005	罗文化	工程部	3300	1600	4900
7	51006	何福建	服务部	2900	1400	4300

图 4-15　工资表

第三步，将合适的参数"填入"函数的括号中，就可以完成或求出函数操作的结果。

①函数中的参数类型：（本教材要求只掌握）

- 直接填写数值（数字），如 SUM（3000，3300），但直接填写数字不能把公式复制到其他区域。
- 填写一个单元格区域。需要运算的数值以单元格区域表示出来，如本例的应发工资，所求的区域就是 SUM（D2：E2）。
- 有些特殊的函数可以不带参数，即不用直接写参数，其实是用了函数默认的参数做参数，如 TODAY()、PI()、RAND() 等。

② 学会使用函数的对话框填入参数。

在图 4-16 中，从 SUM() 函数的对话框中可以看到，函数括号内有几个参数，对话框中就会有对应数量的输入框。例如，本例的 SUM() 函数，它是求一个或多个数值的和，所以会有一个或多个输入框。再如 IF()

函数，括号内有 3 个参数，对话框出来后就只有 3 个参数需要填写。有些函数没有参数，例如当前日期函数 TODAY( )、当前日期与时间函数 NOW( )、圆周率函数 PI( )、随机函数 RAND( ) 等，括号内不要求写参数。

图 4-16 "函数参数" 对话框

注意：对话框中输入框右边的文字就是要求在输入框内输入参数的类型，如 SUM( ) 函数的输入框中写的是 "数值"，就要在输入框内写入数值或数值所在的区域。如果输入正确，这个数值也将出现在输入框的右边。

3. 公式和函数的复制——单元格公式引用

在 Excel 工作表中单元格的引用实际是将单元格中定义好的公式或函数，复制到其他单元格，以完成在其他行、列或区域的单元格同样用这个公式或函数进行运算，并将结果放于这个单元格中的操作。单元格公式引用节省了输入或运算操作。

Excel 允许在公式或函数中引用工作表中的单元格地址，即用单元格地址或区域引用代替单元格中的数据。这样不仅可以简化烦琐的数据输入，还可以标识工作表上的单元格或单元格区域，即指明公式所使用的数据的位置。"引用" 的目的是将在一个单元格完成的公式或函数操作，"复制" 到同样要完成同类操作的行或列。更重要的是，引用单元格数据之后，当初始单元格数据发生修改变化时，只需改动起始单元格的公式或数据，其他经引用的单元格的数据亦随之变化，不用逐个修改。

引用还分为相对引用、绝对引用和混合引用。

（1）相对引用

在输入公式的过程中，除非用户特别指明，Excel 一般是使用相对地址来引用单元格的位置。所谓相对地址是指：如果将含有单元地址的公式复制到另一个单元格，这个公式中的各单元格地址将会根据公式移动到的单元格所发生的行、列的相差值，也同样做有这个相差值的改变，以保证这个公式对表格其他元素的运算的正确。

例如，将如图 4-17 所示的 F2 单元格的公式复制到 F3：F10，把光标移至 F3 单元格，会发现公式已经变为 "=sum（D3：E3）"，因为从 F2 到 F3，列的偏移量没有变，而行做了一行的偏移，所以公式中涉及的列的数值不变而行的数值自动加 1。其他各个单元格也做出了改变，如图 4-17 所示。

	A	B	C	D	E	F	G	H
1	学号	姓名	性别	数学	语文	总分		
2	20101001	关俊秀	男	78	91	169		=SUM(D2:E2)
3	20101002	张勇	男	88	86	174		=SUM(D3:E3)
4	20101004	李加明	男	56	78	134		=SUM(D4:E4)
5	20101006	何福建	男	缺考	92	92		=SUM(D5:E5)
6	20101008	邹凡	男	87	86	173		=SUM(D6:E6)
7	20101009	余群利	男	76	94	170		=SUM(D7:E7)
8	20101003	汪小仪	女	62	55	117		=SUM(D8:E8)
9	20101005	罗文化	女	77	70	147		=SUM(D9:E9)
10	20101007	曾宝珠	女	90	68	158		=SUM(D10:E10)

图 4-17 相对引用

（2）绝对引用

如果公式运算中，需要某个指定单元格的数值是固定的数值，在这种情况下，就必须使用绝对引用。所谓绝对引用，是指对于已定义为绝对引用的公式，无论把公式复制到什么位置，总是引用起始单元格内的"固定"地址。

在 Excel 中，通过在起始单元格地址的列号和行号前添加美元符"$"，如 $A$1 来表示绝对引用。

例如，在如图 4-17 所示的例子中，如果将 F2 中输入的相对地址改为绝对地址，当 F2 复制到 F3:F10 时，会出现如图 4-18 所示的结果，所有学生的总分都是"关俊秀"的总分。

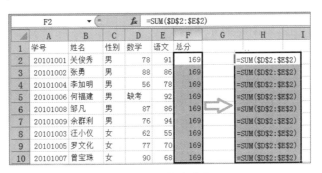

图 4-18　绝对引用

（3）混合引用

单元格的混合引用是指公式中参数的行采用相对引用、列采用绝对引用；或列采用绝对引用、行采用相对引用，如 $A3、A$3。当含有公式的单元格因插入、复制等原因引起行、列引用的变化时，公式中相对引用部分随公式位置的变化而变化，绝对引用部分不随公式位置的变化而变化。例如，制作九九乘法表，操作步骤如下：

① 在 B2 单元格中输入 "=B$1&"*"&$A2&"="&B$1*$A2"。

② 将 B2 复制到 B3：B10。

③ 将 B3 复制 C3，再将 C3 复制到 C4：C10。

④ 将 C4 复制到 D5，再将 D5 复制到 D6：D10。

⑤ 依此类推，可完成乘法九九表的制作，如图 4-19 所示。

表 4-5 所示为有关 A1 引用样式的说明。

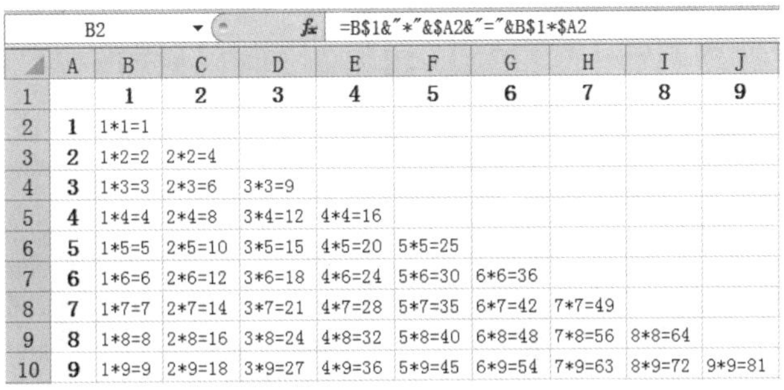

图 4-19　九九乘法表

表 4-5　A1 引用样式的说明

引　用	区　分	描　述
A1	相对引用	A 列及 1 行均为相对位置
$A$1	绝对引用	A1 单元格
$A1	混合引用	A 列为绝对位置，1 行为相对位置
A$1	混合引用	A 列为相对位置，1 行为绝对位置

4.2.5 创建迷你图

视频 4.2.5-1 创建迷你图

视频 4.2.5-2 创建迷你图案例

1. 迷你图的概念

迷你图是工作表单元格中的一个微型图表（不是对象），可提供数据的直观表示。使用迷你图可以显示一系列数值的趋势（例如，季节性增加或减少、经济周期），或者可以突出显示最大值和最小值。在数据旁边放置迷你图可达到最佳效果。

下面以艾瑞市场咨询发布的 2008—2014 中国网购市场交易规模及预测数据（如图 4-20 所示）为例来创建迷你图。

	A	B	C	D	E	F	G	H	I
1	**2008-2014中国网购市场交易规模**								
2	年　　度	2008	2009	2010	2011	2012	2013	2014	
3	交易额（亿）	2578	5051	10105	17200	24800	32300	41000	
4	同比增长	78.0%	95.9%	100.1%	70.2%	44.2%	30.2%	26.9%	

图 4-20　网购市场交易规模

2. 迷你图的创建

① 选择要在其中插入迷你图中的一个空白单元格或单元格区域，本例选中 I3。

② 单击"插入"选项卡，在"迷你图"功能区单击要创建的迷你图的类型"柱形图"按气日（见图 4-21），弹出如图 4-22 所示的对话框。

图 4-21　创建迷你图

③ 在图 4-22 中的"数据范围"框中，输入包含创建迷你图所基于的数据单元格区域 B3∶H3。位置范围为 $I$3，单击"确定"按钮。如果需要在多个单元格创建相同类型的迷你图，此处也可以选择一个单元格区域。用同样的方法可在 I4 单元格中创建一个折线图，结果如图 4-23 所示。

图 4-22　创建迷你图对话框

图 4-23　迷你图创建结果

3. 迷你图的编辑与格式化（迷你图工具栏）

在工作表中选中一个或多个迷你图后，将会出现"迷你图工具"，并显示"设计"选项卡。在"设计"选项卡中包括"迷你图""类型""显示""样式""分组"等多个功能区，如图 4-24 所示。

使用这些功能可以编辑迷你图数据、更改其类型、设置其格式、显示或隐藏折线迷你图上的数据点、选择迷您图样式、设置迷你图的坐标轴格式等操作。

含有迷你图的单元格像普通单元格一样，可以输入文本、设置文本和单元格格式。

图 4-24　迷你图功能区

4.2.6　提高数据输入正确性和效率的方法

1. 自动完成

在同一列中，对于在上面单元格曾经输入过的字符，当在后面的单元格输入其中的第一个字时，Excel 能自动填入其后的字符，如图 4-25 所示。当在 C6 单元格中输入"工"后，在"工"后 Excel 能自动填入"程部"，并以反白显示，按【Enter】键即可，否则无须理会，继续输入其他字符。同理，当在 C8 单元格中输入"办"后，在"办"后 Excel 能自动填入"公室"。

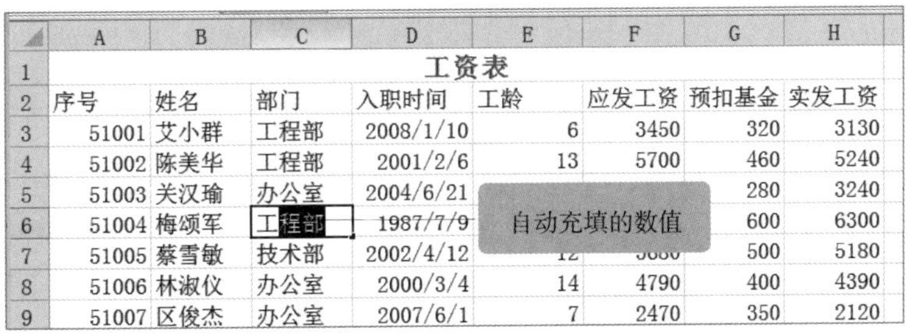

	A	B	C	D	E	F	G	H
1				工资表				
2	序号	姓名	部门	入职时间	工龄	应发工资	预扣基金	实发工资
3	51001	艾小群	工程部	2008/1/10	6	3450	320	3130
4	51002	陈美华	工程部	2001/2/6	13	5700	460	5240
5	51003	关汉瑜	办公室	2004/6/21			280	3240
6	51004	梅颂军	工程部	1987/7/9		自动充填的数值	600	6300
7	51005	蔡雪敏	技术部	2002/4/12	12	5680	500	5180
8	51006	林淑仪	办公室	2000/3/4	14	4790	400	4390
9	51007	区俊杰	办公室	2007/6/1	7	2470	350	2120

图 4-25　自动完成输入功能

2. 选择列表

在同一列中反复输入相同的几个字段值，如反复输入"技术部""工程部""办公室"。可以在输入"技术部""工程部""办公室"以后，在待输入的新的单元格上右击，在弹出的快捷菜单中选择"从下拉列表中选择"命令，单元格下方就会出现一个下拉列表框，该列表中记录了该列出现过的所有数据（见图 4-26），只要从列表中选择一项即可完成输入。

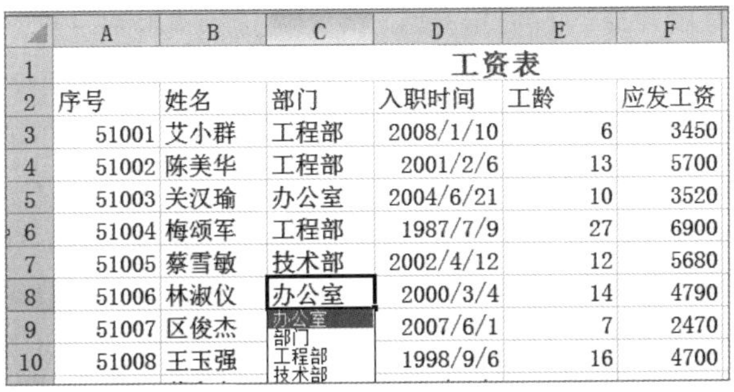

	A	B	C	D	E	F
1				工资表		
2	序号	姓名	部门	入职时间	工龄	应发工资
3	51001	艾小群	工程部	2008/1/10	6	3450
4	51002	陈美华	工程部	2001/2/6	13	5700
5	51003	关汉瑜	办公室	2004/6/21	10	3520
6	51004	梅颂军	工程部	1987/7/9	27	6900
7	51005	蔡雪敏	技术部	2002/4/12	12	5680
8	51006	林淑仪	办公室	2000/3/4	14	4790
9	51007	区俊杰	办公室	2007/6/1	7	2470
10	51008	王玉强		1998/9/6	16	4700

图 4-26　选择列表功能

3. 利用"自定义序列"自动充填数据

对于需要经常使用的特殊数据系列，例如一组多次重复使用的字符或中文序列号，可以将其定义为一个序列，在输入表格数据时，可使用"自动填充"功能，将数据自动输入到工作表中。

（1）增加要输入的数据系列

使用自动填充功能之前，必须利用"自定义序列"增加本次要输入的数据系列。操作步骤如下：

① 选择"文件"→"选项"命令，弹出"Excel 选项"对话框，

② 选择"高级"选项，单击"编辑自定义列表"按钮，如图 4-27 所示。

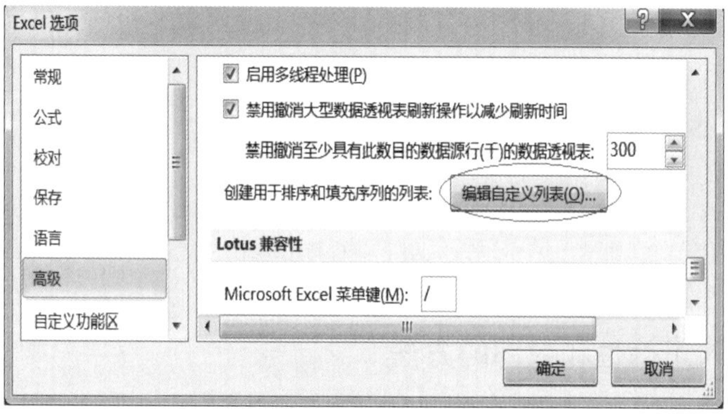

图 4–27　编辑自定义序列

③ 在“输入序列”文本框中输入“主机”，然后按【Enter】键，然后输入“显示器”，再次按【Enter】键，重复操作该过程，直到输入所有的数据。

④ 单击“添加”按钮，就可以看到自定义的序列已经出现在对话框中，如图 4–28 所示。

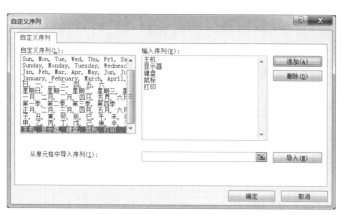

图 4–28　“自定义序列”对话框

（2）“自定义序列”在工作表中输入的方法

① 选中需要输入“自定义序列”的单元格，选择输入序列中的一个选项，如选择“主机”，单击“确定”按钮。

② 将鼠标移至“主机”所在单元格的右下角，拖动填充柄（此时鼠标会变成十字形状）至目标单元格释放。

4. 数据的自动填充

字符自动填充功能可以把单元格中的内容复制到同行或同列的相邻单元格，也可以根据单元格的数据自动产生一串递增或递减序列。例如，在图 4–29 中，如果 A2 中的“学号”为字符型数据，把光标移至 A2 单元格右下角的填充柄（此时鼠标会变成十字形状），拖动至 A8 单元格，那么 A2 单元格的内容就被顺次加 1 复制到 A3：A6 单元格区域，如图 4–29 左图所示。

如果 A2 中的“学号”为数值型数据，需要在 A2、A3 中分别输入 1003020101 和 1003020102，同时选中 A2：A3，把光标移至 A3 单元格右下角的填充柄（此时鼠标会变成十字形状），拖动至 A6 单元格，那么 A2：A3 单元格的内容就被顺次加 1 复制到 A4：A6 单元格区域，如图 4–29 右图所示。

	A	B	C	D
1	学号	姓名	入学时间	性别
2	1003020101	李卯	2013/9/1	男
3	1003020102	王本成	2013/9/1	男
4	1003020103	孙自立	2013/9/1	女
5	1003020104	张磊	2013/9/1	女
6	1003020105	黄明	2013/9/1	女

	A	B	C	D
1	学号	姓名	入学时间	性别
2	1003020101	李卯	2013/9/1	男
3	1003020102	王本成	2013/9/1	男
4	1003020103	孙自立	2013/9/1	女
5	1003020104	张磊	2013/9/1	女
6	1003020105	黄明	2013/9/1	女

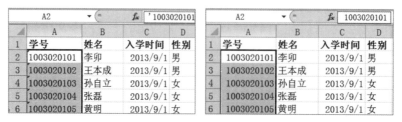

图 4–29　自动填充

可以自动填充的数据如下：

- 初始值（输入的第一个）是纯字符或数字。
- 日期、星期、月份、季度等与日期时间相关的序列。
- 天干、地支。
- 初始值是字符，后面是数字。自动填充时，字符不变，数字自动加 1。
- 已在"自定义序列"中有的序列，也可以按表中预设的序列自动填充。
- 有规律的等差或等比序列的自动填充。例如，在 A1、A2 分别输入数字 1001、1004，再将两个单元格同时选中，向下拖动填充柄，以下单元格分别出现 1007、1010……

5. 序列填充

上面所列的自动填充一般是以列（或以行）为填充对象进行有规律的填充。但对于等比数列或工作日的自动填充上述方法就很难完成。对于特殊情况可用下面的方法完成。

选择初始单元格 A3，填入第一个序列号，如输入 10001。

单击"开始"选项卡"编辑"功能区中的"填充"按钮 ，选择"序列"命令，弹出如图 4-30 所示的对话框。

在对话框的"序列产生在"选项区域选中"列"单选按钮，在"类型"选项区域选中"等差序列"单选按钮，在"步长值"文本框中输入"3"，终止值填入 10019，单击"确定"按钮，就能看到如图 4-31 所示的序列。

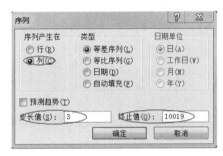

图 4-30　"序列"对话框

图 4-31　序列填充结果

6. 数据有效性输入

在 Excel 2010 中具有增加提示信息与数据有效检验的功能。该功能使用户可以指定在单元格中允许输入的数据类型，如文本、数字或日期等，以及有效数据的范围，如小于指定数值的数字或特定数据序列的数值。

（1）数据有效性的设置

有效性数据的输入提示信息和出错提示信息功能，是利用数据有效性功能，在用户选定的限定区域的单元格，或在单元格中输入了无效数据时，显示自定义的提示信息或出错提示信息。

例如，在工作表中，为 D2：E6 单元格区域按如下步骤进行数据有效性设置：

① 选择单元格区域 D2：E6。

② 选择"数据"选项卡，单击"数据工具"功能区中的"数据有效性"按钮（见图 4-32），在弹出的对话框中选择"设置"选项卡，在"有效性条件"选项区域的"允许"下拉列表框中选择"整数"选项，然后完成如图 4-33 所示的设置。

图 4-32　数据有效性设置

③ 单击"输入信息"选项卡，在"标题"文本框中输入"成绩"，在"输入信息"文本框中输入"请输入成绩"。

④ 单击"出错警告"选项卡，在"标题"文本框中输入"错误"，在"出错信息"文本框输入"必须介于 0 ~ 100 之间"。

⑤ 单击"确定"按钮。

设置完成后，当指针指向该单元格时，就会出现如图 4-34 所示的提示信息。如果在其中输入了非法数据，系统还会给出警告信息。

图 4-33 "数据有效性"对话框

图 4-34 输入数据时的提示信息

（2）特定数据序列

利用数据有效性功能，设置特定的数据系列。

例如，在"加班情况登记"工作表中，当鼠标指针指向 C2:C19 单元格区域任意一个单元格时，显示下拉列表框，提供"技术部""销售部""办公室"3 个数据供选择，如图 4-35 所示。

设置特定数据序列的操作步骤如下：

① 选择单元格区域 C2：C19。

② 选择"数据"选项卡，选中"数据工具"功能区的"数据有效性"命令，在弹出的对话框中选择"设置"选项卡，在"有效性条件"选项区域的"允许"下拉列表框中，选择"序列"选项，在"来源"文本框中输入"技术部，销售部，办公室"，需要注意的是各选项之间要用英文的逗号相隔。

③ 单击"确定"按钮，如图 4-36 所示。

图 4-35 输入有效序列数据框提示

图 4-36 设置有效序列数据

7. 特定区域内一组数字的快速输入

【例 4-2】请输入学生成绩表中 6 个同学语文、数学、英语和生物四科的成绩，如图 4-37 所示。

① 鼠标从需要输入的起始单元格 C2 开始拖动到 F7。这个区域已变成蓝色，只有起始单元格 C2 是白色。

② 在白色单元格输入第一个学生的语文成绩 80 后按【Tab】键，白色区域右移，再输入该学生的数学成绩，按【Tab】键，依此类推，直至全部成绩输入完成。

图 4-37 特定区域快速输入

8. 自定义输入

在数据输入过程中有许多重复项，但又没有很强的规律性，无法使用前面所讲的方法进行快速录入。如图 4-38 所示的第 F 列的数据，如果每一个数据都重复录入"p00-000-"等内容，将是一件很烦琐的事。解决这个问题可以使用"单元格格式"对话框中的"数学"选项卡下的"自定义"。

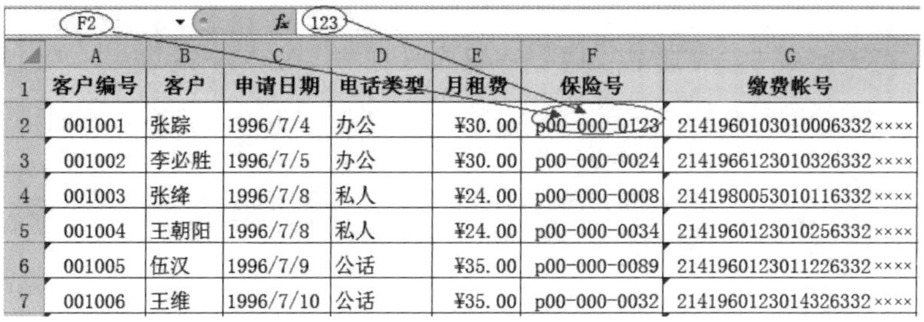

	A	B	C	D	E	F	G
1	客户编号	客户	申请日期	电话类型	月租费	保险号	缴费帐号
2	001001	张踪	1996/7/4	办公	¥30.00	p00-000-0123	2141960103010006332××××
3	001002	李必胜	1996/7/5	办公	¥30.00	p00-000-0024	2141966123010326332××××
4	001003	张绛	1996/7/8	私人	¥24.00	p00-000-0008	2141980053010116332××××
5	001004	王朝阳	1996/7/8	私人	¥24.00	p00-000-0034	2141960123010256332××××
6	001005	伍汉	1996/7/9	公话	¥35.00	p00-000-0089	2141960123011226332××××
7	001006	王维	1996/7/10	公话	¥35.00	p00-000-0032	2141960123014326332××××

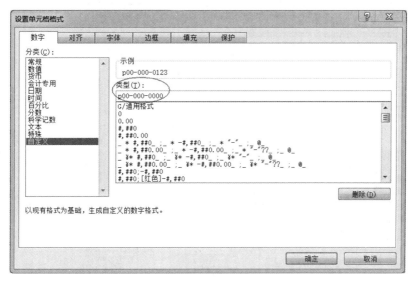

图 4-38　自定义格式输入结果

操作步骤如下：

① 选中第 F 列需要自定义格式的单元格区域，在本例中可选中 F2:F7。

② 单击“开始”选项卡“数字”功能区右下角的展开命令按钮，弹出如图 4-39 所示的对话框。

图 4-39　自定义格式设置

③ 在“数字”选项卡下选择“自定义”，在“类型”文本框中输入“p00-000-0000”，单击“确定”按钮。

④ 在 F2:F7 中分别输入：123、24、8……即可得到如图 4-38 所示的结果。

自定义格式有很多的格式设置，限于篇幅本节不再讲述，希望本例能起到抛砖引玉的作用。

9. 获取外部数据

除 Microsoft Excel 工作簿数据之外，还有许许多多的数据可以在工作簿中使用。可以通过简单的方式将一些外部数据源导入或链接到 Excel 表中，省去许多烦琐的输入。

【例 4-3】将记事本文件中的“学生信息.txt”导入到 Excel 表中。操作步骤如下：

① 单击“数据”选项卡，在“获取外部数据”功能区单击“自文本”命令按钮，如图 4-40 所示。

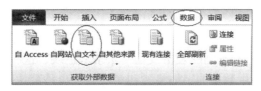

图 4-40　获取外部数据

② 在弹出的如图 4-41 所示的对话框中，找到需要导入的数据源“学生信息.txt”，单击“导入”按钮，弹出“文本导入向导”的 3 个步骤，可以分别对源文本的分隔符、导入起始行、目标数据区的格式等项目进行设置。单击“完成”按钮，弹出如图 4-42 所示的对话框。

图 4-41　导入文本文件

③ 在如图 4-42 所示的对话框中设置导入数据的放置位置为"现有工作表"的 $A$1 单元格，单击"确定"按钮。操作结果如图 4-43 所示。

图 4-42　"导入数据"对话框

图 4-43　导入结果

另外，Excel 还可以将"自 SQL server""自 Access""自网站"的数据导入或链接到工作表中。

视频 4.2.6-1 提高数据输入正确性和效率的方法

视频 4.2.6-2 提高数据输入正确性和效率的方法案例

4.2.7　工作表格式化

Excel 表格在刚打开工作表时，所看到的表格线是一条条灰色线，这些线是帮助用户输入数据定位用的，打印时是不能打出表格线，单元格中数据的字体格式和对齐方式也是默认的。所以，工作表的数据全部输入以后，有必要对工作表进行格式化。工作表格式化的内容有：

- 单元格内的字体、字形、字号和颜色。
- 单元格内的字符的对齐方式。
- 表格边框线和线形设置。
- 表格底纹和图案设置。

- 表格列宽和行高的设置。
- 数字格式的设置。
- 单元格可见性设置。
- 单元格内容的保护。
- 单元格样式的设置。
- 条件格式设置。
- 套用表格格式。

以上工作表的格式设置与 Word 表格的格式化设置极为相似，关于数字的格式化在 4.2.3 也有所涉及，本节将不对以上知识重复讲述。下面仅以实例说明工作表的格式化。

【例 4-4】请对"餐馆进货单"进行格式设置，设置前后的效果如图 4-44 所示。具体要求如下：

① 将 A1 单元格中的表格标题"某餐馆进货单"格式设置为 12 号宋体加粗，并使 A1：D1 单元格合并居中。

② 将 A2：D2 单元格区域跨列合并，单元格内容右对齐。

③ 将单价（即 B4：B14）和金额（即 D4：D15）设置为保留两位小数，并在数据前加人民币符号。

④ 将 A3：D14 单元格区域的内边框设置为虚线，外加边框设置为双实线。

⑤ 将 B4：B14 区域中超过 5 的数据设置为加粗倾斜并加 12.5% 的浅灰色底纹。

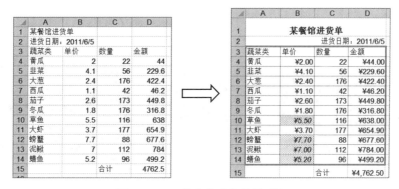

图 4-44　工作表格式化前后对比

操作步骤如下：

① 选中 A1：D1 单元格区域，在"开始"选项卡，单击"对齐方式"功能区中的 合并后居中 按钮，在"字体"功能区将字体设置为"宋体"，字号设置为"12"，单击 B 按钮使字体加粗。

② 选中 A2：D2 单元格区域，在"开始"选项卡，单击"对齐方式"功能区中 合并后居中 右面的下拉按钮，在弹出的列表中选择 跨越合并(A)，再单击 按钮使单元格中的数据右对齐。

③ 同时选中 B4：B14 和 D4：D15 单元格区域（方法为：先选中 B4：B14 单元格区域，按住【Ctrl】键不放再选中 D4：D15 单元格区域），在"数字"功能区单击 $ 按钮右边的下拉按钮，在弹出的列表框中选择 ¥ 中文(中国) 为数据加上人民币符号，再单击 按钮使数据保留两位小数。

④ 选中 A3：D14 单元格区域，右击，在弹出的快捷菜单中选择 设置单元格格式(F)...，在弹出的对话框中单击"边框"选项卡，如图 4-45 所示。

⑤ 选中 B4：B14 单元格区域，在如图 4-46 所示的"样式"功能区单击"条件格式"→"突出显示单元格规则"→"大于"，弹出如图 4-47 所示的对话框。

图 4-45　单元格区域的边框设置

图 4-46　条件格式的设置

图 4-47　条件格式的设置

在如图 4-47 所示的对话框中设置大于 5 的数据为自定义格式加粗、倾斜并加 12.5% 的浅灰色底纹，单击"确定"退出。

Excel 提供了一些固定的表格模板，对数字、字体、对齐方式、边框、图案和行高与列宽做了固定的搭配。可以通过"开始"选项卡"样式"功能区中的"套用表格格式"命令按钮选择适合自己目标工作表的表格格式。

视频 4.2.7-1 单元格内字体设置

视频 4.2.7-2 单元格内字体设置案例

视频 4.2.7-3 单元格内的字符的对齐方式

视频 4.2.7-4 单元格内的字符的对齐方式案例

视频 4.2.7-5 表格边框线和线形设置

视频 4.2.7-6 表格边框线和线形设置案例

视频 4.2.7-7 表格底纹和图案设置

视频 4.2.7-8 表格列宽和行高的设置

视频 4.2.7-9 表格列宽和行高的设置案例

视频 4.2.7-10 数字格式的设置

视频 4.2.7-11 数字格式的设置案例

视频 4.2.7-12 单元格可见性设置

视频 4.2.7-13 单元格可见性设置案例

视频 4.2.7-14 单元格内容的保护

视频 4.2.7-15 单元格样式的设置

| 视频 4.2.7-16 单元格样式的设置案例 | 视频 4.2.7-17 条件格式设置 | 视频 4.2.7-18 条件格式设置案例 | 视频 4.2.7-19 套用表格格式 | 视频 4.2.7-20 套用表格格式案例 |

4.3　工作表的数据统计和分析

本节要求学生掌握表 4-6 中的函数在数据统计和数据分析中的应用，以及"数据"选项卡中的排序、筛选、分类汇总、合并和模拟运算表命令的数据分析应用。认识分析大量数据的数据透视表的简单应用，认识"方差""描述统计""直方图"等数据分析工具。

4.3.1　数据统计与分析概述

要用好数据统计和数据分析，首先必须熟悉函数的使用功能以及参数设置规则，有针对性地利用单元格复制（地址引用）的相对地址和绝对地址的运用，准确输入函数统计分析用的数值或数据区域，才能使函数的统计分析有满意的运行结果。"数据"选项卡中的排序、筛选、合并计算、模拟分析、分类汇总和"插入"选项卡中的数据透视表等分析工具一般是对整个工作表的统计或数据分析，所以在统计分析前，要选取连字段名在内的工作表的全部区域。常用的统计与分析工具如表 4-6 所示。

表 4-6　常用的统计与分析工具

工 作 目 标	使 用 工 具	应 用 说 明
求和、平均值、最大值、最小值	使用对应的函数	函数括号内的数值或区域就是要求统计的数值或数据所在的区域
求有数值的单元格个数	COUNT( )	函数括号内的区域就是统计要求的数据所在的区域
求非空单元格个数	COUNTA( )	函数括号内的区域就是统计要求的数据所在的区域
求符合条件的单元格个数	COUNTIF( )	在参数对话框中先设条件，再设区域
求符合条件的单元格冠个名字	IF( )	如 IF（D2>=60，及格，不合格）。判断 D2 单元格中的数值如大于等于 60 分，在指定单元格（如在 E2）写上"合格"，否则写上"不合格"
查找和复制数据	VLOOKUP( )	根据工作表指定待复制列的单元格的各元素，查找被复制的区域与指定列相同项后，与被复制的某列数据一起复制到工作表相同的数据列中
对某一列的数值进行"排位"	RANK( )	在指定列的表中某一列的数据进行排名次，整个工作表的结构不会改动
从出生年月计算年龄	YEAR（date）和 NOW( )	年龄的计算 =YEAR（NOW( )）–YEAR（data）
求还贷款利息	PMT( )	求固定贷款在固定利率下的每期还贷数
求存款的本息	FV( )	求按每期固定利率及期满的本息总和

续表

工作目标	使用工具	应用说明
对某一列的数值进行顺序的"排序"	"数据"→"排序"	根据工作表中某列的数值大小，按从小到大或从大到小，重新排列工作表的记录。工作表的记录结构重新排列
找出符合条件的记录	"数据"→"筛选"	求符合一、两个简单条件的数据。选择"筛选"→"自动筛选"，较复杂的选择条件，选择"筛选"→"高级筛选"
对工作表的某个类别数据进行求和、平均、求最大或最小等汇总分析	"数据"→"分类汇总"	首先对工作表中要进行"分类"的列，用排序的方法，实现按"类别"排列。再按分析要求，在"分类汇总"对话框中选择统计类别进行统计
可设立或改动"三维"的数据进行数据分析	"插入"→"数据透视表"	能灵活地设立页、行、列字段对工作表的数据进行多种汇总统计分析
求表达式或函数中一个或两个变量变化时对结果产生的系列分析	"数据"→"模拟分析"	首先定义一个或两个变量所在的单元格，定义表达式（函数），再决定运算结果放的行或列位置
相同表格结构的多个表格汇总合并	"数据"→"合并计算"	需要合并的表格的行、列结构大致相同，合并计算的效果才好。操作中在对话框中应选择标签位置的"首行"和"最左列"
对一组数据进行统计分析	"工具"→"数据分析"	本书只要求掌握"方差""描述统计""直方图""排位和百分比排位""抽样"等5个统计分析的操作

4.3.2　学生成绩的统计分析——统计函数、IF 函数、RANK 函数、排序、筛选的应用

老师在考试后，对如图 4-48 所示的考试结果除了进行登记之外，还要对班上学生的学习情况进行总结，需要对班上考试的成绩做统计分析。例如，统计每科参加考试的人数、考试成绩的平均分、合格率、每科的最高分、最低分、对学生考试成绩进行排名或对学生成绩进行排序，从分数段分析学生考试的情况。要深入分析，可以用筛选的方法，把一个分数段的学生情况列出来，就可以细致分析学生掌握知识的情况。

本节用到的公式与函数有 SUM()、MAX()、MIN()、AVERAGE()、RANK()、COUNTIF()、COUNT() 和 IF()，还要使用"数据"选项卡中的"排序"和"筛选"功能按钮进行操作。

在本章讲解例题时，由于篇幅限制，所用数据的表格都比较简单，学习时要学会举一反三地扩展学习。

1. 求学生每科的平均分、合格率、最高分、最低分、两科总分（见图 4-49）

	A	B	C	D	E
1	学号	姓名	性别	数学	语文
2	20101001	关俊秀	男	78	91
3	20101002	张勇	男	88	86
4	20101003	汪小仪	女	62	55
5	20101004	李加明	男	56	78
6	20101005	罗文化	女	77	70
7	20101006	何福建	男	缺考	92
8	20101007	曾宝珠	女	90	68
9	20101008	邹凡	男	87	86
10	20101009	余群利	男	76	94

图 4-48　学生考试成绩表

	A	B	C	D	E	F
1	学号	姓名	性别	数学	语文	总分
2	20101002	张勇	男	88	86	
3	20101008	邹凡	男	87	86	
4	20101009	余群利	男	76	94	
5	20101001	关俊秀	男	78	91	
6	20101007	曾宝珠	女	90	68	
7	20101005	罗文化	女	77	70	
8	20101004	李加明	男	56	78	
9	20101003	汪小仪	女	62	55	
10	20101006	何福建	男	缺考	92	
11		平均分				
12		参加考试人数				
13		合格人数				
14		合格率				
15		最高分				
16		最低分				

图 4-49　学生考试成绩分析表格

分析：求平均分、合格率、最高分、最低分各统计的方法是先确定求这个统计结果要放在的单元格，如本例，数学的平均成绩放在 D11。然后，找到适合统计要求的函数，设置这个函数要求的准确的参数就完成了这个统计。

操作：

① 求平均分：求考试成绩的平均值，用函数 AVERAGE( )，结果放在单元格 D11。

函数 AVERAGE( ) 的用法是：AVERAGE（number1，number2，…），括号内的参数可以是一组数字，最多为 30 个。如要求 15、38、90 的平均数，就可以写 AVERAGE（15，38，90），或数值所在单元格区域，如本例中，数学考试成绩的区域在 D2:D10，语文成绩在 E2:E10，就可用 AVERAGE（D2:D10）和 AVERAGE（E2:E10）。（请大家分析数学考试中有个字符"缺考"，用了 D2:D10 区域，对数学的平均数有没有影响？回答是没有，因为区域内只有数值才能参加统计运算）

在 D11 中直接输入 =AVERAGE（D2：D10）或者选中 D11，单击编辑栏中的插入函数按钮 *fx*，在弹出的对话框中选择"统计"中的"AVERAGE 函数"，在参数中输入 D2：D10，单击"确定"按钮。详细内容可参考 4.2.4 节。

② 求最高分：用 MAX（number1，number2，…），函数 MAX( ) 用法同平均值。

在 D15 中输入 =MAX（D2：D10）。

③ 求最低分：用 MIN（number1，number2，…），在 D16 中输入 =MIN（D2：D10）。

④ 求参加考试人数：用 COUNT（value1，value2，…），求区域内有数值的单元格个数，"有数值"是表示有考试成绩，"缺考"不是数值，是字符。

参加数学考试的人数：在 D12 中输入 COUNT（D2：D10）。

⑤ 求合格人数：用 COUNTIF（range，criteria），求符合条件的单元格个数，放在 D13 单元格中。

COUNTIF（range，criteria）的用法：其中的参数 range 是指参加分析的数值所在的单元格区域。如本题求数学考试合格人数所在的单元格区域是 D2：D10。Criteria 是条件，如要求考试成绩等于 60 分的单元格个数，就写 60，公式为 =COUNTIF（D2：D10，60）。

如本题要求合格人数，即考试成绩大于等于 60 分，要写成">=60"，全部参数写成 =COUNTIF（D2：D10，">=60"），特别注意的是条件要用英文的双引号。

⑥ 求合格率：合格率是参加考试的合格人数除以参加考试的人数。本案例数学考试人数在 D12，合格人数在 D13，在单元格 D14 中输入公式 =D13/D12，"/"表示"除以"。

⑦ 求每个学生的语文和数学两科成绩总分，有两个方法：

方法 1：用公式，如在 F2 单元格中输入 =D2+E2。

方法 2：用函数 SUM( )。本题是在 F2 中输入 =SUM（D2：E2）。

以上几项在各自的单元格完成操作后，可以用"地址引用"方式复制函数或公式，各自单击拖动十字填充柄，拖到目标单元格即可，统计所用公式及统计结果如图 4-50 所示。

▲	A	B	C	D	E	F
1	学号	姓名	性别	数学	语文	总分
2	20101001	关俊秀	男	78	91	=SUM(D2:E2)
3	20101002	张勇	男	88	86	=SUM(D3:E3)
4	20101004	李加明	男	56	78	=SUM(D4:E4)
5	20101006	何福建	男	缺考	92	=SUM(D5:E5)
6	20101008	邹凡	男	87	86	=SUM(D6:E6)
7	20101009	余群利	男	76	94	=SUM(D7:E7)
8	20101003	汪小仪	女	62	55	=SUM(D8:E8)
9	20101005	罗文化	女	77	70	=SUM(D9:E9)
10	20101007	曾宝珠	女	90	68	=SUM(D10:E1
11		平均分		=AVERAGE(D2:D10)		
12		参加考试		=COUNT(D2:D10)		
13		合格人数		=COUNTIF(D2:D10,">=60")		
14		合格率		=D13/D12		
15		最高分		=MAX(D2:D10)		
16		最低分		=MIN(D2:D10)		

▲	A	B	C	D	E	F
1	学号	姓名	性别	数学	语文	总分
2	20101001	关俊秀	男	78	91	169
3	20101002	张勇	男	88	86	174
4	20101004	李加明	男	56	78	134
5	20101006	何福建	男	缺考	92	92
6	20101008	邹凡	男	87	86	173
7	20101009	余群利	男	76	94	170
8	20101003	汪小仪	女	62	55	117
9	20101005	罗文化	女	77	70	147
10	20101007	曾宝珠	女	90	68	158
11		平均分		76.75	80	
12		参加考试人数		8	9	
13		合格人数		7	8	
14		合格率		88%	89%	
15		最高分		90	94	
16		最低分		56	55	

图 4-50　统计运算公式及统计结果

2. 将符合分析条件的学生挑选出来

① 将语文成绩高于 80 分的学生选出。

② 将语文成绩大于 60 分，且小于 90 分的学生选择出来。

③ 将语文成绩大于 70 分的男生选择出来。

知识补充：在筛选分析中有一个条件叫"与"和"或"条件。"与"和"或"条件是基于选择出两个或两个以上符合选择要求的条件。例如，现在有名字叫 A 的条件和 B 的条件。A 和 B 的"与"条件的要求是 A 和 B 两个条件的数据都要符合选择要求才是选择结果数据，而 A 和 B 的"或"条件是凡是 A 或 B 条件之中的一个符合选择要求，就是选择结果数据。例如，参加长跑的条件 1 是男生，条件 2 是大二学生。这两个条件的"与"条件是除了是男生，还必须是大二学生中的男生。如果这两个条件的"或"条件的操作结果是，只要是男生，或者是大二学生（不管男、女）即可，也就是说，符合这两个条件中的一个就满足选择要求，条件较宽松了。

在 Excel 中，把符合条件的数据找出来的方法是通过"数据"→"排序和筛选"功能区来完成的。筛选操作有自动筛选和高级筛选两种。

④ 将语文成绩高于 80 分的学生选出。

操作：选择条件如果比较简单，可以用"自动筛选"完成。

- 选中数据区域 A1：F10 或其中的任意一个单元格。
- 选择"数据"选项卡，在"排序与筛选"功能区单击 🔽 "筛选"按钮，此时每一个字段名的右边都有一个下拉按钮。
- 如图 4-51 所示，单击"语文"中的下拉按钮，在下拉菜单中选择"数字筛选"→"大于"，弹出如图 4-52 所示的对话框。

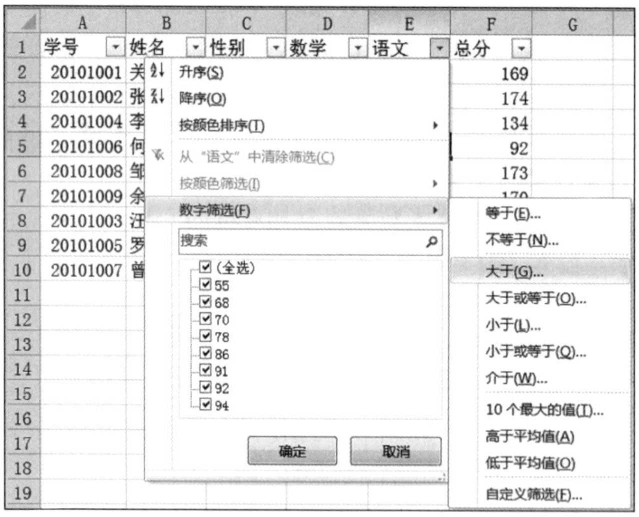

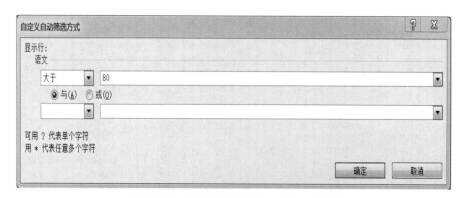

图 4-51 自动筛选

图 4-52 "自定义自动筛选方式"对话框

- 在对话框左边的输入框中选择"大于"，在右边的输入框中输入 80，单击"确定"按钮，得到如图 4-53 所示的结果。

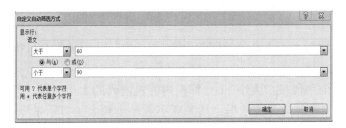

	A	B	C	D	E	F
1	学号	姓名	性别	数学	语文	总分
2	20101001	关俊秀	男	78	91	169
3	20101002	张勇	男	88	86	174
5	20101006	何福建	男	缺考	92	92
6	20101008	邹凡	男	87	86	173
7	20101009	余群利	男	76	92	168

图 4-53　自动筛选原始数据及筛选结果

⑤ 将语文成绩大于 60 分，且小于 90 分的学生选择出来。

分析：语文成绩大于 60 分，且小于 90 分，是同一字段列中的"与"条件。即大于 60 分，且小于 90 分，两个条件都要符合。因为是在同一列，还可以用"自动筛选"完成。

操作：

- 单击"数据"选项卡"排序与筛选"功能区中的"自动筛选"命令按钮 ，取消先前的筛选结果。
- 选中 A1：F11 单元格区域或其中的任意一个单元格。
- 单击"数据"选项卡"排序与筛选"功能区中的"自动筛选"命令按钮。
- 在如图 4-54 所示的对话框中分别输入大于 60，第二行输入小于 90，选中"与"单选按钮，单击"确定"按钮，结果如图 4-55 所示。

	A	B	C	D	E	F
1	学号	姓名	性别	数学	语文	总分
3	20101002	张勇	男	88	86	174
4	20101003	汪小仪	女	62	78	140
6	20101005	罗文化	女	77	86	163
9	20101008	邹凡	男	87	70	157
10	20101009	余群利	男	76	68	144

图 4-54　同一列"与"条件的输入　　　　　　　　图 4-55　运算结果

⑥ 将语文成绩大于 70 分的男生选择出来。

分析：要将符合两个以上不同列的条件的数据筛选出来，如果使用自动筛选来完成，需要对"语文"和"性别"两个字段分别进行筛选。方法与上两例相似，在此不再赘述。

在"高级筛选"操作中，必须在工作表的一个位置设置"条件区域"。上面说过，两个条件的逻辑关系有"与"和"或"的关系。本案例中，"大于 70"和"男"的"与"和"或"的关系在工作表上的"条件区域"是有不同表达方式的，显示如下：（请注意书写格式的不同）

"与"条件：将两个条件放在同一行，表示是语文大于 70 分的男生。如图 4-56 所示。

"或"条件：将两个条件放在不同行，表示语文大于 70 的学生或者是男生，如图 4-57 所示。

语文	姓别
>70	男

语文	性别
>70	
	男

图 4-56　"与"关系排列图　　　　　　　　图 4-57　"或"关系排列图

操作：

- 输入条件区域：在 D12 处输入"语文"，E12 处输入"性别"，对照在其下面的单元格 D13 中输入">70"和 E13 中输入"男"。
- 选中 A1：F11 单元格区域或其中的任意一个单元格。
- 单击"数据"选项卡"排序与筛选"功能区中的 "高级"命令按钮，弹出如图 4-58 所示的对话框。

- 在弹出的对话框中选中"将筛选结果复制到其他位置"单选按钮。
- 如果列表区域为空白，可单击"列表区域"右边的按钮，用鼠标从条件区域的 A1 拖动到 F10，输入框中出现 $A$1：$D$10。
- 单击"选择区域"右边的按钮，用鼠标从条件区域的 D12 拖动到 E13，输入框中出现 $D$12：$E$13。
- 单击"复制到"右边的按钮后，选择筛选结果显示区域的第一个单元格，如 A15。
- 单击"确定"按钮，结果如图 4-59 所示。

请同学们用"或"条件的选择条件后，再运算一次，比较两个结果有什么不同。

图 4-58 "高级筛选"对话框

学号	姓名	性别	数学	语文	总分
20101001	关俊秀	男	78	91	169
20101002	张勇	男	88	86	174
20101004	李加明	男	56	78	134
20101006	何福建	男	缺考	92	92
20101008	邹凡	男	87	86	173
20101009	余群利	男	76	94	170

图 4-59 "高级筛选"运算结果

3. 分别对图 4-48 的成绩表完成以下操作任务：

① 对两科总分从高分到低分进行排序。（用"数据"功能区的"排序"命令按钮）

② 对两科总分进行排位操作。（用函数 RANK( ) 操作）

③ 对两科总分高于和等于 150 分的同学设置"录取"，小于 150 分的同学设置"不录取"。（用函数 IF( ) 操作）

（1）排序操作

"排序"是一个要求对整个有数据的表区域以某个字段按"大小"（计算机内的机内码的大小）做"升序"或"降序"的操作，运算分析的结果显示是以某个字段名为分析依据，从大到小或从小到大的显示排序后工作表的排列显示，这个排序是对整个有数据的表区域而言的，所以在排序操作前要选择数据区域的整个"工作表"作为操作区域。

"排序"的另一个分析结果是"分类"。如果排序的对象依据的字段不是数值而是字符，基于同一个字符在计算机内的机内码都是一样的，所以"排序"操作的结果是把字符相同的记录归类放在一起，如图 4-60 所示。

【例 4-5】对两科总分从高分到低分进行排序。

① 选取 F1：F10 数据区域的任意一个单元格。

② 选择"数据"选项卡中"排序与筛选"功能区的排序按钮 $\frac{Z}{A}\downarrow$（如果是升序则单击 $\frac{A}{Z}\downarrow$ 按钮）即可。结果如图 4-61 所示。

	A	B	C	D
1	学号	姓名	性别	数学
2	20101002	张勇	男	88
3	20101008	邹凡	男	87
4	20101009	余群利	男	76
5	20101001	关俊秀	男	78
6	20101004	李加明	男	56
7	20101006	何福建	男	缺考
8	20101007	曾宝珠	女	90
9	20101005	罗文化	女	77
10	20101003	汪小仪	女	62

图 4-60 按"性别"排序操作结果

	A	B	C	D	E	F
1	学号	姓名	性别	数学	语文	总分
2	20101002	张勇	男	88	86	174
3	20101008	邹凡	男	87	86	173
4	20101009	余群利	男	76	94	170
5	20101001	关俊秀	男	78	91	169
6	20101007	曾宝珠	女	90	68	158
7	20101005	罗文化	女	77	70	147
8	20101004	李加明	男	56	78	134
9	20101003	汪小仪	女	62	55	117
10	20101006	何福建	男	缺考	92	92

图 4-61 按"总分"降序"排序"结果

如果是对多个关键字排序或者需要按别的方式排序，需要单击 $\frac{A}{Z}\frac{Z}{A}$ 按钮，弹出如图 4-62 所示的对话框。在该对话框中：

- 单击"添加条件"按钮可设置多个关键字排序。
- 单击"排序依据"按钮可以设置按"数值"或"单元格颜色"或"字体颜色"排序。

- 单击"次序"按钮可以分别对每一个关键字设置排序方式。
- 单击"选项"按钮可以将排序"方向"设置为"列"或"行"。将排序"方法"设置为"字母"或"笔画"。

（2）排位操作

【例 4-6】对两科总分进行排位操作。

排位是用函数 RANK( ) 操作，函数 RANK( ) 的操作对象是一列待排位的数值，如本案例要求给 F 列的总分做排位，排位名次放在 G 列中。函数 RANK（number，ref，order）的参数中，number 是要输入待排位列中的第一个数字的单元格，如本例输入 F2。ref 是要输入待排位的列数据区域，这个区域必须用绝对地址表示，本案例输入 f2：f10。第三个参数 order 决定排位操作中是按升序还是降序。如果为 0 则忽略为降序；如果为非零值则为升序。本例要求总分从高低排列，因此可以忽略 order。在 G2 单元格中输入 RANK(F2,f2:f10) 即可。排位操作结果不会对原工作表产生变化，只是在指定列显示排位结果。

① 在单元格 G2 中输入函数 RANK( )，出现图 4-63 所示的对话框。

图 4-62　"排序"对话框

图 4-63　RANK 参数设置对话框

② 在第一个输入框中输入 F2，即需要排位的数值所在的单元格。在第二个输入框中输入需要对它进行排位的数值区域 F2：F10，但必须用绝对地址表示，要写成 $F$2：$F$10。

③ 单击"确定"按钮，结果如图 4-64 所示。

④ 选取 G2 后，下拉填充柄，结果如图 4-65 所示。

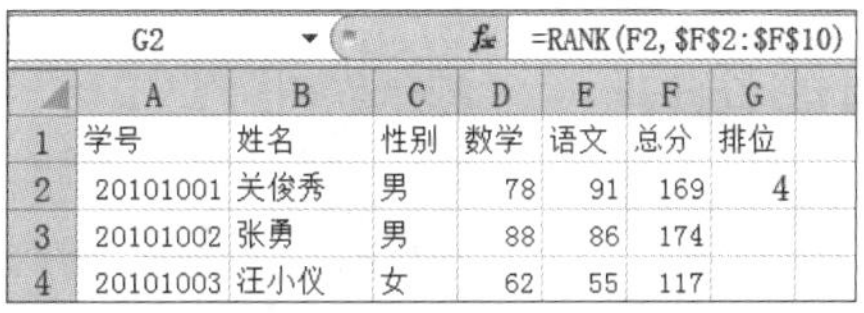

图 4-64　RANK 函数第一个排位运算结果

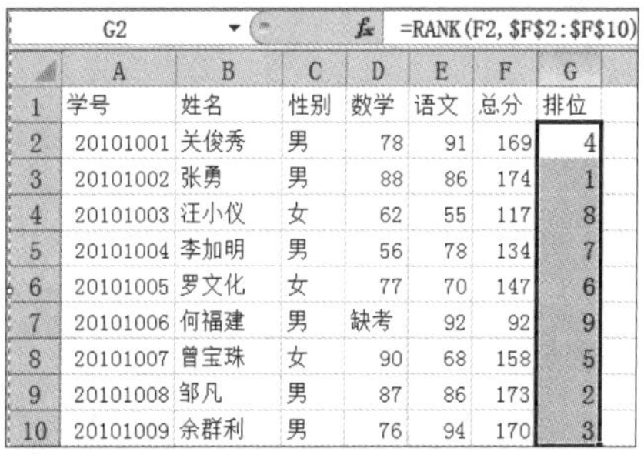

图 4-65　RANK 函数排位操作结果

（3）IF 函数操作

【例 4-7】对两科总分高于或等于 150 分的同学写上"录取"，小于 150 分的同学写上"不录取"。

函数 IF 是对一个区域的某个单元格的数据进行测试，如果这个数值符合一个判断要求，就给予一个字符或一个运算结果，否则就给另一个字符或下一个判断。IF 函数的判断可以有 7 个（嵌套 7 层）。函数 IF（logical_test，value_if_true，value_if_false）中第一个参数 logical_test 是一个测试条件，如本案例是 >=150，即判断 F2 单元格中数据是否大于等于 150，完整写是 F2>=150。第二个参数 value_if_true 是当条件成立时的函数值，在本例中为"录取"value_if_false 是条件不成立时的函数值，在本例中为"不录取"。

本例有两种解决方法：

方法 1：在 G2 单元格中直接输入"=IF（F2>=150，" 录取 "，" 不录取 "）"。

注意：输入的字符常量都要有英文的双引号。

方法 2：选中 G2 单元格，插入 IF 函数 IF( )，在如图 4-66 所示的对话框第一个输入框中输入"F2>=150"，在第二个输入框中输入"录取"，第三个输入框中输入"不录取"。单击"确定"按钮，结果如图 4-67 所示。

注意： 在该对话框中输入的字符常量不必写上英文的双引号，系统会自动添加

图 4-66　IF 函数的对话框

举一反三：下面以工资表求"预扣基金"为例，IF 的判断条件是两个以上，应该如何操作？

例如在应发工资中，如果应发工资在 4 000 以上，扣 500 做预扣基金；应发工资在 3 000 ~ 4 000，扣 400；2 000 ~ 3 000，扣 300。2 000 元以下不扣。在 F2 单元格中输入完整的 IF 参数：

=IF（E2>4000，500，IF（E2>3000，400，IF（E2>2000，300，0）））

E2 是"应发工资"列的第一个单元格。请大家注意 3 个 IF 参数格式的标准写法，不能有错误，结果如图 4-68 所示。

图 4-67　IF 函数操作结果　　　图 4-68　IF 函数三嵌套参数定义运算结果

视频 4.3.2-1 平均值函数 AVERAGE

视频 4.3.2-2 求和函数 SUM

视频 4.3.2-3 统计函数 COUNT

视频 4.3.2-4 最大、最小值函数 MAX 与 MIN

视频 4.3.2-5 排名函数 RANK

视频 4.3.2-6 条件统计函数 COUNTIF

视频 4.3.2-7 条件统计函数 COUNTIF 案例

视频 4.3.2-8 逻辑条件函数 IF

视频 4.3.2-9 数据排序　　视频 4.3.2-10 数据筛选　　视频 4.3.2-11 数据筛选案例

4.3.3　职工工资的统计分析——日期函数和分类汇总的应用

对图 4-69 所示的工资表从入职时间算出该职工的在职工龄。如果应发工资在 4 000 以上，扣应发工资的 20% 做预扣基金；应发工资在 3 000～4 000，扣应发工资的 15% 做预扣基金；应发工资 2 000～3 000，扣应发工资的 10% 做预扣基金。计算每一位职工的实发工资，并按部门分类求出各部门的实发工资总数和全体职工的实发工资总额。

1. 从入职时间算出该职工的在职工龄

日期函数中要求掌握的是 YEAR（date）和 NOW（）。YEAR（date）是在括号中输入日期后，显示日期的年份数值，如输入"=YEAR（1975/9/15）"，运算的结果是 1975。TODAY（）是求现在计算机设置的日期，如输入 NOW（），得到的结果是 2011/6/18 15：08。如果入职日期是 1975 年 9 月 15 日，在职工龄的计算是"=YEAR（NOW（））–YEAR（1975/9/15）"。

在职工龄的计算步骤：

① D 列的右边增加一列，在 E2 中输入"工龄"。

② 在 E3 中输入"=YEAR（NOW（））–YEAR（D3）"，单击"确定"按钮，再将 E3 中的分工复制到全列，结果如图 4-70 所示。

	A	B	C	D	E	F	G
1				工资表			
2	编号	姓名	部门	入职时间	应发工资	预扣基金	实发工资
3	51001	关俊秀	工程部	1989/9/12	4500		
4	51002	张勇	服务部	2000/8/24	3200		
5	51003	汪小仪	工程部	1979/9/2	3600		
6	51004	李加明	行政部	2000/7/16	2600		
7	51005	罗文化	工程部	1979/9/2	2400		
8	51006	何福建	服务部	1996/1/12	4100		
9	51007	庄镇武	服务部	2002/3/9	2800		
10	51008	吴国雄	工程部	1977/2/12	3400		
11	51009	曾宝珠	行政部	2000/6/11	2900		
12	51010	邹凡	工程部	1997/8/1	3100		
13	51011	余群利	行政部	1992/3/2	3400		

图 4-69　工资表

图 4-70　计算工龄的结果

2. 预扣基金的计算

操作：在 G3 中输入"=IF（F3>4000，F3*20%，IF（F3>3000，F3*15%，IF（F3>2000，F3*10%）））"。单击编辑栏中的"√"，结果如图 4-71 所示。

3. 实发工资的计算

操作：在单元格 H3 中输入表达式"=F3–G3"，结果如图 4-72 所示。

	A	B	C	D	E	F	G	H	I
1				工资表					
2	序号	姓名	部门	入职时间	工龄	应发工资	预扣基金	实发工资	
3	51001	艾小群	工程部	2008/1/10	3	3450	517.5	2932.5	
4	51002	陈美华	工程部	2001/2/6	10	5700	1140	4560	
5	51003	关汉瑜	办公室	2004/6/21	7	3520	528	2992	
6	51004	梅颂军	工程部	1987/7/9	24	6900	1380	5520	
7	51005	蔡雪敏	技术部	2002/4/12	9	5680	1136	4544	
8	51006	林淑仪	办公室	2000/3/4	11	4790	958	3832	

图 4-71　预扣基金运算结果

图 4-72　求实发工资结果

4. 各部门实发工资总数和全体职工的实发工资总额的计算

操作步骤：

① 选取 A2：F12 区域中的任意一个单元格。先对"部门"进行排序，使相同的部门排在一起，以便于按"部门"进行汇总。

② 单击"数据"选项卡"分级显示"功能区中的"分类汇总"按钮▦，弹出如图 4-73 所示对话框，在"分类字段"下拉列表中选择"部门"，在"汇总方式"下拉列表中选择"求和"，在"选定汇总项"下拉列表中选择"实发工资"，单击"确定"按钮，运算结果如图 4-74 所示。

图 4-73　分类汇总对话框

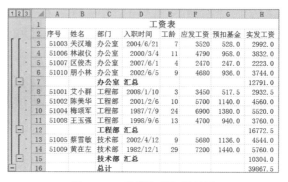

图 4-74　分类汇总运算结果

图 4-73 中各选项的含义：

- "分类字段"必须是按该字段排序。
- "汇总方式"有求和、计数、平均值、最大值、最小值、乘积、数值计数、标准偏差、总体标准偏差、方差、总体方差。除计数汇总以外其余操作仅针对数值型字段。
- "选定汇总项"可以一次选定多个汇总项，例如，可以同时求应发工资、预扣基金和实发工资的平均值。
- 选中"替换当前分类汇总"，新的分类汇总将替换原有的分类汇总，否则多个分类汇总并存。
- 选中"每组数据分页"，每一个汇总项为一页，即图 4-74 中的"办公室""工程部""技术部"的汇总数据各占一页。该选项对每个汇总项都有大量数据时适用。
- 选中"汇总结果显示在数据下方"结果如图 4-74 所示，否则汇总结果显示在每个汇总项的上方。
- "全部删除"将会删除所有的分类汇总，使数据恢复到未汇总的原始状态。

视频 4.3.3-1 日期时间函数 YEAR、NOW

视频 4.3.3-2 数据分类汇总

视频 4.3.3-3 数据分类汇总案例

4.3.4　销售记录表的制作和分析——VLOOKUP 函数和数据透视表的应用

制作一个文具公司的季度办公用品销售表，并计算每个品种的利润和销售额。用数据透视表以销售人员、品种名称和季度对销售额进行求和分析。原工作表如图 4-75 所示。

1. VLOOKUP 函数

分析："办公用品销售表"中的单位、进货价和销售价与品种名称存在相关的——对应关系。如果在销售表中有不同的销售分店、不同销售人员，或以 4 个季度做销售表，重复输入与品种名称相关的单位、进货价和销售价时，数据输入比较麻烦，这时可以用 VLOOKUP( ) 函数来完成这个操作。预先在 D14：G19 区域中输入如图 4-75 所示的品种名称价格表。现在的操作是需要将这个价格表的单位、进价、售价按销售表中的品种名称下的办公用品相对应的单位、进货价、销售价一一"复制"过去。

	A	B	C	D	E	F	G	H	I
1	季度	品种名称	销售人员	销售数量	单位	进货价	销售价	利润	销售额
2	一季度	打印纸	张三	300					
3	一季度	笔记本	李四	2300					
4	一季度	打孔机	王五	60					
5	一季度	文件夹	王五	45					
6	一季度	传真纸	李四	560					
7	二季度	笔记本	王五	4000					
8	二季度	文件夹	张三	60					
9	二季度	打孔机	李四	80					
10	二季度	打印纸	张三	400					
11	二季度	传真纸	李四	650					
12									
13									
14				品名	单位	进价	售价		
15				打孔机	个	4	6		
16				文件夹	件	7	8		
17				传真纸	盒	8	12		
18				笔记本	包	9	45		
19				打印纸	本	12	23		

图 4-75　办公用品销售表

在 VLOOKUP（lookup_value，table_array，col_index_num，range_lookup）中：

① lookup_value 是销售表中要查找的第一个品种所在的单元格，如本例是 B2。

② table_array 是被查找的价格表所在的区域，如本例是在 D14：G19，但写到参数区时，必须用绝对地址表示 $D$14：$G$19。也可用"插入"→"名称"命令定义区域 D14：G19 为"价格表"后，在参数 table_array 输入框中输入"价格表"。

③ col_index_num 是价格参数表区域中要输入的列数，如第一个操作要输入"单位"，这个"单位"在 D14：G19 区域中的第 2 列，所以输入 2。如果要输入进货价，这个"进货价"在 D14：G19 区域中的第 3 列，则输入 3，输入销售价，则输入 4。

④ range_lookup 中输入"FALSE"。这样就完成 VLOOKUP() 函数对品种名称的复制操作的定义。

同理，设置"单位"列的完整的输入是：在 E2 中输入 =VLOOKUP（B2，$D$14：$G$19，2，false）。

设置"进货价"列的完整的输入是：在 F2 中输入 =VLOOKUP（B2，$D$14：$G$19，3，false）。

设置"销售价"列的完整的输入是：在 G2 中输入 =VLOOKUP（B2，$D$14：$G$19，4，false）。

VLOOKUP() 函数用来重复输入相关项是比较快捷的，除了用于销售表同样品种的输入外，还可用于工资表中对职工进行按职称或按"级别"增加工资、福利工资或扣税等复杂操作。

⑤ 建立办公用品销售表：

- 在 D14：G19 区域建立如图 4-76 所示的价格表，并按图输入所有数据。
- 在单元格 E2 中输入 VLOOKUP（B2，$D$14：$G$19，2，false），用拖动填充柄复制到 E11。

E2			fx	=VLOOKUP(B2, $D$14:$G$19, 2, FALSE)				
	A	B	C	D	E	F	G	H	I
1	季度	品种名称	销售人员	销售数量	单位	进货价	销售价	利润	销售额
2	一季度	打印纸	张三	300	本				
3	一季度	笔记本	李四	2300	包				
4	一季度	打孔机	王五	60	个				

图 4-76　复制"单位"字符

- 同理，要输入"进货价"，在单元格 F2 中输入 =VLOOKUP（B2，$D$14：$G$19，3，false），并拖动填充柄复制到 F11。
- 要输入"销售价"，在单元格 G2 中输入 =VLOOKUP（B2，$D$14：$G$19，4，false），用拖动填充柄复制到 G11。
- 求"利润"。在 H2 中输入 =D2*（G2-F2），用拖动填充柄复制到 H11。
- 求"销售额"，在 I2 中输入 =D2*G2，用拖动填充柄复制到 I11。

操作结果如图 4-77 所示。

	A	B	C	D	E	F	G	H	I
							fₓ	=D2*(G2-F2)	
1	季度	品种名称	销售人员	销售数量	单位	进货价	销售价	利润	销售额
2	一季度	打印纸	张三	300	本	12	23	3300	6900
3	一季度	笔记本	李四	2300	包	9	45	82800	103500
4	一季度	打孔机	王五	60	个	4	6	120	360
5	一季度	文件夹	王五	45	件	7	8	45	360
6	一季度	传真纸	李四	560	盒	8	12	2240	6720
7	二季度	笔记本	王五	4000	包	9	45	144000	180000
8	二季度	文件夹	张三	60	件	7	8	60	480
9	二季度	打孔机	李四	80	个	4	6	160	480
10	二季度	打印纸	张三	400	本	12	23	4400	9200
11	二季度	传真纸	李四	650	盒	8	12	2600	7800

图 4-77　建立的办公用品销售表

2. 数据透视表

数据透视表是比"分类汇总"更为灵活的一种数据分析方法。它可以同时灵活变换多个需要统计的字段，对一组数值进行统计分析，统计可以是求和、计数、平均值、最大值、最小值、乘积、数值计数、标准偏差、总体标准偏差、方差、总体方差。

【例 4-8】制作一个数据透视表，用图 4-77 所示的办公用品销售表中的品种名称、销售人员、季度对销售额作"求和"统计。

① 选择操作区域 A1：I11 中的任意一个单元格。

② 在"插入"选项卡的"表格"功能区中单击"数据透视表"按钮，弹出如图 4-78 所示的对话框。

③ 要分析的数据可以是当前工作簿中的一张数据表或者一张表中的部分区域，甚至可以是外部数据源。数据透视表的位置可以放在现有工作表中也可以新建一张工作表来单独存放数据透视表。本例按图示设置后单击"确定"按钮，弹出如图 4-79 所示的布局对话框。

图 4-78　"创建数据透视表"对话框

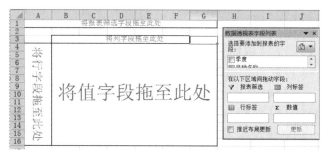

图 4-79　透视表布局对话框

④ 在如图 4-79 所示的布局的对话框中，将"销售人员"拖到"筛选字段"框，将"品种名称"拖到"行"区域，将"季度"拖到"列"区域，将"销售额"拖到"数据"区域，结果如图 4-80 所示。

图 4-80　数据透视表操作结果一

⑤ 如果在如图 4-79 所示的布局对话框中另外选择"季度"→"报表筛选","销售人员"→"行标签","品种名称"→"列标签",数据区仍是"销售额",得出透视表的另一个结果,如图 4-81 所示。

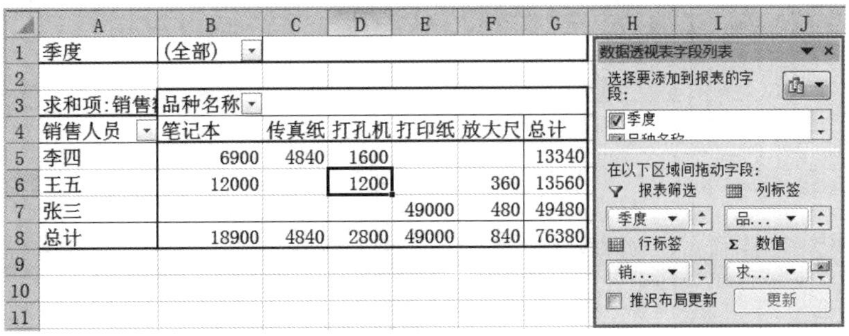

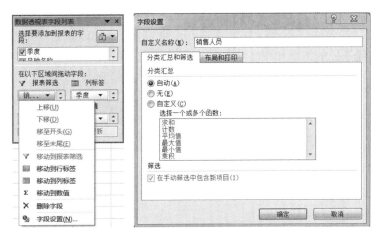

图 4-81　数据透视表操作结果二

建立透视表后,可以通过 3 种方式进行编辑和格式化。例如,将求销售额的和改为求平均值。

方法 1:使用"数据透视表字段列表",如图 4-82 所示。可以通过该对话框更改透视表布局、设计分类汇总方式等操作。

图 4-82　透视表字段编辑

方法 2:通过"数据透视表工具"来操作。选中数据透视表会自动弹出"数据透视表工具",如图 4-83 所示。其中,"选项"选项卡可用于透视表的编辑,"设计"选项卡可用于透视表的格式化。

图 4-83　数据透视表工具 –"选项"功能区

方法 3:通过快捷菜单,选中操作对象,右击,弹出对该对象的相关操作命令。

3. 切片器

切片器实际上就是将数据透视表中的每个字段单独创建为一个选取器,然后在不同的选取器中对字段进行筛选,完成与数据透视表字段中的筛选按钮相同的功能,但是切片器使用起来更加方便灵活。另外,创建的切片器可以应用到多个数据透视表中,或在当前数据透视表中使用其他数据透视表中创建的切片器。为如图 4-80 所示的数据透视表创建切片器,具体操作步骤如下:

① 单击数据透视表数据区域内的任意一个单元格,激活"数据透视表工具",单击"选项"选项卡,如图 4-83 所示。

② 单击"选项"选项卡"排序和筛选"功能区中的"插入切片器"按钮，弹出"插入切片器"对话框。根据要筛选数据的类别，选中要创建切片器的字段名称"季度""品种名称""销售人员"，如图 4-84 所示。

③ 单击"确定"按钮，将在当前工作表中创建与所选字段对应的切片器，结果如图 4-85 所示。

图 4-84 "插入切片器"对话框

图 4-85 切片器

④ 此时可以单击不同切片器中的选项来筛选当前数据透视表，其效果与直接单击数据透视表中的字段筛选按钮是相同的，只是在切换器中进行该操作更直观，也更方便。例如，单击"李四""一季度""传真纸"，使用切片器对数据透视表筛选后的结果如图 4-86 所示，它筛选出了所有"李四"在"一季度"销售的"传真纸"情况。

图 4-86 切片器筛选结果

- 如果需要清除某切片器中的筛选，可以单击该切片器右上角的"清除筛选器"按钮。
- 如果要删除切片器，可右击切片器，在弹出的快捷菜单中选择"删除"命令。
- 选中任一切片器可弹出"切片器工具"功能区，使用功能区命令按钮可对选中的切片器的样式、排列方式、大小等属性进行设置。
- 拖动切片器可以调整切片器的位置。

视频 4.3.4-1 搜索元素函数 VLOOKUP

视频 4.3.4-2 搜索元素函数 VLOOKUP 案例

视频 4.3.4-3 数据透视表与图

视频 4.3.4-4 数据透视表与图案例

4.3.5　银行存款利息计算——财务函数应用

【例 4-9】在银行每月存款 1 000 元，银行每年的利息是 2.25，求 2 年后可以得本金和利息共多少？

分析：求本息可用函数 FV() 计算。FV() 函数基于固定利率及等额分期付款方式，返回某项投资的未来值。FV() 函数的参数格式是 FV（rate，nper，pmt，pv，type）。其中：

- rate 为各期（以月计息）利率，是一固定值。例如，本例年利率是 2.25%，月息就为（2.25/12）%。
- nper 为总存款（或贷款）期。本例为 2 年，nper 值为 24。
- pmt 为各期所应交的存款（或得到）的金额，本例为 1 000 元。其数值在整个年金期间（或投资期内）保持不变。本例是求存款，pmt 值应写 –1000，计算结果是正数。如果是借款，写 1000，计算结果是负数，表示应还金额。
- pv 为现值，指该项投资开始计算时已经入账的款项，或一系列未来付款当前值的累积和，也称为本金，如果省略 pv，则假设其值为零。本案例可不设置。
- type 为数字 0 或 1，用以指定各期的付款时间是在期初还是期末，1= 期初，0= 期末，如果省略 type，则假设其值为零。（期初表示一个会计期间的初期，期末表示一个会计期间的末期，不同会计期存入，所发生的利息不同），本案例可不设置或设为 0。

依本例要求，FV() 函数的设置是：

FV（2.25/12，24，–1000）或 FV（2.25/12，24，–1000，0，0），得本金和利息合计 324432.43。

视频 4.3.5-1 银行存款利息计算

视频 4.3.5-2 银行存款利息计算案例

视频 4.3.6 购房贷款、银行利息计算

4.3.6　购房贷款、银行利息计算——模拟运算表应用

【例 4-10】① 存款 20 000，年利率是 4.5%，求年利息是多少？如年利率改为 4.2%、4.4%、4.8%、5.0%、5.2% 的年利息分别是多少？

② 如存款改为 30 000、40 000、50 000、60 000、70 000、80 000，年利率还是 4.5%，求年息各有多少？

③ 如果年利率和存款本金都不同，如将上面两案例综合成一个统计分析，可以求出各种组合的年利息吗？

分析：年利息的得出，是从本金和年利率这两个变量中求出，即年利息 = 本金 × 年利率。从本例①②题中看出，年利息只与一个变量有关。例中的第③题是两个变量同变化时对年利息的影响，这样的数据分析，可以用 Excel 模拟运算表完成。Excel 模拟运算表是一个模拟分析工具。分析表达式（或函数，这个函数最多只有两个变量）中一个变量变化或两个变量同时变化时对计算结果的影响，计算结果是随变量的系列变化而产生的系列结果，以便于用户在系列分析结果中得出较为合理的选择。

第①题的操作步骤如下：

① 在单元格 A1 中输入 200 000，单元格 A2 中输入 4.5%，在单元格 A3 中输入 "=A1*A2"。

② 在单元格 B5 至 F5 中分别输入 4.2%、4.4%、4.8%、5.0%、5.2%。

③ 在单元格 A6 中输入 "=A1*A2"。

④ 选择区域 A5：F6。

⑤ 选择 "数据" 选项卡，在 "数据工具" 功能区选择 "模拟分析" → "模拟运算表" 命令，弹出如图 4-87 所示对话框，在对话框中的 "输入引用行的单元格" 中输入 $A$2 后，单击 "确定" 按钮，结果如图 4-88 所示。

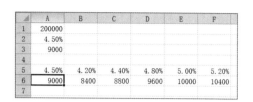

图 4-87 "模拟运算表"对话框 　　　　图 4-88 利息不同的行分析结果

说明：$A$2 表示产生系列变化的变量所在的单元格，必须用绝对地址表示。运算分析的结果以行形式表达，所以在对话框中，选用"输入引用行的单元格"输入。

如果分析的结果用列形式表示，变量变化以列形式输入，并在对话框中以引用列的单元格输入，如图 4-89 所示，运算结果如图 4-90 所示。

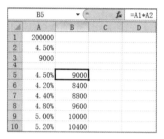

图 4-89 "模拟运算表"对话框 　　　　图 4-90 利息不同的列分析结果

第③题操作：求年利率和存款数两个变量同时变化时产生的系列结果。

① 在单元格 A1 中输入 200000，单元格 A2 中输入 4.5%，单元格 A3 中输入 =A1*A2。

② 在单元格 B5 至 F5 中分别输入 4.5%、4.4%、4.8%、5.0%、5.2%。A6 至 A10 分别输入 2000000、300000、400000、500000、600000。

③ 在单元格 A5 中输入"=A1*A2"。这个单元格定义很重要，是形成行与列变量运算结果的依据。

④ 选择单元格 B5：F10 区域。

⑤ 选择"数据"选项卡，在"数据工具"功能区选择"模拟分析"→"模拟运算表"命令，弹出如图 4-91 所示的对话框，在"输入引用行的单元格"中输入 $A$2，"输入引用列的单元格"中输入 $A$1 后，单击"确定"按钮，结果如图 4-92 所示。

图 4-91 引用行、列

	A	B	C	D	E	F	G
1	200000						
2	4.50%						
3	9000						
4							
5	9000	4.50%	4.20%	4.40%	4.80%	5.00%	5.20%
6	200000	9000	8400	8800	9600	10000	10400
7	300000	13500	12600	13200	14400	15000	15600
8	400000	18000	16800	17600	19200	20000	20800
9	500000	22500	21000	22000	24000	25000	26000
10	600000	27000	25200	26400	28800	30000	31200

图 4-92 两变量变化后的系列结果

4.3.7 销售表合并统计计算——报表合并计算应用

【例 4-11】"水星""月亮""天王星"三张工作表中分别是"银河"总公司三家分公司第一季度的销售数据，请使用"合并计算"功能将三家公司的销售数据合并到总公司。原始数据如图 4-93 所示。

分析："合并计算"是将 Excel 中多个表格汇总统计的操作。

"合并计算"可以将 Excel 中多达 256 个表格的数据进行汇总统计。统计分析有求和、平均、求最大、求最小、计数等运算，也可以进行统计分析，如标准偏差、方差等。

操作步骤如下：

① 选中母公司"银河"工作表的 A2 单元格。

② 单击"数据"选项卡，在"数据工具"逻辑功能区单击"合并计算"命令按钮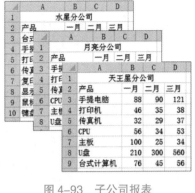，弹出如图 4-94 所示的对话框。

③ 在"合并计算"参数设置对话框中，"函数"汇总方式选择"求和"，单击"引用位置"右面的选择按钮，单击"月亮"工作表，选择 A2：D8 单元格区域。

④ 单击"添加"按钮，用同样的方法添加"水星"和"天王星"工作表中的数据，如图 4-94 所示。

图 4-93 子公司报表

选中"标签位置"中的"首行"和"最左列"复选框，合并统计将按行字段和列字段进行汇总统计，例如，相同的列字段汇总统计，不相同的列字段单列统计。

⑤ 单击"确定"按钮完成合并计算。操作结果如图 4-95 所示。

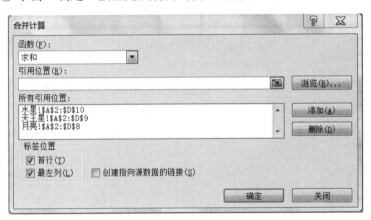

图 4-94 "合并计算"参数设置

图 4-95 合并计算的操作结果

视频 4.3.7 报表合并统计计算

视频 4.3.7 报表合并统计计算案例

视频 4.3.8 学生成绩表统计分析

4.3.8 学生成绩表统计分析——数据统计分析应用

用户在工作中经常会遇到或得到"一批"关联的数据，这些数据之间有什么规律？产生这些数据的原因是什么？在统计学中可以通过各种"数据分析"得到满意的结果。同样，Excel 提供数据分析工具让用户对工作表中的数据进行分析和统计。

用 Excel 进行数据统计分析，是用"数据"选项卡"分析"功能区的"数据分析"命令按钮完成的。

注意：如果在"数据"选项卡看不到"分析"功能区，可选择"文件"→"选项"→"加载项"，然后选中"分析工具库"，单击"确定"按钮即可。

在"数据分析"对话框中有 23 个统计分析的功能选择，本书只选择其中 5 个统计分析工具为代表进行入门学习。数据统计分析工具及说明如表 4-7 所示。

表 4-7　数据统计分析工具及说明

统计分析工具	统计分析意义
方差	方差用于反映分析对象数据的分散或波动的程度
描述统计	描述统计是通过图表或数学方法，对数据进行整理、分析，并对数据的分布状态、数字特征和随机变量之间关系进行描述的统计分析方法
直方图	直方图是一种统计报告图，由一系列高度不等的纵向柱形图表示数据分布的情况，横轴表示数据类型，纵轴表示数据分布情况
排位和百分比排位	排位和百分比排位是对分析对象进行从高到低的排位，并显示对该位置从最低位起，位于总数据的百分比值
抽样	抽样是在数据分析中对分析对象进行随机抽取统计分析对象的方法

本例对学生成绩表进行 5 种统计分析讲解。

要求进行数据分析的数据，数据量一般比较多，这样才有分析的依据。另外，从事科学技术研究或质量统计分析，还要有不同的几个组别做比较，统计分析结果才有说服力。一组或几组数据同时做几个统计分析，其综合分析数据更具有说服力。

操作：单击"数据"选项卡"分析"功能区中的"数据分析"命令按钮，弹出"数据分析"对话框，如图 4-96 所示。在对话框中选择需要的分析工具，单击"确定"按钮后，打开该分析工具的对话框。图 4-97 所示为直方图的对话框，在对话框中必须选择和填写以下内容。

① 在"输入"选项区中定义以下单元区域：

- "输入区域"中选择参加分析的数据区域，这个区域可以不包括首个单元格的字段名。在本例中选"B2：B18"，如果是手工输入应该加"$"，即为 $B$2：$B$18。
- "接收区域"是指要进行分析依据项设置所在的区域。例如，在直方图分析中设置成绩分类"59、69、79、89、99"的区域是在 C2：C6。在分析统计中区域地址都是以绝对地址表示的，如 C2：C6，应输入 $C$2：$C$6。
- "标志"复选框，一般不选择。

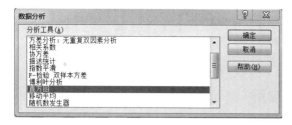

图 4-96　"数据分析"对话框

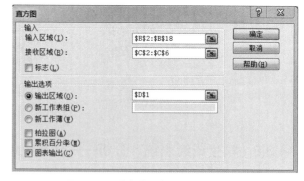

图 4-97　"直方图"对话框

② 在"输出选项"选项区中须定义：

- 输出结果"输出区域""新工作表组""新工作簿"有 3 个选择项，一般选择"输出区域"并加以定义，定义输出区域的左上角单元格地址即可。
- 其他复选框，用户可按分析的需要选择，如直方图必选"图表输出"。

1. 方差分析

【例 4-12】用方差分析、统计工作表中两个班的数学考试成绩。

操作：单击"数据"选项卡"分析"功能区中的"数据分析"命令按钮，选择"方差分析：单因素方差分析"

分析工具；在弹出的对话框中设置相关参数（见图 4-98），单击"确定"按钮，结果如图 4-99 所示。

　　方差分析的意义在于：它反映了一组或多组数据的分散、波动或稳定的程度。本例从结果中可以看到，一班和二班的平均分都差不多，一个是 79 分，另一个是 75 分，它们两个的方差分别是一班 144，二班 219。二班的方差比一班高，说明二班的成绩分布比较散，高低成绩分别较大。

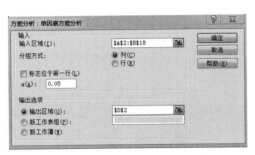

图 4-98　方差分析对话框

图 4-99　方差分析结果

　　另一个是 F 值的说明"F 值检验"，是 R.A.Fister 发明的，用于两个及两个以上样本均数差别的显著性检验。F 值是用组内均方去除组间均方的商（即 F 值）与 1 相比较，若 F 值接近 1，则说明各组均数间的差异没有统计学意义；若 F 值远大于 1，则说明各组均数间的差异有统计学意义。实际应用中检验假设成立条件下 F 值大于特定值的概率可通过查阅 F 界值表（方差分析用）获得。

　　F 值一般用于两组以上的测试数据进行方差分析比较时使用。

2. 描述统计

【例 4-13】用描述统计统计一班的数学考试成绩。

　　操作：单击"数据"选项卡"分析"功能区中的"数据分析"命令按钮 📊，选择"描述统计"分析工具，在对话框中按图 4-100 所示进行设置，单击"确定"按钮，结果如图 4-101 所示。在输入框中，选择输入区域要包括第一行的"数学成绩"，并选中"标志位于第一行"。这样在分析结果中的第一行就会出现"数学成绩"。

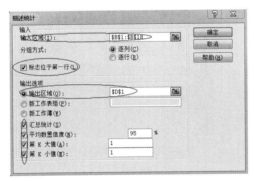

图 4-100　"描述统计"对话框

	A	B	C	D	E
1	学号	数学成绩		数学成绩	
2	1001001	75			
3	1001002	76		平均	79.05882
4	1001003	85		标准误差	2.912285
5	1001004	90		中位数	78
6	1001005	100		众数	76
7	1001006	65		标准差	12.00766
8	1001007	78		方差	144.1838
9	1001008	89		峰度	-0.27086
10	1001009	90		偏度	-0.27044
11	1001010	65		区域	46
12	1001011	76		最小值	54
13	1001012	84		最大值	100
14	1001013	72		求和	1344
15	1001014	83		观测数	17
16	1001015	94		最大(1)	100
17	1001016	68		最小(1)	54
18	1001017	54		置信度(9:	6.173767

图 4-101　描述统计分析结果

　　描述统计分析：应用描述统计分析，能在一组众多数据中一起汇总统计计算 16 个统计函数的结果，如平均值、标准误差（相对于平均值）、中值（中位数）、众数、标准偏差、方差、峰值、偏斜度、极差（区域）、最小值、最大值、总和、观察数、最大、最小和置信度等相关分析信息。

3. 直方图

【例 4-14】用直方图分段统计一班的数学考试分段成绩。

操作：选择"数据"选项卡，在"分析"功能区选择"数据分析"→"直方图"命令，在如图 4-97 所示的对话框中进行设置后，单击"确定"按钮，结果如图 4-102 所示。

直方图分析：直方图是用柱状图表示数据分组的情况，横坐标表示分组，纵坐标表示该类别的数量。用直方图分析的关键在于选择数据分组的"类别"，分组得当，对数据的分析较为准确。例如，本例统计的结果是不合格人数 1 人，60～70 分有 3 人等。阅读直方图，可从图形中呈现的形状分析数据特性分布的状况，进而分析造成该形状图形的原因。这些图形有标准型、孤岛型、双峰型、折齿型、陡壁型、偏态型、平顶型等。

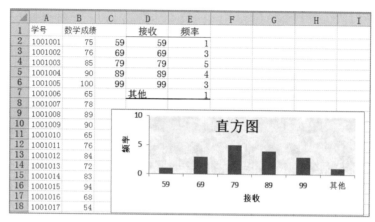

图 4-102　直方图分析结果

4. 排位和百分比排位分析

【例 4-15】请对一班的数学成绩进行名次排位。

操作：选择"数据"选项卡，在"分析"功能区选择"数据分析"→"排位和百分比排位"命令，在如图 4-103 所示对话框中进行设置，在输入框中，选择输入区域要包括的"数学成绩"，并选中"标志位于第一行"复选框，单击"确定"按钮后，统计结果如图 4-104 所示。

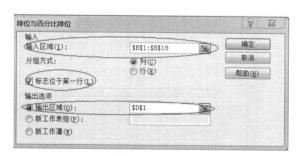

图 4-103　"排位与百分比排位"对话框

	A	B	C	D	E	F	G
1	学号	数学成绩		点	数学成绩	排位	百分比
2	1001001	75		5	100	1	100.00%
3	1001002	76		15	94	2	93.70%
4	1001003	85		4	90	3	81.20%
5	1001004	90		9	90	3	81.20%
6	1001005	100		8	89	5	75.00%
7	1001006	65		3	85	6	68.70%
8	1001007	78		12	84	7	62.50%
9	1001008	89		14	83	8	56.20%
10	1001009	90		7	78	9	50.00%
11	1001010	65		2	76	10	37.50%
12	1001011	76		11	76	10	37.50%
13	1001012	84		1	75	12	31.20%
14	1001013	72		13	72	13	25.00%
15	1001014	83		16	68	14	18.70%
16	1001015	94		6	65	15	6.20%
17	1001016	68		10	65	15	6.20%
18	1001017	54		17	54	17	0.00%

图 4-104　排位和百分比排位运算结果

排位和百分比排位分析：在统计结果中的"点"是表示右边的成绩项在数据工作表中的位置，如得 100 分的同学是在表中的第 5 点。百分比排位是表示该排位的位置占总位置的百分比，是一个统计分析概念。

5. 抽样分析

【例 4-16】对一班 17 个同学随机抽样 10 个同学参加活动。

操作：选择"数据"选项卡，在"分析"功能区选择"数据分析"→"抽样"命令，在如图 4-105 所示对话框中进行设置，选择随机抽样，样本数设为 10，输出选项为以 D1 开始的区域。单击"确定"按钮，统计结果如图 4-106 所示。

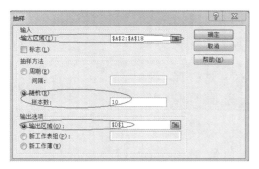

图 4-105　"抽样"对话框

图 4-106　抽样运算结果

4.4　Excel 图表应用

Excel 图表是对 Excel 工作表统计分析结果的进一步形象化说明。通过本节的学习，可学会如何建立一个形象化的图表。建立图表的目的是希望借助阅读图表分析数据，直观地展示数据间的对比关系、趋势，增强 Excel 工作表信息的直观阅读力度，加深对工作表的统计分析结果的理解和掌握。同一工作表，用不同的图表类型，可以有不同的分析结果。事实上，在图表中建立的信息基本上都是基于"比较"类型的数据，这样才能借助阅读图表增强 Excel 工作表信息的表达力度。这些比较项目有项目之间的数据比较、按时间比较数据、两列数据之间的比较、比较数据的关系、范围与频率的比较、识别额外的数据等。

4.4.1　图表概述

建立一个 Excel 图表，首先要对需要建立图表的工作表进行阅读分析，包括用什么类型的图表和图表的内在设计，才能使图表建立后达到"直观""形象"的目的。

建立图表的一般步骤如下：

① 阅读、分析要建立图表的工作表数据，找出"比较"项。

② 通过"插入"选项卡中的"图表"功能区命令按钮创建图表。

③ 选择合适的图表类型。

④ 对建立的图表通过"图表工具"进行编辑和格式化。

视频 4.4.1　图表概述

Excel 中提供了 11 种基本图表类型，如图 4-107 所示。每种图表类型中又有几种到十几种不等的子图表类型，在创建图表时需要针对不同的应用场景，选择不同的图表类型。

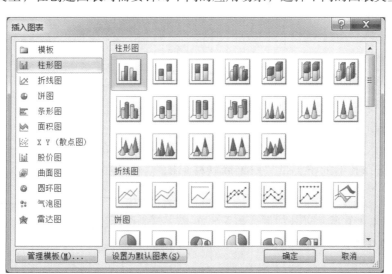

图 4-107　图表类型

各种不同图表类型的用途如表 4-8 所示。

表 4-8　图表的类型和用途

图 表 类 型	用　途　说　明
柱形图	用于比较一段时间内两个或多个项目的相对大小
条形图	在水平方向上比较不同类别的数据
折线图	按类别显示一段时间内数据的变化趋势
饼图	在单组中描述部分与整体的关系
XY 散点图	描述两种相关数据的关系
面积图	强调一段时间内数值的相对重要性
圆环图	以一个或多个数据类别来对比部分与整体的关系，在中间有一个更灵活的饼状图
雷达图	表明数据或数据频率相对于中心点的变化
曲面图	当第三个变量变化时，跟踪另外两个变量的变化，是一个三维图
气泡图	突出显示值的聚合，类似于散点图
股价图	综合了柱形图的折线图，专门设计用来跟踪股票价格

4.4.2　建立图表操作

这里以一个简单的学生成绩表（见图 4-108）为例，以一到三班的成绩建立一个柱形图。建立图表结果及图表各部分的说明如图 4-109 所示。

图 4-108　学生成绩表

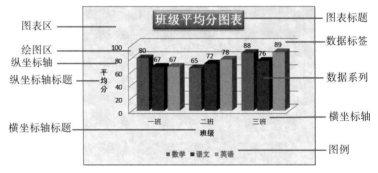

图 4-109　图表设置说明

建立图表的操作步骤如下：

① 选取工作表中需要建立图表的区域，这里选取 A1：D4。

② 单击"插入"选项卡

③ 在"图表"功能区选择所需要的图表类型，如图 4-110 所示；单击"柱形图"下的下拉按钮选择其下的子类型"三维簇状柱形图"。生成的图表如图 4-111 所示。

图 4-110　图表建立

注意：如果要选图 4-110 所示以外的图表类型可单击"其他图表"按钮或图 4-110 右下角的 按钮。

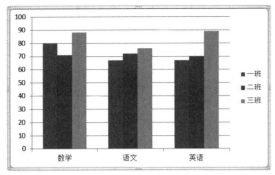

视频 4.4.2　建立图表操作

视频 4.4.2　建立图表操作案例

图 4-111　简单三维簇状柱形图

4.4.3　图表编辑和格式化

图表建立以后，如果对图表的显示效果不满意，可以利用"图表工具"选项卡中的按钮或在图表任何位置右击，通过快捷菜单对图表进行编辑或格式化设置。下面以用"图表工具"选项卡为例对如图 4-109 所示的图表进行编辑和格式化。

选中图表的任一位置即可弹出"图表工具"功能区。单击"设计"选项卡可弹出如图 4-112 所示的功能区。

图 4-112　"图表工具 – 设计"功能区

① 单击"数据"功能区中的"切换行 / 列"按钮将"班级"转化为横坐标轴，"课程"转化为图例。

② 单击"图表布局"功能区中的按钮，选择"布局 3"

③ 单击"图表样式"功能区中的"样式 2"

④ 单击"图表工具 – 布局"选项卡，"布局"工具栏如图 4-113 所示。

图 4-113　"图表工具 – 布局"工具栏

⑤ 单击"标签"功能区中的"坐标轴标题"按钮→"主要横坐标轴标题"→"坐标轴下方标题"，为图表添加横轴坐标标题。

⑥ 再次单击"标签"功能区中的"坐标轴标题"按钮→"主要纵坐标轴标题"→"竖排标题"，为图表添加纵轴坐标标题。

⑦ 分别将"图表标题"改为"各班平均分图表"；横"坐标轴标题"改为"班级"；纵"坐标轴标题"改为"平均分"。

⑧ 选择"图表工具 – 格式"选项卡，"格式"工具栏如图 4-114 所示。

图 4-114　图表"格式"工具栏

⑨ 选中图表标题"班级平均分图表"，在"形状样式"功能区选择"强烈效果 - 橙色，强调颜色 6"。

⑩ 选中"图表区"，在"形状样式"功能区选择"形状填充"→"纹理"→"羊皮纸"。

⑪ 选中"图例"，在"艺术字样式"功能区选择"填充 - 白色，轮廓 - 强调文字颜色 1"。

⑫ 再次选中"图表区"，在"大小"功能区将图表的大小修改为：形状高度为 8 cm，形状宽度为 12 cm。格式化以后的结果如图 4-109 所示。

视频 4.4.3 图表编辑和格式化

视频 4.4.3 图表编辑和格式化案例

4.4.4　复杂图表

在 Excel 中，有时单一的图表无法有效显示数据对比。复杂图表一般指的是在一个图表中包含两种或两种以上的图表类型的组合图表。下面以两种情况为例说明复杂图表的建立。

1．双 Y 轴图表的建立

图 4-115 所示为某房产公司 2016 年销售数量及平均房价统计表。由于该表中的两组数据"数量"和"平均价"相差非常大，使用该表中的数据做出的柱形图只能看到"平均价"的变化情况而完全看不到"数量"的变化情况，如图 4-116 所示。

	A	B	C	D	E	F	G	H	I	J	K	L	M
1	某房产公司2016年销售数量及平均房价统计表												
2		1月	2月	3月	4月	5月	6月	7月	8月	9月	10月	11月	12月
3	数量	46	8	17	52	92	71	50	25	11	25	67	54
4	平均价	9674	9712	10566	10164	9901	10041	10597	10590	9976	10390	10244	9953

图 4-115　房产公司销售表

对于这种情况需要增加一个 Y 轴用于显示"数量"并需要修改该数据系列的图表类型以使图表更加清晰生动。操作步骤如下：

① 选中图 4-115 中的 A2:F4 单元格区域，切换到"插入"选项卡，单击"图表"功能区中的"柱形图"按钮，在弹出的对话框中单击"二维柱形图"→"簇状柱形图"，操作结果如图 4-116 所示。

② 选中"数量"数据系列，右击，在弹出的快捷菜单中选择"设置数据格式命令"。

③ 在弹出的快捷菜单中选择"系统选项"→"次坐标轴"，单击"关闭"按钮。

④ 再次选中"数量"数据系列，右击，在弹出的快捷菜单中选择"更改系列图表类型"。

⑤ 在弹出的快捷菜单中选择"XY（散点图）"→"带平滑线的散点图"，单击"确定"按钮。操作结果如图 4-117 图所示。

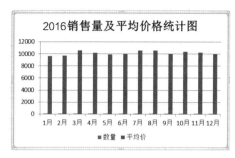

图 4-116　柱形图

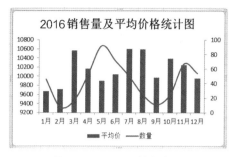

图 4-117　双 Y 轴复合图

2. 复合饼图图表的建立

图 4-118 所示为某商店 2013—2016 年家电销售数据，图 4-119 为家电销售净利润，其中 A13：B18 单元格区域为 2016 年净利润中各种家电的具体数据。

	A	B	C	D	E
1	非常5+2商城家电销售表				
2				单元：万元	
3	年份	2013年	2014年	2015年	2016年
4	预计销售	1250	2400	2750	2500
5	实际销售	2100	2390	2580	2735
6	净利润	200	320	309	430

图 4-118　2010-2013 家电销售数据

	A	B	C	D
10	2013年	200		
11	2014年	320		
12	2015年	309		
13	冰箱	35		
14	洗衣机	30		
15	电视机	88		
16	计算机	150		
17	空调	115		
18	其他小家电	12		

图 4-119 家电销售净利润

以 A10：B18 单元格区域为数据源建立一个"复合饼图"图表，不仅要反映 2013—2016 年家电销售利润情况并且要给出 2016 年的利润构成明细，其效果如图 4-120 所示。

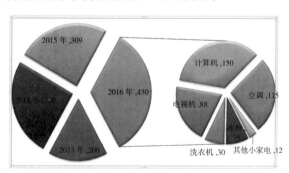

图 4-120　"复合饼图"图表

操作步骤如下：

① 选中 A10：B18 单元格区域。

② 单击"插入"选项卡，在"图表"逻辑功能区单击"饼图"→"复合饼图"按钮，在"图表"工作表中生成一个"复合饼图"图表。

③ 删除图例。

④ 选中数据系列，右击，在弹出的快捷菜单中选择"设置数据系列格式"，弹出"设置数据系列格式"对话框，如图 4-121 所示。

⑤ 在图 4-121 中，将"系列选项"中的"第二绘图区包含最后一个"中的值修改为 6（组成 2016 年净利润的 6 种家电），将"饼图分离程度""分类间距""第二绘图区大小"分别修改为 10%、45% 和 75%；单击"关闭"按钮。

⑥ 选中数据系列，右击，在弹出的快捷菜单中选择"数据标签格式"命令

⑦ 选中"标签选项"中的"类别名称""值""显示引导线"前面的复选框，选中"标签位置"中的"最佳匹配"

单选按钮，单击"关闭"按钮，如图 4-122 所示。

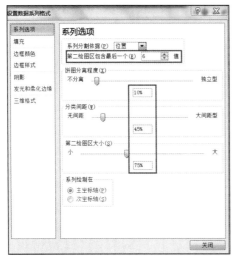

图 4-121　设置数据系列格式

图 4-122　设置数据标签格式

⑧ 选中"其他"数据系列，直接将"其他"修改为"2016 年"。

⑨ 选中"2016 年"数据系列，使用与步骤④~⑥类似的方法仅将该数据系列的分离程度修改为 15%。

⑩ 选中复合饼图图表，单击"设计"选项卡，在"图表样式"功能区将该图表样式修改为"样式 26"，单击圖按钮保存工作簿。

第 5 章　演示文稿制作软件 PowerPoint 2010

学习目标

- 理解 PowerPoint 2010 中的常用术语。
- 掌握 PowerPoint 2010 的基本操作方法。
- 掌握 PowerPoint 2010 电子演示文稿的制作和编辑。
- 熟练掌握演示文稿主题的选用和幻灯片背景设置。
- 熟练掌握演示文稿的格式化、动画设计、超链接技术和应用设计模板。
- 熟练掌握演示文稿的放映。

演示文稿制作软件 PowerPoint 2010 是微软公司开发的办公自动化软件 Office2010 的组件之一，通过 PowerPoint 2010，可以使用文本、图形、照片、视频、动画和更多手段来设计具有视觉震撼力的演示文稿。PowerPoint 2010 这一新版本增加了视频和图片的编辑功能，以"功能区"的形式增强了 PowerPoint 2010 的可操作性。此外，切换效果和动画运行起来比以往更为平滑和丰富，并且现在它们在功能区中有自己的选项卡。此版本新增的 SmartArt 图形版式（包括一些基于照片的版式）可给用户带来意外惊喜。创建 PowerPoint 2010 演示文稿后，除了可以随时放映，还可通过 Web 进行远程发布，或与其他用户共享文件。PowerPoint 2010 功能非常丰富，广泛应用于会议报告、教师授课、产品演示、广告宣传和学术交流等方面。

第 5 章课件

本章将详细介绍 PowerPoint 2010 演示文稿的常用术语、基本操作方法、演示文稿的格式化、动画设计、超链接技术、应用设计模板和演示文稿的放映等内容，并通过案例分析和讲解，把知识融入生动的案例中，达到熟练操作演示文稿的目的。

5.1　PowerPoint 2010 概述

本节通过对 PowerPoint 2010 常用术语、窗口的介绍，要求理解常用术语的含义，以便指导操作，了解和掌握 PowerPoint 2010 的新窗口界面、视图方式，尤其是要熟练掌握 PowerPoint 2010 新设置的"功能区"及"命令组"内容，以达到熟练操作的目的。最后通过一个案例，说明幻灯片的制作过程和操作方法。

同 Word、Excel 一样，也可把电子表格、图表、文本等信息包含到 PowerPoint 2010 幻灯片中。同时，PowerPoint 2010 还提供了预演功能，可以很容易地在屏幕上编辑出用户满意的演示文稿。在学习 PowerPoint 2010 时，首先要熟悉 PowerPoint 2010 的常用术语，熟悉 PowerPoint 2010 的窗口界面和视图方式，其次要掌握 PowerPoint 2010 的基本操作方法，包括演示文稿的创建、保存、关闭和打开等操作。

视频 5.1-1
PowerPoint
2010 概述

视频 5.1-2 认识
演示文稿的每一
个环节

视频 5.1-3 Word
与 PowerPoint 的
不同

视频 5.1-4 演示
文稿的基础知识

5.1.1 PowerPoint 2010 常用术语

1. 演示文稿

由 PowerPoint2010 创建的文档，一般包括为某一演示目的而制作的所有幻灯片、演讲者备注和旁白等内容，称为演示文稿，存盘时 PowerPoint 2010 文件扩展名为 .pptx（PowerPoint 2003 或更早版本文件扩展名为 .ppt）。

2. 幻灯片

演示文稿中的每一单页称为一张幻灯片，每张幻灯片都是演示文稿中既相互独立又相互联系的内容。制作一个演示文稿的过程就是依次制作一张张幻灯片的过程，每张幻灯片中既可以包含常用的文字和图表，也可以包含声音、图像和视频等。

3. 演讲者备注

演讲者备注指在演示时演示者所需要的文章内容、提示注解和备用信息等。演示文稿中每一张幻灯片都有一张备注区，它包含该幻灯片提供的演讲者备注的空间，用户可在此空间输入备注内容供演讲时参考。PowerPoint 2010 新增的演示者视图，借助两台监视器，在幻灯片放映演示期间同时可以看到演示者备注，提醒讲演的内容，而这些是观众无法看到的。

4. 讲义

讲义指发给听众的幻灯片复制材料，可把一张幻灯片打印在一张纸上，也可把多张幻灯片压缩打印到一张纸上。

5. 母版

PowerPoint 2010 为每个演示文稿创建一个母版集合（幻灯片母版、演讲者备注母版和讲义母版等）。母版中的信息一般是共有的信息，改变母版中的信息可统一改变演示文稿的外观。例如，把公司标记、产品名称及演示者的名字等信息放到幻灯片母版中，使这些信息在每张幻灯片中以背景图案的形式出现。

6. 模板

PowerPoint 2010 提供了多种多样的模板，模板是指预先定义好格式、版式和配色方案的演示文稿。PowerPoint 2010 模板是扩展名为 .potx 的一张幻灯片或一组幻灯片的图案或蓝图。模板可以包含版式、主题颜色、主题字体、主题效果和背景样式，甚至还可以包含内容等。用户也可以创建自己的自定义模板，然后存储、重用以及与他人共享。此外，还可以从互联网上获取多种不同类型的 PowerPoint 2010 内置免费模板，也可以在 Office.com 和其他合作伙伴网站获取可以应用于演示文稿的数百种免费模板。应用模板可快速生成统一风格的演示文稿。

7. 版式

幻灯片版式包含要在幻灯片上显示的全部内容的格式设置、位置和占位符，即版式包含幻灯片上标题和副标题文本、列表、图片、表格、图表、形状和视频等元素的排列方式。版式也包含幻灯片的主题颜色、字体、效果和背景。演示文稿中的每张幻灯片都是基于某种自动版式创建的。在新建幻灯片时，可以从 PowerPoint 2010 提供的自动版式中选择一种，每种版式预定义了新建幻灯片的各种占位符的布局情况。

8. 占位符

占位符是版式中的容器，可容纳如文本（包括正文文本、项目符号列表和标题）、表格、图表、SmartArt 图形、影片、声音、图片及剪贴画等内容。占位符是指应用版式创建新幻灯片时出现的虚线方框。

5.1.2　PowerPoint 2010 窗口界面

图 5-1 所示为一个标准的 PowerPoint 2010 工作窗口。

图 5-1　PowerPoint 2010 工作窗口

1．标题栏
显示程序名及当前操作的文件名。
2．快速访问工具栏
默认情况下有保存、撤销和恢复 3 个按钮。
3．菜单栏和功能区

视频 5.1.2
PowerPoint 2010
窗口界面

PowerPoint 2010 的菜单栏和功能区是融为一体的，菜单栏下面即是功能区。功能区包含以前在 PowerPoint 2003 及更早版本中的菜单和工具栏上的命令以及其他菜单项。功能区旨在帮助用户快速找到某任务所需的命令。

（1）"文件"选项卡

使用"文件"选项卡可创建新文件、打开或保存现有文件和打印演示文稿。

（2）"开始"选项卡

使用"开始"选项卡可新建幻灯片、将对象组合在一起以及设置幻灯片上的文本的格式。如果单击"新建幻灯片"旁边的下拉按钮，则可从多个幻灯片布局进行选择；"字体"功能区包括"字体""加粗""斜体""字号"按钮；"段落"功能区包括"文本右对齐""文本左对齐""两端对齐""居中"；若要查找"组"命令，可单击"排列"，然后在"组合对象"中选择"组"。

（3）"插入"选项卡

使用"插入"选项卡可将表格、图形、图表、页眉或页脚插入到演示文稿中。

（4）"设计"选项卡

使用"设计"选项卡可自定义演示文稿的背景、主题设计和颜色或页面设置。

（5）"切换"选项卡

使用"切换"选项卡可对当前幻灯片应用、更改或删除切换效果。在"切换到此幻灯片"功能区，单击某个切换效果，可将其应用于当前幻灯片。在"计时"功能区的"声音"列表中，可从多种声音中进行选择以在切换过程中播放；在"换片方式"下，可选中"单击鼠标时"复选框以在单击时进行切换。

（6）"动画"选项卡

使用"动画"选项卡可对幻灯片上的对象应用、更改或删除动画，单击"添加动画"按钮，选择应用于选定对象的动画；单击"动画窗格"按钮可启动"动画窗格"任务窗格；"计时"功能区包括用于设置"开始"和"持续时间"的区域。

（7）"幻灯片放映"选项卡

使用"幻灯片放映"选项卡可开始幻灯片放映、自定义幻灯片放映的设置和隐藏某个幻灯片等。"开始幻灯片放映"功能区，包括"从头开始"放映和"从当前幻灯片开始"放映。单击"设置"功能区中的"设置幻灯片放映"按钮可弹出"设置放映方式"对话框，也可以隐藏一些不需要放映的幻灯片。

（8）"审阅"选项卡

使用"审阅"选项卡可检查拼写、更改演示文稿中的语言或比较当前演示文稿与其他演示文稿的差异，添加批注等。

（9）"视图"选项卡

使用"视图"选项卡可以查看幻灯片母版、备注母版、幻灯片浏览，还可以打开或关闭标尺、网格线和绘图指导。

4. 工作区域

工作区即"普通"视图，旨在使用 Microsoft PowerPoint 2010 中的功能，可在此区域制作、编辑演示文稿。

5. 显示比例

显示工作区域的大小比例，以适合预览和编辑工作。

6. 状态栏

位于窗口底端，显示与当前演示文稿有关的操作信息，如总的幻灯片数、当前正在编辑的幻灯片是第几张等。

5.1.3 PowerPoint 2010 视图方式

PowerPoint 2010 提供了 6 种视图方式，它们各有不同的用途，用户可以在大纲区上方找到大纲视图和幻灯片视图。在窗口右下方找到普通视图、幻灯片浏览视图、阅读视图和幻灯片放映这 4 种主要视图。单击 PowerPoint 2010 窗口右下角的按钮（见图 5-2），可在各种视图方式之间进行切换。以下是 PowerPoint 2010 中可用的视图：普通视图、幻灯片浏览视图、备注页视图、幻灯片放映视图、阅读视图、母版视图、演示者视图。

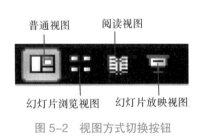

图 5-2　视图方式切换按钮

视频 5.1.3
PowerPoint 2010
视图方式

1. 普通视图

普通视图是主要的编辑视图，可用于编辑或设计演示文稿。该视图有选项卡和窗格，分别为"大纲"选项卡和"幻灯片"选项卡，幻灯片窗格和备注窗格，如图 5-3、图 5-4 所示。通过拖动边框可调整选项卡和窗格的大小，选项卡也可以关闭。

① "大纲"选项卡：在左侧工作区域显示幻灯片的文本大纲，方便组织和开发演示文稿中的内容，如输入演示文稿中的所有文本，然后重新排列项目符号、段落和幻灯片。此区域是用户开始撰写内容的理想场所，若要打印演示文稿大纲的书面副本，并使其只包含文本而没有图形或动画，可选择"文件"→"打印"命令，然后单击"设置"下的"整页幻灯片"，单击"大纲"按钮，再单击顶部的"打印"按钮。

② "幻灯片"选项卡：在左侧工作区域显示幻灯片的缩略图，在编辑时以缩略图大小的图像在演示文稿中观看幻灯片，使用缩略图能方便地遍历演示文稿，并观看任何设计更改的效果。在此，还可以轻松地重新排列、添加或删除幻灯片。

③ 幻灯片窗格：在 PowerPoint 窗口的右方，"幻灯片"窗格显示当前幻灯片的大视图，在此视图中显示当前幻灯片时，可以添加文本，插入图片、表格、SmartArt 图形、图表、图形对象、文本框、电影、声音、超链接和动画。

④ 备注窗格。可添加与每个幻灯片的内容相关的备注。这些备注可打印出来，在放映演示文稿时作为参考资料，还可以将打印好的备注分发给观众，或发布在网页上。

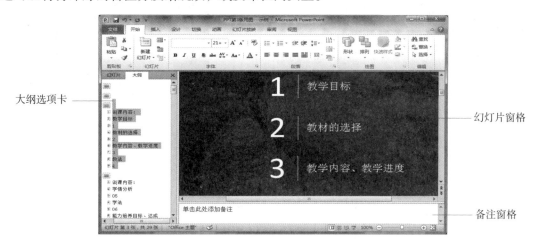

图 5-3   选择"大纲"选项卡的普通视图

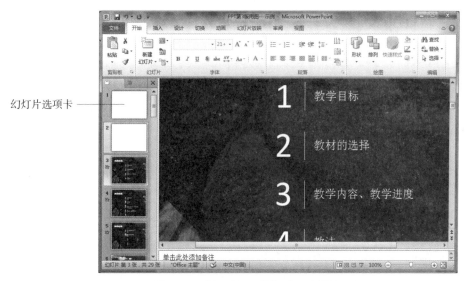

图 5-4   选择"幻灯片"选项卡的普通视图

2. 幻灯片浏览视图

在幻灯片浏览视图中，可同时看到演示文稿中的所有幻灯片，这些幻灯片以缩略图方式显示，如图 5-5 所示。通过幻灯片浏览视图可以轻松地对演示文稿的顺序进行排列和组织，还可以很方便地在幻灯片之间添加、删除和移动幻灯片以及选择切换动画，但不能对幻灯片内容进行修改。如果要对某张幻灯片内容进行修改，可以双击该幻灯片切换到普通视图，再进行修改。另外，还可以在幻灯片浏览视图中添加节，并按不同的类别或节对幻灯片进行排序。

3. 幻灯片放映视图

在创建演示文稿的任何时候，都可通过单击"幻灯片放映视图"按钮来启动幻灯片放映和浏览演示文稿，如图 5-6 所示，按【Esc】键可退出放映视图。幻灯片放映视图可用于向观众放映演示文稿，幻灯片放映视图会占据整个计算机屏幕，这与观众观看演示文稿时在大屏幕上显示的演示文稿完全一样，可以看到图形、计时、电影、动画效果和切换效果在实际演示中的具体效果。

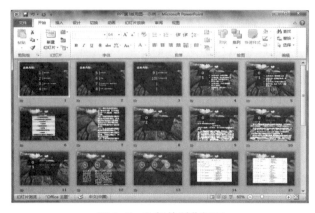

图 5-5　幻灯片浏览视图

图 5-6　幻灯片放映视图

4．阅读视图

阅读视图用于查看演示文稿（例如，通过大屏幕）放映演示文稿。如果希望在一个设有简单控件以方便审阅的窗口中查看演示文稿，而不想使用全屏的幻灯片放映视图，也可以在自己的计算机上使用阅读视图。如果要更改演示文稿，可随时从阅读视图切换至某个其他视图。

5．母版视图

母版视图包括幻灯片母版视图、讲义母版视图和备注母版视图。它们是存储有关演示文稿信息的主要幻灯片，其中包括背景、颜色、字体、效果、占位符大小和位置，如图 5-7 所示。使用母版视图的一个主要优点在于，在幻灯片母版、备注母版或讲义母版上，可以对与演示文稿关联的每个幻灯片、备注页或讲义的样式进行全局更改。

6．演示者视图

演示者视图是一种可在演示期间使用的基于幻灯片放映的关键视图，借助两台监视器，可以运行其他程序并查看演示者备注，而这些是观众所无法看到的。若要使用演示者视图，需确保计算机具有多监视器功能，同时也要打开多监视器支持和演示者视图。

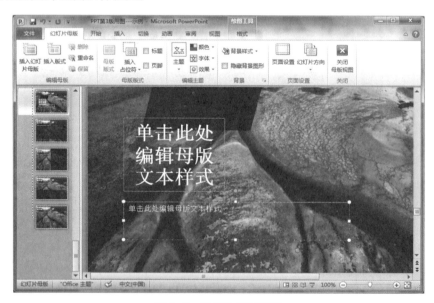

图 5-7　幻灯片母版视图

5.1.4　演示文稿的基本操作

1．演示文稿的创建

启动 PowerPoint 2010 后，若要新建演示文稿，可执行下列操作：

① 利用"空白演示文稿"创建演示文稿：若希望在幻灯片上创出自己的风格，不受模板风格的限制，获得最大限度的灵活性，可以用该方法创建演示文稿。在 PowerPoint 2010 中，选择"文件"→"新建"命令，展开"新建"选项。在可用的模板和主题上单击"空白演示文稿"图标（见图 5-8），然后单击"创建"按钮，打开新建的第一张幻灯片，如图 5-9 所示。这时文档的默认名为"演示文稿 1"、"演示文稿 2"……

视频 5.1.4 演示文稿的基本操作

视频 5.1.4 演示文稿的基本操作案例

② 利用"模板"创建演示文稿：模板提供了预定的颜色搭配、背景图案、文本格式等幻灯片显示方式，但不包含演示文稿的设计内容。见图 5-8 中选择"样本模板"，打开"样本模板"库，再选择需要的模板（如"现代型相册"），然后单击"创建"按钮，新建第一张幻灯片，如图 5-10 所示。

③ 根据"现有演示文稿"创建演示文稿：如果想打开一个已存在的文稿，可以选择"文件"→"打开"命令，在"打开"对话框中选择已有文稿，并单击"打开"按钮，就可以打开已有的文稿。此外，还可以通过资源浏览器，先找到要打开的演示文稿，然后双击，这样在启动了 PowerPoint 2010 的同时，也就打开了要编辑的文稿。

图 5-8　新建选项

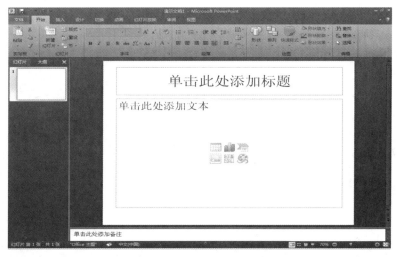

图 5-9　新建空白演示文稿 1

图 5-10 新建模板演示文稿

2. 演示文稿的保存

选择"文件"→"保存"命令，可对演示文稿进行保存。若是新建演示文稿的第一次存盘，系统会弹出"另存为"对话框，默认的保存类型是"*.pptx"。

若用户要对演示文稿进行备份或把已经修改过的演示文稿以另一个新文件名保存，可选择"文件"→"另存为"命令，系统会弹出"另存为"对话框。用户只需在对话框中改变"文件名"或"保存位置"，即可不覆盖原文件而同时保存一个新文件。

3. 演示文稿的关闭

在决定退出 PowerPoint 2010 时，可以有多种办法将其关闭。

① 单击程序窗口右上角的关闭按钮。

② 双击程序窗口左上角的程序标志按钮。

③ 选择"文件"→"退出"命令。

【例 5-1】制作一个由"标题"和"内容"组成的简单幻灯片，如图 5-11 所示。

案例要求：利用"模板"来快速创建演示文稿，为演示文稿的第一张幻灯片输入文本。在演示文稿的第一张幻灯片（见图 5-9）"单击此处添加标题"的位置单击，输入标题；在"单击此处添加文本"的位置单击，输入内容。输入完毕后，效果如图 5-11 所示。

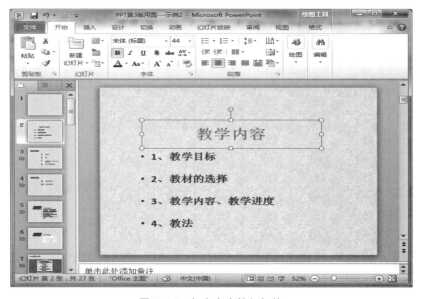

图 5-11 加上内容的幻灯片

操作步骤如下：

（1）选择创建演示文稿的模板

① 启动 PowerPoint 2010 后，选择"文件"→"新建"命令，展开"新建"选项，单击"我的模板"图标，打开"个人模板"，再选择需要的模板，然后单击"确定"按钮，新建第一张幻灯片。

② 在"第一张演示文稿"中选择"开始"选项卡，打开"版式"下拉列表，选择"标题和内容"版式，也可以选择其他的版式以更改幻灯片的布局。

③ 在"设计"选项卡中，选择合适的主题和背景。

（2）输入文稿内容

模板上的格式和颜色都已应用到新建的幻灯片上，用户可在该幻灯片上相应的占位符输入演示文稿内容，如图 5-11 所示。第一张幻灯片默认采用"标题和内容幻灯片"版式，若不满意此版式，可在"开始"选项卡中打开"版式"下拉列表，（见图 5-12），选择需要的版式。

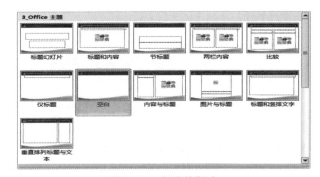

图 5-12　新建的版式

另外，可以为内容添加"项目符号和编号"，使用项目符号或编号用来演示大量文本或顺序流程，以列出内容提纲。本例中添加项目符号，在图 5-11 中，首先选中内容各段，在"开始"选项卡中单击"编号"下拉按钮，在"项目符号"选项卡中，选择"数字"项目符号，结果加上了数字项目符号的内容。

（3）新建第二张幻灯片

在"开始"选项卡中，打开"新建幻灯片"下拉列表，选择需要的版式，图 5-12 所示幻灯片用的是"标题和内容"版式，也可以重新选择更改幻灯片的版式建立一个新幻灯片。最好的方法是，选择"复制所选幻灯片"，将原来的幻灯片复制为第二张幻灯片，重复第（2）步，输入新内容，就可以创建演示文稿中的第二张幻灯片。由于采用同一模板和版式，演示文稿中的所有幻灯片都具有相同的外观。

（4）将多个主题应用于演示文稿

如果需要演示文稿包含多个主题（包含背景、颜色、字体和效果的版式），则演示文稿必须包含多个幻灯片母版。每个主题与一组版式相关联，每组版式与一个幻灯片母版相关联。例如，两个幻灯片母版可以各自有一组具有可应用于一个演示文稿的唯一版式的不同主题（两种设计）。

具体操作时，在"设计"选项卡打开"主题"下拉菜单，展开的主题选项（见图 5-13），右击某一主题，弹出如图 5-14 所示的快捷菜单，选择"应用于选定幻灯片"命令，即可将该主题应用于选定的幻灯片上。

单击"切换"选项卡，可以设计幻灯片的切换方式；单击"动画"选项卡，选择合适的动画方案；重复上面的 1~6 步骤，可以为演示文稿制作 n 张幻灯片。

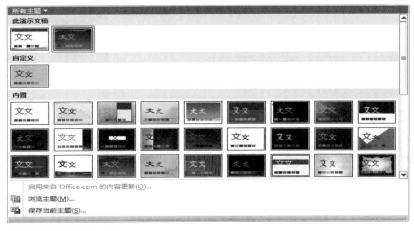

图 5-13　所有主题　　　　　　　　　　　　　　　　　图 5-14　主题选项

案例总结：

① 通过以上操作，我们学习了如何将文本内容输入到幻灯片中的方法。但实际中很多情况，往往一些已输入到幻灯片中的文本不太令人满意，需要对文本做一些编辑和修改工作，以使制作出的演示文稿更能满足要求，即如何对文本进行必要的格式化的编辑。例如，本例中的图 5-11，可以在标题文本框中输入"艺术字"，其方法同 Word 文件编辑是一样的，这里不做过多的介绍。

② 在"开始"选项卡的幻灯片版式列表中，系统会提示该版式包含哪些占位符，可根据需要选择某一种版式。

③ 在设计功能区的幻灯片主题中，当鼠标悬停在某一个主题上时，则自动显示主题效果，单击某主题则应用此主题。

5.2　PowerPoint 2010 演示文稿的制作

在演示文稿的制作过程中，会遇到标题、副标题、普通文本等三类文本占位符，在制作含有这些内容的文本时同 Word 一样，要进行文本的输入、格式化等修改和编辑工作。所以，要学会灵活运用 Word 的格式化编辑功能，进行演示文稿的编辑工作。

在演示文稿的制作过程中，还要学会运用插入对象的功能，在演示文稿的合适位置插入剪贴画、SmartArt 图形、图片、屏幕截图、组织结构图、图表、艺术字、表格、批注、音频和视频等对象内容，这样一张内容丰富、款式新颖的演示文稿便制作出来。

我们是在学习 Word 之后，才学习 PowerPoint 2010 演示文稿的制作的，在演示文稿的制作过程中，要时刻想着 Word 的操作方法和操作方式，PowerPoint 2010 同 Word 基本上是一样的"所见即所得"操作，所以在演示文稿的编辑上，时刻像 Word 一样思考，就可达到事半功倍的效果。在演示文稿的美化方面，像 Word 一样对字符和段落分别进行格式化即可。另外，演示文稿的排版可以直接应用幻灯片的版式操作，还可以通过快速改变幻灯片的应用设计模板的方法来美化演示文稿。

5.2.1　演示文稿的插入元素操作

1. 输入文本

创建一个演示文稿，应首先输入文本。输入文本分两种情况：

① 有文本占位符（选择包含标题或文本的自动版式）。单击文本占位符，占位符的虚线框变成粗边线的矩形框，原有文本消失，同时在文本框中出现一个闪烁的"I"形插入光标，表示可以直接输入文本内容。

输入文本时，PowerPoint 2010 会自动将超出占位符位置的文本切换到下一行，用户也可按【Shift+Enter】组合键进行人工换行。按【Enter】键，文本另起一个段落。

输入完毕后，单击文本占位符以外的地方即可结束输入，占位符的虚线框消失。

② 无文本占位符：插入文本框即可输入文本，操作与 Word 类似。

文本输入完毕，可对文本进行格式化，操作与 Word 类似。

2. 插入剪贴画

可在演示文稿中加入一些与文稿主题有关的剪贴画，使演示文稿生动有趣、更富吸引力。

①有内容占位符（选择包含内容的自动版式）。单击内容占位符的"插入剪贴画"图标，弹出"剪贴画"任务窗格，如图 5-15 所示。工作区内显示的管理器里已有的图片，双击所需图片即可插入。如果图片太多难以找到，可以利用对话框中的搜索功能。如果所需图片不在管理器内，可单击"导入"按钮，选择所需图片。在"剪贴画"任务窗格中，设置好"搜索文字""搜索范围""结果类型"后，单击"搜索"

图 5-15　"剪贴画"任务窗格

按钮，出现符合条件的剪贴画，选择所需的插入即可。

②有剪贴画占位符（选择包含剪贴画的自动版式）。双击剪贴画占位符，弹出"选择图片"对话框，其他操作同步骤①。插入剪贴画后可对剪贴画进行编辑（改变大小、位置、复制等），操作与 Word 类似。

3. 插入图形

在普通视图的幻灯片窗格中可以绘制图形，方法与 Word 中的操作类似。在"插入"选项卡中，单击"形状"按钮，展开"形状"选项框，如图 5-16 所示。在其中选择某种形状样式后单击，此时鼠标变成十字星形状，拖动鼠标可以确定形状的大小。

4. 插入 SmartArt 图形

SmartArt 图形是信息和观点的视觉表示形式。可以通过从多种不同布局中进行选择来创建 SmartArt 图形，幻灯片中加入 SmartArt 图形（包括以前版本的组织结构图），可使版面整洁，便于表现系统的组织结构形式。

创建 SmartArt 图形时，系统会提示用户选择一种类型，如"流程""层次结构"或"关系"，类型类似于 SmartArt 图形的类别，并且每种类型包含几种不同布局，如图 5-17 所示。

5. 插入艺术字

在"插入"选项卡中，单击"艺术字"按钮，展开"艺术字"选项区，在其中选择某种样式后单击，此时，在幻灯片编辑区里出现"请在此放置您的文字"艺术字编辑框，如图 5-18 所示。更改输入要编辑的艺术字文本内容，可以在幻灯片上看到文本的艺术效果。选中艺术字后，在"绘图工具 – 格式"功能区中，可以进一步编辑"艺术字"。右击艺术字，可以选择"设置形状格式"命令，弹出如图 5-19 所示的"设置形状格式"对话框，可设置艺术字的形状和格式。

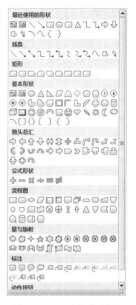

图 5-16　形状选项区

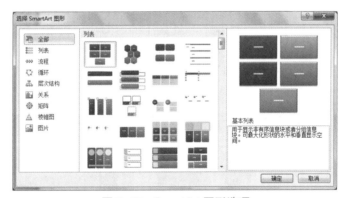

图 5-17　SmartArt 图形选项

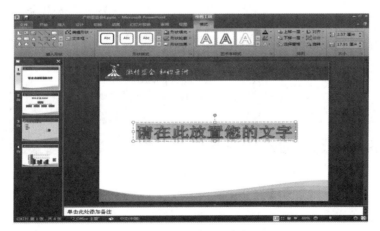

图 5-18　艺术字编辑框

6. 插入图表

PowerPoint 2010可直接利用"图表生成器"提供的各种图表类型和图表向导，创建具有复杂功能和丰富界面的各种图表，增强演示文稿的演示效果。

有图表占位符的双击图表占位符，或在"插入"选项卡中，单击"图表"按钮，均可启动 Microsoft Graph 应用程序插入图表对象，如图 5-20 所示。

图 5-19　"设置形状格式"对话框

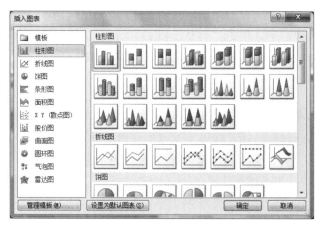

图 5-20　"插入图表"对话框

7. 插入表格

有内容占位符的单击"插入表格"图标，或在"插入"选项卡中单击"表格"按钮，选择要插入的表格行数和列数，或在弹出的"插入表格"对话框中输入行数和列数，单击"确定"按钮即可。

8. 插入多媒体信息

（1）插入图片

在内容占位符上单击"插入"选项卡"图像"功能区中的"图片"按钮，弹出"插入图片"对话框，选择某一幅或多幅图片，单击"插入"按钮即可以将图片插入到幻灯片中。另外，PowerPoint 2010新增了制作电子相册功能，单击"图像"功能区中的"相册"按钮，可以将来自文件的一组图片制作成多张幻灯片的相册，如图 5-21 所示。

图 5-21　电子相册

（2）插入声音

在幻灯片上插入音频剪辑时，将显示一个表示音频文件的图标。在进行播放时，可以将音频剪辑设置为在显示幻灯片时自动开始播放、在单击鼠标时开始播放或播放演示文稿中的所有幻灯片，甚至可以循环连续播放媒体直至停止播放。

可以通过计算机上的文件、网络或"剪贴画"任务窗格添加音频剪辑。也可以自己录制音频，将其添加到演示文稿，或者使用 CD 中的音乐。

单击"插入"选项卡"媒体"功能区中的"音频"按钮，弹出"插入音频"任务窗格，执行以下任一个操作：

① 单击文件中的音频，找到包含该音频的文件夹，然后双击要添加的文件。

② 单击剪贴画音频，查找所需的音频剪辑。

在剪贴画任务窗格单击该音频文件旁边的按钮，或在"剪贴画"任务窗格中，设置好"搜索文字""搜索范围""结果类型"（注意结果类型为声音）后，单击"搜索"按钮，出现符合条件的声音，选择所需的声音，即可在幻灯片中插入剪辑管理器中的声音。

（3）插入影片

单击"插入"选项卡"媒体"功能区中的"视频"按钮，选择"文件中的视频"或"剪贴画视频"命令，选择要插入的视频，也可以进一步对视频进行编辑。图 5–22 所示为插入的视频效果。

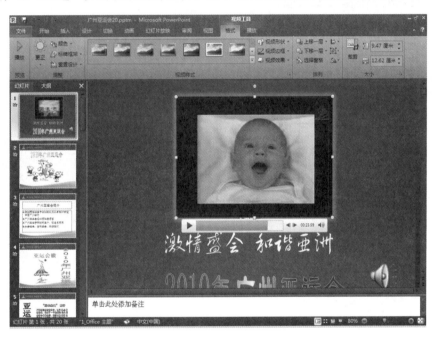

图 5–22　视频效果

9. 插入其他演示文稿中的幻灯片

选择某张幻灯片为当前幻灯片，选择"开始"→"新建幻灯片"→"重用幻灯片"命令，弹出"重用幻灯片"窗格，如图 5–23 所示。单击"浏览"按钮找到包含所需幻灯片的演示文稿的文件名并将其打开，或直接在文本框中输入路径和文件名。在选择幻灯片选项区域中，右击要选择的一张幻灯片，再选择插入幻灯片，将其插入到当前幻灯片的后面，若选择插入所有幻灯片，则可将选择的演示文稿中的全部幻灯片插入到当前幻灯片后面。

10. 插入页眉与页脚

选择"插入"选项卡"文本"功能区中的"页眉和页脚"按钮，弹出"页眉和页脚"对话框，选择"幻灯片"选项卡，如图 5–24 所示。通过选择适当的复选框，可以确定是否在幻灯片的下方添加日期和时间、幻灯片编号、页脚等，并可设置选择项目的格式和内容。设置结束后，若单击"全部应用"按钮，则所做设置将应用于所有幻灯片；若单击"应用"按钮，则所做设置仅应用于当前幻灯片。此外，若选中"标题幻灯片中不显示"复选框，则所做设置将不应用于第一张幻灯片。

11. 插入公式

选择"插入"选项卡"符号"功能区中的"公式"按钮，展开公式选项区，选择其中的某一公式项，在幻灯片中即可插入已有的公式，再单击此公式，则功能区出现"公式工具–设计"选项卡，如图 5-25 所示，在此区可以编辑公式。

图 5-23　重用幻灯片

图 5-24　"页眉和页脚"对话框

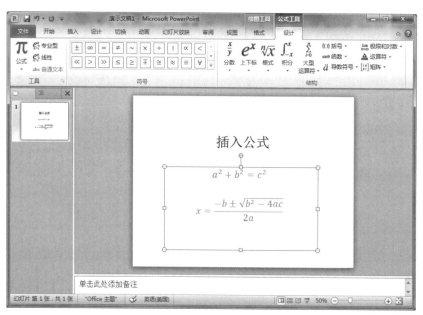

图 5-25　编辑公式

12. 插入批注

利用批注的形式可以对演示文稿提出修改意见。批注就是审阅文稿时在幻灯片上插入的附注，批注会出现在黄色的批注框内，不会影响原演示文稿。

【例 5-2】在例 5-1 所示的演示文稿中，分别添加第 2 张、第 3 张和第 4 张幻灯片。

案例要求：为演示文稿创建第二张幻灯片，幻灯片版式含有剪贴画，为演示文稿创建第三张幻灯片，幻灯片版式含有组织结构图，为演示文稿创建第四张幻灯片，幻灯片版式含有数据图表等，这是制作不同版式的一系列幻灯片的演示文稿的方法。

案例操作：

（1）创建第二张幻灯片，幻灯片版式包含有剪贴画

① 在"开始"选项卡中，打开"新建幻灯片"下拉列表，选择需要的版式，如图 5-26 所示，幻灯片用的是"两栏内容"版式。最好的方法是，选择"复制所选幻灯片"，将原来的幻灯片复制为第二张幻灯片，输入新内容，就可以创建演示文稿中的第二张幻灯片。

② 在新幻灯片的标题占位符里输入内容，如图 5-27 所示。

③ 在文本占位符框里输入各个项目，如图 5-27 所示。

④ 双击"剪贴画"占位符图标，在"剪贴画"窗格（见图 5-27）的"搜索文字"文本框中输入"教育"，单击"搜索"按钮，双击所需的剪贴画即可实现如图 5-27 所示的效果。

图 5-26　两栏内容版式

图 5-27　第二张幻灯片

（2）为演示文稿创建第三张幻灯片，使其包含组织结构图

① 在"开始"选项卡中，打开"新建幻灯片"下拉列表，选择需要的版式，如本例中选择的是"标题和内容"版式，如图 5-28 所示。

② 在标题占位符输入内容，如图 5-29 所示。

③ 在内容占位符中单击"插入"选项卡中的"SmartArt"按钮，（鼠标指针悬停在上面出现提示），出现如图 5-17 所示 SmartArt 图形选项，选择"层次结构"，再选择第一项组织结构图，单击"确定"按钮，在幻灯片中插入"组织结构图"。

④ 利用"SmartArt 工具－设计"选项卡按需要对组织结构图进行设计，之后单击 SmartArt 图形中的一个框，然后输入文本，如图 5-29 所示。

⑤ 单击组织结构图占位符以外的位置，完成创建，如图 5-29 所示。

图 5-28　标题和内容版式

图 5-29　包含组织结构图的幻灯片

（3）为演示文稿创建第四张幻灯片，使其包含数据图表

① 在"开始"选项卡中，打开"新建幻灯片"下拉列表，选择如图 5-28 所示的"标题和内容"版式。

② 在标题占位符里输入内容，如图 5-30 所示。

③ 单击图表占位符，启动插入图表选择框（见图 5-31），选择柱形图图表，在"Excel 数据表"框中输入用户所需数据取代示例数据，如图 5-31 所示。这时，幻灯片上的图表会随输入数据的不同而发生相应的变化。

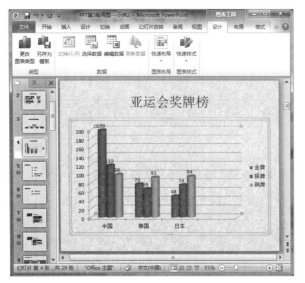

图 5-30 包含数据图表的幻灯片

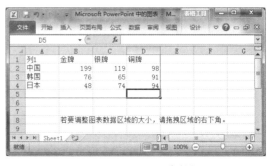

图 5-31 Excel 图表数据

④ 利用"图表工具 – 设计"选项卡可以继续对图表进行编辑。单击图表占位符以外的位置,完成图表创建。

案例总结:

① 现在通过创建第一张幻灯片,之后再插入下一张幻灯片的方法可以制作出多张幻灯片的演示文稿,并且可以在不同的幻灯片中应用不同的版式。版式相同的幻灯片,可以直接复制。

② 在对幻灯片的格式化过程中,文字和图片的格式设置同 Word 类似,制作幻灯片时要注意应用。

视频 5.2.1-1 插入文本

视频 5.2.1-2 插入文本案例

视频 5.2.1-3 插入剪贴画

视频 5.2.1-4 插入绘制图形

视频 5.2.1-5 插入绘制图形案例

视频 5.2.1-6 插入 SmartArt 图形

视频 5.2.1-7 插入 SmartArt 图形案例

视频 5.2.1-8 插入艺术字

视频 5.2.1-9 插入艺术字案例

视频 5.2.1-10 插入表格

视频 5.2.1-11 插入表格案例

视频 5.2.1-12 插入多媒体信息

视频 5.2.1-13 插入其他演示文稿中的幻灯片

视频 5.2.1-14 插入公式

视频 5.2.1-15 插入公式案例

视频 5.2.1–16 插入批注

视频 5.2.1–17 插入批注案例

5.2.2　演示文稿的编辑

1. 幻灯片的选择

① 选择单张幻灯片。在幻灯片浏览视图或普通视图的选项卡区域，单击所需的幻灯片。

② 选择连续的多张幻灯片。在幻灯片浏览视图或普通视图的选项卡区域，单击所需的第一张幻灯片，按住【Shift】键单击最后一张幻灯片。

③ 选择不连续的多张幻灯片。在幻灯片浏览视图或普通视图的选项卡区域单击所需的第一张幻灯片，按住【Ctrl】键单击所需的其他幻灯片，直到所需幻灯片全部选完。

2. 幻灯片的插入与删除

① 插入幻灯片。在幻灯片浏览视图或普通视图方式下，首先选择某一张或多张幻灯片，再选择"开始"→"新建幻灯片"→"复制所选幻灯片"命令，则将所选幻灯片复制到插入点位置。

② 删除幻灯片。在幻灯片浏览视图或普通视图的选项卡区域，选择某张或多张幻灯片，按【Delete】键即可。

3. 幻灯片的复制和移动

① 复制幻灯片。在幻灯片浏览视图或普通视图的选项卡区域，选择某张幻灯片，按住【Ctrl】键同时拖动鼠标到目标位置即可。

② 移动幻灯片。在幻灯片浏览视图或普通视图的选项卡区域，选择某张幻灯片，拖动鼠标将其移到新的位置即可

4. 改变幻灯片的版式

在普通视图方式下，选择需要改变的幻灯片，单击"开始"选项卡"幻灯片，功能区中的"版式"按钮，打开"幻灯片版式"区（见图 5–12），选择需要的版式。

5. 修改幻灯片主题样式格式

如果对内置的主题样式不满意，可以通过主题组右侧的"颜色""字体""效果"按钮重新进行调整。图 5–32 所示为新建主题颜色。

6. 更改背景

在演示文稿中更改背景颜色或图案，操作步骤如下：

① 单击"设计"选项卡"背景"功能区中的"背景样式"按钮，选择"设置背景格式"命令，弹出设置背景格式对话框，如图 5–33 所示。

② 单击"纹理"下拉按钮，选择要填充的纹理作为背景填充。或者选择插入自"文件"，在本机中选择某一张图片作为背景填充。

③ 在图 5–33 中，单击"关闭"按钮，则背景设置只应用在当前幻灯片上，若单击"全部应用"按钮，则背景设置应用到整个演示文稿。

图 5–32　新建主题颜色

【例5-3】制作"自我推荐"演示文稿。

案例要求：

建立"自我推荐"演示文稿，第一张幻灯片主标题为"个人简历"，副标题为"×××制作"，并插入任意一张卡通画。第二张幻灯片输入姓名、性别、出生年月、毕业学校、联系地址、电子邮件等。第三张幻灯片输入个人特点、专长等，并插入一幅剪贴画。第四张幻灯片插入艺术字，内容为"我的兴趣爱好"。

案例操作：

①启动 PowerPoint 2010，系统默认启动"空演示模板"或根据需要选择"文件"→"新建"命令，新建演示文稿（见图5-8）。

②单击"设计"选项卡，选择"行云流水"主题，则该主题自动应用于所有幻灯片。

③在标题幻灯片的第一个文本框中输入"个人简历"，在第二个文本框中输入姓名和学号。单击"插入"→"图像"→"剪贴画"按钮，搜索出卡通（如"武术"）剪贴

图5-33　设置背景格式

画，在其中选择任意一幅，右击该卡通画，选择"大小和位置"命令，设置图片格式，使其在幻灯片的右下角，距左上角水平18厘米，垂直12厘米处，如图5-34所示。

④在"开始"选项卡中，新建第二张幻灯片，版式选"标题和内容"，在标题中输入"基本情况"，在项目文本框中输入真实的姓名、性别、出生年月、毕业学校、联系地址、电子邮件等信息。选中标题文本"基本情况"，在"开始"选项卡中，单击"字体"按钮，在弹出的对话框中，将选中字体设置为仿宋_GB2312，字号为60，字体颜色为暗黄（注意：颜色设置请使用自定义标签设置 RGB 值为红色：204；绿色：153；蓝色：0），如图5-35所示。

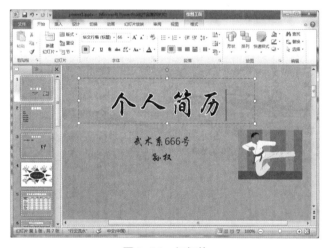

图5-34　幻灯片

图5-35　幻灯片

⑤插入第三张幻灯片，版式选用"两栏文本"版式，在标题区输入"特点与特长"，在左栏的文本中输入"个人特点""专长"等；双击右栏的"剪贴画"区，在弹出的多幅剪贴画中，插入一幅剪贴画。

⑥插入第四张幻灯片，选用空白版式，单击"插入"→"文本"→"艺术字"按钮，在弹出的艺术字样式列表中，选择第3行第4列，在艺术字内容区输入"我的兴趣爱好"即可。选中艺术字，出现"绘图工具"-"格式"相关艺术字的功能区，如图5-36所示。单击"插入形状"功能区中的下拉按钮，在弹出的对话框中选"基本形状—太阳形"，单击"形状样式"功能区中的"形状填充"下拉按钮，选择"纹理"→"绿色大理石"，

再选择"艺术字样式"功能区右下角的按钮,在弹出的"设置文本效果格式"对话框,继续设置文本效果,如"三维格式"轮廓线为红色等。

图 5-36　艺术字格式功能区

⑦ 在"设计"选项卡区中,单击"背景功能区中的背景样式"按钮,选择"设置背景格式"命令,在弹出的"设置背景格式"对话框中选择"图片或纹理填充"单选按钮,再单击"插入自"→"文件"按钮,找到一张图片文件,将该图片插入到幻灯片背景,再选中"将图片平铺为纹理"复选框,如图 5-37 设置背景格式,艺术字幻灯片如图 5-38 所示。

图 5-37　设置背景格式

图 5-38　艺术字幻灯片

视频 5.2.2-1 幻灯片的选择

视频 5.2.2-2 幻灯片的选择案例

视频 5.2.2-3 幻灯片的插入与删除

视频 5.2.2-4 幻灯片的插入与删除案例

视频 5.2.2-5 幻灯片的复制和移动

视频 5.2.2-6 幻灯片的复制和移动案例

视频 5.2.2-7 改变幻灯片的版式

视频 5.2.2-8 修改幻灯片主题样式格式

视频 5.2.2-9 修改幻灯片主题样式格式案例

视频 5.2.2-10 更改背景

5.3 PowerPoint 2010 演示文稿的放映

5.3.1 演示文稿放映概述

所谓演示文稿的放映是指连续播放多张幻灯片的过程，播放时按照预先设计好的顺序对每张幻灯片进行播放演示。一般情况下，如果对演示文稿要求不高，可以直接进行简单的放映，即从演示文稿中某张幻灯片起，顺序放映到最后一张幻灯片为止的放映过程。

为了突出重点，吸引观众的注意力，在放映幻灯片时，通常要在幻灯片中使用切换效果和动画效果，使放映过程更加形象生动，实现动态演示效果。

视频 5.3.1 演示文稿放映概述

这里需要注意的是演示文稿的放映过程中，内容是展示的主要部分，是主线，添加动画、超链接和设置切换方式的目的是突出重点，达到活跃气氛的目的。所以，不要用太多的动画效果和切换效果，太多的闪烁和运动会分散观众的注意力，甚至使观众感到厌烦。另外，在演示文稿的放映过程中还可以增加超链接功能，以增加放映的灵活性和内容的丰富性。

在演示文稿的放映过程中使用动画效果，其中包括两种方式：一是每张幻灯片之间使用幻灯片切换效果；二是为每张幻灯片中的对象添加动画效果，从而实现动态演示效果。

因此在播放前，除了在幻灯片与幻灯片之间用一些切换效果外，还可以为幻灯片内的各个对象设置播放顺序和定义动画效果。在幻灯片中的对象可以包含文字（在不同的文本框内的文字）、图表、图像以及视频、音频等对象，另外，还可以插入多媒体超链接等来达到活跃气氛的目的，这些增加了的切换效果、动画效果及各种控制只针对演示文稿的放映方式，对其他方式无效。

5.3.2 设置幻灯片放映的切换方式

幻灯片的切换方式是指某张幻灯片进入或退出屏幕时的特殊视觉效果，目的是为了使前后两张幻灯片之间过渡自然。幻灯片切换效果是在演示期间从一张幻灯片移到下一张幻灯片时在进入或退出屏幕时的特殊视觉效果，可以控制切换效果的速度，添加声音，甚至还可以对切换效果的属性进行自定义。既可以为选择的某张幻灯片设置切换方式，也可以为一组幻灯片设置相同的切换方式。

在幻灯片之间添加切换效果，选择"切换"选项卡，即可设置幻灯片切换方式，如图5-39所示。

视频 5.3.2-1 设置幻灯片放映的切换方式

图5-39 "切换"选项卡

【例5-4】设置幻灯片放映的切换方式。

案例要求：把演示文稿的第二张幻灯片设置为"垂直百叶窗"切换方式。

案例操作：

①打开演示文稿，在浏览视图方式下，选择第二张幻灯片。

②单击"切换"选项卡，如图5-39所示。

③在"切换到此幻灯片"功能区中单击"百叶窗"按钮。

④在百叶窗换的"效果选项"里设置"垂直"效果。

⑤另外，还可以为切换效果添加属性，如"声音"为"鼓声"，"持续时间"为"2秒"等。

案例总结：

视频 5.3.2-2 设置幻灯片放映的切换方式案例

① 在"计时"功能区中一般选中"单击鼠标时"复选框。若同时选中"单击鼠标时"和"设置自动换片时间"复选框，可使幻灯片按指定的间隔进行切换，在此间隔内单击则可直接进行切换，从而达到手工切换和自动切换相结合的目的。

② 所设置的切换方式应用到当前的第二张幻灯片上，若在"计时"功能区中单击"全部应用"按钮，则应用到整个演示文稿的全部幻灯片上。

③ 幻灯片的切换方式动画除了上面介绍的进入动画之外，还有强调动画和退出动画方式，可根据实际情况设置。

5.3.3　设置幻灯片的动画效果

动画效果是指在幻灯片的放映过程中，幻灯片上的各种对象以一定的次序及方式进入到画面中产生的动态效果。

可以将 PowerPoint 2010 演示文稿中的文本、图片、形状、表格、SmartArt 图形和其他对象制作成动画，赋予它们进入、退出、大小或颜色变化甚至移动等视觉效果。

视频 5.3.3–1 设置幻灯片的动画效果　　视频 5.3.3–2 设置幻灯片的动画效果案例

PowerPoint 2010 中有以下 4 种不同类型的动画效果：

① 进入效果：例如，可以使对象逐渐淡入焦点、从边缘飞入幻灯片或者跳入视图中。

② 退出效果：包括使对象飞出幻灯片、从视图中消失或者从幻灯片旋出。

③ 强调效果：包括使对象缩小或放大、更改颜色或沿着其中心旋转等。

④ 动作路径：（指定对象或文本沿行的路径，它是幻灯片动画序列的一部分）可以使对象上下移动、左右移动或者沿着星形或圆形图案移动。

可以单独使用任何一种动画，也可以将多种效果组合在一起。例如，可以对一行文本应用"飞入"进入效果及"放大 / 缩小"强调效果，使它在从左侧飞入的同时逐渐放大。

【例 5–5】设置幻灯片对象的动画效果。

案例要求：在演示文稿的第二张幻灯片中设置动画效果（见图 5–27）。

案例操作：

（1）设置幻灯片的动画

① 打开演示文稿，在普通视图方式下，选择第二张幻灯片。

② 单击"动画"选项卡，打开"动画"功能区，如图 5–40 所示。

图 5–40　动画功能区

③ 在幻灯片中选择要制作动画的对象，在"动画"功能区中选择所需的动画效果，则该预设的动画就应用到所选对象上。本例中，先选择幻灯片标题，然后在动画功能区中选择"飞入"制作标题动画，选择"飞入"的效果选项为"自顶部"，动画标号为"1"。

④ 在"动画"功能区可以进一步选择"更多进入效果""更多强调效果""更多退出效果""其他动作路径"等命令来设置丰富的动画及其效果，如图 5–41 所示。

⑤ 同样，为文本制作"弹跳"动画，动画标号分别为 2、3、4、5、6，如图 5–42 所示。

图 5-41　动画及其效果

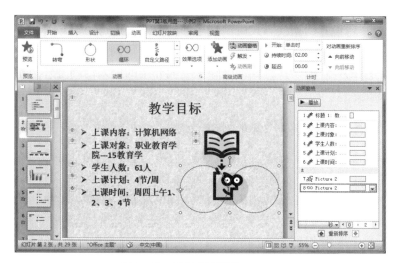

图 5-42　动画任务窗格

⑥在剪贴画上应用"陀螺旋"动画，制作动画标号为 7，之后再单击"添加动画"按钮，为剪贴画添加第 2 个动画，"添加动作路径"如图 5-43 所示，选择"水平数字 8"动作路径，制作动画标号为"8"。至此，各个动画效果将按照其添加顺序显示在"动画"任务窗格中。在"动画"任务窗格中可以查看指示动画效果相对于幻灯片上其他事件的开始计时的图标。另外，指示动画效果开始计时的图标有多种类型，包括下列选项：

图 5-43　添加动作路径

* "单击时"：动画效果在单击鼠标时开始。
* "与上一动画同时"：动画效果开始播放的时间与列表中上一个效果的时间相同。
* "上一动画之后"：动画效果在列表中上一个效果完成播放后立即开始。

（2）关于动画任务窗格的说明

①在将动画应用于对象或文本后，幻灯片上已制作成动画的项目会标上编号标记，该标记显示在文本或对象旁边，如图 5-42 所示。仅当选择"动画"选项卡或"动画"任务窗格可见时，才会在"普通"视图中显示该标记。

②可以在"动画"任务窗格中查看幻灯片上所有动画的列表，如图 5-42 所示。"动画"任务窗格显示有关动画效果的重要信息，如效果的类型、多个动画效果之间的相对顺序、受影响对象的名称以及效果的持续时间。

③在"动画"选项卡的"高级动画"功能区中，单击"动画窗格"，打开动画任务窗格。在该任务窗格中的编号表示动画效果的播放顺序。时间线代表效果的持续时间。图标代表动画效果的类型。选择列表中的项目后会看到相应菜单图标（向下箭头），单击该图标即可显示相应菜单。

④为动画设置效果选项、计时或顺序，若要为动画设置效果选项，可在"动画"选项卡的"动画"功能区中，单击"效果选项"下拉按钮，然后选择所需的选项。可以在"动画"选项卡为动画指定开始、持续时间或者延迟计时。若要为动画设置开始计时，可在"计时"功能区中单击"开始"菜单右侧的下拉按钮，然后选择所需的计时。若要设置动画将要运行的持续时间，可在"计时"功能区的"持续时间"框中输入所需的秒数。若要设置动画开始前的延时，可在"计时"功能区的"延迟"框中输入所需的秒数。若要对列表中的动画重新排序，可在"动画"任务窗格中选择要重新排序的动画，然后在"动画"选项卡的"计时"功能区中，选择"对动画重新排序"下的"向前移动"使动画在列表中另一动画之前发生，或者选择"向后移动"使动画

在列表中另一动画之后发生。

案例总结：

① 一个对象可以有多个动画效果。按动画效果设置的先后来安排次序，"动画任务窗格"列表中的排列就是它们的次序。

② 为一个对象设置多个动画，可以制作出意想不到的效果。

5.3.4　设置幻灯片的超链接效果

使用超链接功能不仅可以在不同的幻灯片之间自由切换，还可以在幻灯片与其他 Office 文档或 HTML 文档之间切换，超链接还可以指向 Internet 上的站点。通过使用超链接可以实现同一份演示文稿在不同的情形下显示不同内容的效果。

视频 5.3.4–1 设置幻灯片的超链接效果

视频 5.3.4–2 设置幻灯片的超链接效果案例

1. 超链接

幻灯片播放时，把鼠标指针移到设有超链接的对象上，鼠标指针会变成"手"型指针，单击或鼠标移过该对象即可启动超链接。

打开"插入"功能区，在幻灯片中选择文字或某个对象，再单击"超链接"按钮，弹出的"插入超链接"对话框，如图 5–44 所示，在其中选择要链接的文档、Web 页或电子邮件地址，单击"确定"按钮即可。幻灯片放映时单击该文字或对象才可启动超链接。

2. 动作设置

打开"插入"选项卡，在幻灯片中选择要设置动作的某个超链接对象，再单击"动作"按钮，弹出"动作设置"对话框，如图 5–45 所示。幻灯片放映时鼠标移过或单击该对象（根据用户的设置）可启动超链接，同时可播放选择的声音文件和突出显示的对象等。

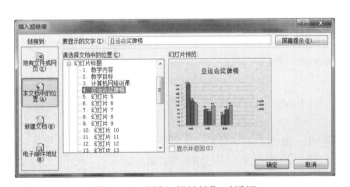

图 5–44　"插入超链接"对话框

图 5–45　超链接动作设置

【例 5–6】在幻灯片放映时能自动循环播放声音。

案例要求：

在演示文稿的第一张幻灯片中插入某一个声音文件，放映时声音自动循环播放，直到所有幻灯片播放完毕，而且幻灯片放映时隐藏声音图标。

案例操作：

①打开演示文稿，在普通视图方式下，选择第一张幻灯片。

②打开"插入"选项卡，单击"音频"按钮，选择"文件中的音频"，在插入音频对话框中选择某一个音

频文件，插入后在幻灯片中出现一个"喇叭"图标和相应的播放控制按钮。

③在幻灯片上选择喇叭图标，菜单栏出现"音频工具"选项卡，选择"格式"，可以修改喇叭的图片边框和效果。

④单击"音频工具–播放"选项卡，自定义此声音多种动画效果，如图5-46所示。

图 5-46　音频设置

设置音频选项如下：

①若要在放映该幻灯片时自动开始播放音频剪辑，可在"开始"列表中选择"自动"选项。

②若要通过在幻灯片上单击音频剪辑来手动播放，可在"开始"列表中选择"单击时"选项。

③若要在演示文稿中单击切换到下一张幻灯片时播放音频剪辑，可在"开始"列表中选择"跨幻灯片播放"选项。

④要连续播放音频剪辑直至停止播放，可选中"循环播放，直到停止"复选框。注意，循环播放时，声音将连续播放，直到转到下一张幻灯片为止。

⑤在"音频工具–播放"选项卡的"音频选项"功能区中，选中"放映时隐藏"复选框，则幻灯片放映时隐藏声音图标

案例总结：

①在"音频选项"功能区中，选中"放映时隐藏"复选框，则幻灯片放映时隐藏声音图标。

②修剪音频剪辑，可以在每个音频剪辑的开头和末尾处对音频进行修剪。若要修剪剪辑的开头，请单击起点，如图5-47所示。最左侧的绿色标记，看到双向箭头时，将箭头拖动到所需的音频剪辑起始位置。若要修剪剪辑的末尾，请单击终点，如图5-47所示。右侧的红色标记，看到双向箭头时，将箭头拖动到所需的音频剪辑结束位置。

图 5-47　修剪音频剪辑

5.3.5　幻灯片的放映控制

创建好的演示文稿必须经过放映才能体现它的演示功能，实现动画和链接效果。

1. 幻灯片的放映

要放映幻灯片，只需单击"幻灯片放映"按钮即可。也可在"幻灯片放映"选项卡中单击"从头开始"按钮。若想终止放映，可以右击，在弹出的快捷菜单中选择"结束放映"命令或按【Esc】键。

2. 在放映幻灯片期间使用笔

放映幻灯片时，可在幻灯片的任何地方添加手写笔功能。在幻灯片放映视图中右击，在弹出的快捷菜单（见图5-48）中选择"指针选项"→"笔"或"荧光笔"命令，就可在幻灯片上进行书写。选择"箭头"命令即可使鼠标指针恢复正常，选择"擦除幻灯片上的所有墨迹"命令可删除刚才手写的墨迹。

视频 5.3.5 幻灯片的放映控制

3. 设置放映方式

在"幻灯片放映"选项卡中单击"设置幻灯片放映"按钮，弹出"设置放映方式"对话框（见图5-49），然后根据需要进行设置，可以设置"演讲者放映""观众自行浏览""在展台浏览"3种放映类型，也可以设置

从第几张幻灯片开始放映，直到第几张幻灯片结束。最后，单击"确定"按钮即可。

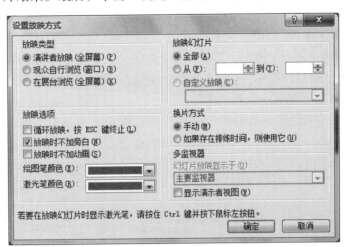

图 5-48　添加手写笔功能　　　　　　图 5-49　"设置放映方式"对话框

4．另存为 .ppsx 文件

对经常使用的演示文稿，可选择"文件"→"另存为"命令，将其另存为"PowerPoint 2010 放映"类型的文件。操作上可以在"另存为"对话框的"保存类型"下拉列表框中，选择"PowerPoint 2010 放映"。之后，双击该放映文件时，就会自动激活演示文稿的放映方式。

5．排练计时

单击"幻灯片放映"→"排练计时"按钮，按需要的速度把幻灯片放映一遍。到达幻灯片末尾时，单击"是"按钮，接受排练时间，或单击"否"按钮，重新开始排练。设置了排练时间后，幻灯片在放映时若没有单击，即按排练时间放映。

6．录制旁白

要录制语音旁白，需要声卡、传声器和扬声器。单击"幻灯片放映"→"录制幻灯片演示"按钮，在弹出的下拉列表中选择"从头开始录制"，弹出"录制幻灯片演示"对话框，选择"旁白和激光笔"选项，在保证传声器正常工作的状态下，单击"开始录制"按钮，进入幻灯片放映视图。此时一边控制幻灯片的放映，一边通过传声器语音输入旁白，直到浏览完所有幻灯片，旁白是自动保存的。

注意：在演示文稿中每次只能播放一种声音。因此，如果已经插入了自动播放的声音，语音旁白会将其覆盖。

7．隐藏幻灯片

制作好的演示文稿应当包括主题所涉及的各方面的内容，但是对于不同类型的观众来说，演示文稿中的某张或几张幻灯片可能不需要放映，这时，在播放演示文稿时应当将不需要放映的幻灯片隐藏起来。

要隐藏不需要放映的幻灯片，首先在幻灯片浏览视图方式下，单击需要隐藏的幻灯片（如第二张幻灯片），然后单击"幻灯片放映"→"隐藏幻灯片"按钮。这时，在幻灯片浏览视图中隐藏的幻灯片的右下方出现图标，表示该幻灯片已经隐藏，不会放映。

若需要重新放映已经隐藏的幻灯片，首先在幻灯片浏览视图方式下单击需要恢复的幻灯片（如第二张幻灯片），然后单击"幻灯片放映"→"隐藏幻灯片"按钮。这时，在幻灯片浏览视图中该幻灯片右下方的图标消失，表示该幻灯片可以放映。

在普通视图的幻灯片选项卡也可以完成此操作。也可以一次选择多张幻灯片进行隐藏或取消隐藏。

8．自定义放映

利用"自定义放映"功能，可以根据实际情况选择现有演示文稿中相关的幻灯片组成一个新的演示文稿（在现有演示文稿基础上自定义一个演示文稿），并让该演示文稿以后默认的放映是自定义的演示文稿，而不是整个演示文稿。操作步骤如下：

① 单击"幻灯片放映"→"自定义幻灯片放映"按钮，在弹出的下拉列表中选择"自定义放映"选项，弹出"自定义放映"对话框，如图 5-50 所示。

② 单击"新建"按钮，弹出"定义自定义放映"对话框，如图 5-51 所示。

③ 在"幻灯片放映名称"文本框中，系统自动将自定义放映的名称设置为"自定义放映 1"，若想重新命名，可在该文本框中输入一个新的名称。

④ 在"在演示文稿中的幻灯片"列表框中，单击某一张所需的幻灯片，再单击"添加"按钮，该幻灯片出现在对话框右侧的"在自定义放映中的幻灯片"列表框中。

图 5-50 "自定义放映"对话框

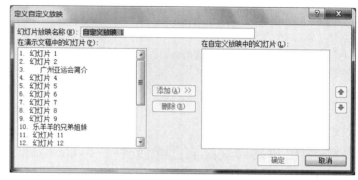

图 5-51 "定义自定义放映"对话框

⑤ 重复步骤④，将需要的幻灯片依次加入到"在自定义放映中的幻灯片"列表框中。

⑥ 若将不需要的幻灯片加入"在自定义放映中的幻灯片"列表框，可在该列表框中选择此幻灯片，然后单击"删除"按钮。

注意：这里的删除只是将幻灯片从自定义放映中取消，而不是从演示文稿中彻底删除。

⑦ 需要的幻灯片选择完毕后，单击"确定"按钮，重新出现"自定义放映"对话框。此时若想重新编辑该自定义放映，可单击对话框中的"编辑"按钮；若想观看该自定义放映，可单击"放映"按钮；若想取消该自定义放映，可单击"删除"按钮。

⑧ 单击"幻灯片放映"→"设置幻灯片放映"按钮，弹出"设置放映方式"对话框（见图 5-49），在"放映幻灯片"选项区域中选中"自定义放映"单选按钮，并在其下拉列表中选择刚才设置好的"自定义放映 1"。设置完毕单击"确定"按钮。

⑨ 选择"文件"→"保存"命令，保存演示文稿。

9. 在其他计算机中放映幻灯片

若要在没有安装 PowerPoint 2010 的计算机上放映幻灯片，可使用 PowerPoint 2010 提供的打包工具，将演示文稿及相关文件制作成一个可在其他计算机中放映的文件。步骤如下：

① 打开要打包的演示文稿。如果正在处理以前未保存的新的演示文稿，建议先进行保存。

② 将空白的可写入 CD 插入到刻录机的 CD 驱动器中。

③ 选择"文件"→"保存并发送"→"将演示文稿打包成 CD"命令，再单击"打包成 CD"按钮，如图 5-52 所示。

④ 在弹出的"打包成 CD"对话框的"将 CD 命名为"文本框中，为 CD 输入名称，如"演示文稿 CD"，如图 5-53 所示。

⑤ 若要添加其他演示文稿或其他不能自动包括的文件，可单击"添加"按钮，在弹出的"添加文件"对话框中选择要添加的文件，然后单击"添加"按钮。默认情况下，演示文稿被设置为按照"要复制的文件"列表中排列的顺序进行自动播放。若要更改播放顺序，可选择一个演示文稿，然后单击向上键或向下键，将其移动到列表中的新位置。若要删除演示文稿，可先选择文稿，然后单击"删除"按钮。

图 5-52　打包成 CD 控制面板

图 5-53　"打包成 CD"对话框

⑥ 若要更改默认设置,可单击"选项"按钮,弹出"选项"对话框,再根据需要进行设置。设置完毕单击"确定"按钮即可关闭"选项"对话框,返回"打包成 CD"对话框。

⑦ 单击"复制到 CD"按钮。如果计算机上并没有安装刻录机,可使用以上方法将一个或多个演示文稿打包到计算机或某个网络文件夹中,而不是在 CD 上。方法是不单击"复制到 CD"按钮,而单击"复制到文件夹"按钮,然后提供文件夹信息。

⑧ 播放：如果是将演示文稿打包成 CD 并设置为自动播放,则放入该 CD 能够自动播放。如果没有设置为自动播放,或者是将演示文稿打包到文件夹中,要播放打包的演示文稿,可以通过"计算机"打开 CD 或文件夹,双击演示文稿名文件进行自动播放。

10. 打印演示文稿

选择"文件"→"打印"命令,根据需要进行设置。PowerPoint 2010 的打印设置与 Word 类似,其中：

①打印版式：可设置为整页幻灯片、备注页或大纲幻灯片等。

②颜色：选择该项,将以颜色、灰度或纯黑白方式打印。

③打印所选幻灯片：先选中部分幻灯片,再打印。

④打印自定义幻灯片：如果在演示文稿中设置了"自定义放映"方式,则可以单独打印自定义的幻灯片。

5.4　幻灯片制作的高级技巧

1. 利用幻灯片母版制作公共元素

幻灯片母版是存储有关演示文稿主题和版式信息的主幻灯片,其中包括幻灯片的背景、颜色、字体、效果、占位符大小及位置等。

在做演示文稿时,经常需要在每一张幻灯片中都显示同一个对象,如在制作的幻灯片中加入广东省考试管理中心的 Logo,可以利用幻灯片母版来实现。单击"视图"→"幻灯片母版"按钮,在"幻灯片母版视图"（见图 5-54）中,将 Logo 放在合适的位置上,则所有的幻灯片都显示同样的 Logo,另外,在幻灯片母版上还可以设置幻灯片编号、页脚内容等。关闭母版视图返回到普通视图后,就可以看到在每一张幻灯片中都加上了 Logo、幻灯片编号和页脚内容,而且在普通视图上也无法改动。

视频 5.4-1 利用幻灯片母版制作公共元素

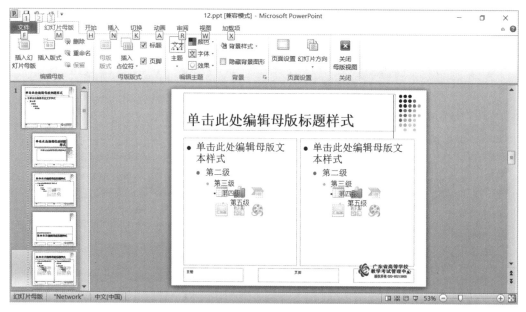

图 5-54　幻灯片母版

2. 将多个主题应用于演示文稿

如果演示文稿需要包含多个主题，则演示文稿必须包含多个幻灯片母版。每个主题与一组版式相关联，每组版式与一个幻灯片母版相关联。例如，应用于同一个演示文稿的两个幻灯片母版，这两个幻灯片母版可以各自有一组不同版式的主题，如图 5-55 所示。

将两个主题应用于一个演示文稿中，执行下列操作：

首先，将主题应用于第一个幻灯片母版和一组版式，在"视图"选项卡中单击"幻灯片母版"按钮，在添加的"幻灯片母版"选项卡单击"主题"下拉按钮，选择某一个要应用的主题。

其次，将主题应用于第二个幻灯片母版（包括第二组版式），在"幻灯片母版"视图中，在幻灯片母版和版式缩略图任务窗格中，向下滚动到版式组中的最后一张版式缩略图，在版式组中最后一个幻灯片版式的正下方单击，之后，在"幻灯片母版"选项卡的"编辑主题"功能区中，单击"主题"按钮更换另一个主题。

图 5-55　一个演示文稿的
两个幻灯片母版

注意：重复此步骤可将更多主题添加到其他幻灯片母版中。

3. 在幻灯片中插入 Flash 文件

① 先准备好 Flash 的 *.swf 文件。

②在"插入"选项卡中，单击"视频"按钮，再选择"文件中的视频或剪贴画视频"，找到 Flash 文件，单击"插入"按钮，插入视频。

视频 5.4-2 将多
个主题应用于演
示文稿

视频 5.4-3-1 在
幻灯片中插入
Flash 文件

视频 5.4-3-2 在
幻灯片中插入
Flash 文件案例

第6章　计算机网络基础和网络信息应用

学习目标

- 掌握信息素养的内涵及大学生信息素养的基本要求。
- 掌握计算机网络的基础知识，了解网络接入的方式。
- 了解计算机网络新技术及常用手机 APP 应用。
- 掌握使用 IE 浏览、查找、保存网上信息的方法。
- 掌握网络通信工具，如电子邮箱、QQ、博客、微博、微信等的使用方法。
- 了解网上购物的相关知识。

当今时代，网络已经无处不在地应用到了各个行业，它给人们的生活带来了很多便利，已经成为人们生活中不可缺少的一部分。例如，在大学生活中，学生将广泛地使用校园网络进行在线课程浏览、协同学习、网上信息查询与浏览等一系列的依托网络开展的网上活动。因此，为了让学生能更好地使用网络进行大学阶段的学习与未来的学习，本章将围绕如何检索、使用、分享信息资源为主线介绍网络的应用知识。

第 6 章课件

6.1　信息和信息能力

人们把当今时代称为信息时代，信息的重要性已得到社会的普遍认同。然而什么是信息？它与数据、知识有着怎样的关系？信息时代的公民应该具备什么样的能力？这一系列的疑问可能很多人都没有认真思考过。本节将介绍这些相关概念，并让学生明确地知道作为信息时代的大学生，应该具备怎样的信息能力。

6.1.1　信息和信息能力概述

1. 数据、信息、知识以及其相互关系

1998 年，世界银行推出了《1998/99 年世界发展报告——知识与发展》报告，并对数据、信息和知识之间的区别进行了阐述。报告指出：

① 数据是未经组织的数字、词语、声音、图像等，是原始的、不相关的事实。

② 信息是以有意义的形式加以排列和处理的数据（有意义的数据），是被给予一定的意义和相互联系的事实。

③ 知识是用于生产的信息（有意义的信息）。信息经过加工处理、应用于生产，才能转变成知识。

数据是形成信息的基础，也是信息的组成部分，数据只有经过处理、建立相互关系并给予明确的意义后才形成信息。要使数据提升为信息，需要对其进行采集与选择、组织与整序、压缩与提炼、归类与导航，而将信息提升为知识，还需要对信息内容进行提炼、比较、挖掘、分析、概括、判断和推论。

我们仅拥有信息是远远不够的，信息只是原材料，其重要性在于它可以被提炼成为知识，从知识中进一

步产生策略来解决实际问题。解决问题要靠策略，而策略来源于知识，知识来源于信息，所以信息的价值在于它能够被提炼成知识，生成策略。信息转化成知识之后，根据解决问题的目的，把知识转变成为智能策略，从而达到在信息素养中获取所需信息、使信息为人们所用的目标。

2．信息素养的内涵特征

信息素养主要由信息知识、信息能力以及信息意识与信息伦理道德三部分组成。

（1）信息知识

信息知识是指一切与信息有关的理论、知识和方法。信息知识是信息素养的重要组成部分，一般包括：

① 传统文化素养。信息素养是传统文化素养的延伸和拓展。传统文化素养包括读、写、算的能力。尽管进入信息时代之后，读、写、算的方式发生了巨大的变革，被赋予了新的含义，但传统的读、写、运算能力仍然是人们文化素养的基础。在信息爆炸时代，必须具备快速阅读的能力，这样才能在各种各样、成千上万的信息中有效地获取有价值的信息。

② 信息的基本知识。包括信息的理论知识，对信息、信息化的性质、信息化社会及其对人类影响的认识和理解，信息的方法与原则（如信息分析综合法、系统整体优化法等）。

③ 现代计算技术知识。包括计算技术的原理（如计算机原理、网络原理等），信息技术的作用等。

④ 外语，尤其是英语。信息社会是全球性的，在互联网上有80%以上的信息是英文，此外还有其他语种。要实现相互沟通，就要了解国外的信息；想要表达我们的思想观念，就应掌握一两门外语，以适应国际文化交流的需要。

（2）信息能力

信息能力是指人们有效地利用信息设备和信息资源获取信息、加工处理信息以及创造新信息的能力。这也就是终身学习的能力，即信息时代重要的生存能力。它主要包括：

① 信息工具的使用能力。包括使用文字处理工具、浏览器和搜索引擎工具、网页制作工具、电子邮件等。

② 获取识别信息的能力。根据自己特定的目的和工作要求，从外界信息载体中提取自己所需要的有用的信息能力。在信息时代，人们生活在信息的海洋中，面临无数信息的选择，需要有批判性的思维能力，根据自己的需要选择有价值的信息。

③ 加工处理信息的能力。从特定的目的和新的需求角度，对所获得信息进行整理、鉴别、筛选、重组，提高信息使用价值的能力。

④ 创造、传递新信息的能力。获取信息是手段，而不是目的。要具有从新角度、深层次对自己拥有的信息进行加工处理，从而产生新信息的能力；同时，有了新创造的信息，还应通过各种渠道将其传递给他人，与他人交流、共享，促进更多新知识、新思想的产生。

（3）信息意识与信息伦理道德

信息意识是人们在信息活动中产生的认识、观念和需求的总和。信息意识主要包括：

① 能认识到信息在信息时代的重要作用，确立在信息时代尊重知识、终身学习、勇于创新等新观念。

② 对信息有积极的内在需求。信息是人生存的前提和发展的基础，在人的认识和实践活动中占有重要地位。每个人都有信息要求，只有将社会对个人的要求自觉地转化为个人内在的信息需求，才能适应现代社会发展的需要。

③ 对信息的敏感性和洞悉力。能迅速有效地发现并掌握有价值的信息，并善于从他人看来微不足道、毫无价值的信息中发现信息的隐含意义和价值，善于识别信息的真伪，善于将信息现象与实际工作、生活、学习迅速联系起来，善于从信息中找出解决问题的关键。

信息技术犹如一把双刃剑，它在为人们提供极大便利的同时，也对人类产生了各种危害，如信息的滥用和各种信息"垃圾"的泛滥、计算机病毒的肆虐、计算机黑客、网络安全、网络信息的共享与版权等问题，都对人的道德水平、文明程度提出了新的要求。作为信息社会中的现代人，应认识到信息和信息技术的意义及其在社会生活中所起的作用与影响，有信息责任感，抵制信息污染，自觉遵守信息伦理道德和法规，规范自身的各种信息行为，主动参与理想信息社会的创建。

6.1.2　大学生信息素养的基本要求

作为信息时代的大学生，应该从以下六方面不断提高自己的信息素养：

① 高效获取信息的能力。

② 熟练、批判地评价信息的能力。

③ 有效地吸收、存储、快速提取和运用信息的能力。

④ 能运用多种媒体形式表达信息、创造性地使用信息的能力。

⑤ 形成整套驾驭信息的能力转化为自主地、高效地学习与交流的能力。

⑥ 学习、培养和提高信息文化环境中公民的道德、情感、法律意识与社会责任。

学会自主学习，学会与不同专业背景的人在交流与协作中学习，学会运用现代技术高效地学习，学会在研究和创造中学习，这些学习能力是在信息社会中的基本生存能力。在大学生活中，学生不仅需要掌握好计算机网络知识，更重要的是使用计算机网络知识作为学习资源获取、信息交流、信息表达的工具，掌握更多的专业知识与技能。

6.2　计算机网络基础

当今社会正处于经济快速发展的信息时代，作为信息高速公路的计算机网络，也以前所未有的速度迅猛发展。从 20 世纪 70 年代互联网前身 ARPANET 建成发展至今，因特网（Internet）已成为世界上覆盖面最广、规模最大、信息资源最丰富的计算机网络，是人类工作与生活不可缺少的基本工具。1994 年，中国第一个真正意义上的互联网实现连接。截至 2017 年 12 月，我国的网民规模已达到 7.72 亿，手机网民规模达 7.24 亿，真正成为互联网的大国。中国在互联网技术应用与创新上也取得了长足的发展，掌握计算机网络的基本知识及应用，是当今信息时代大学生的基本要求。

6.2.1　计算机网络简述

1. 计算机网络概念

计算机网络（computer network）是计算机技术与通信技术相结合的产物，最早出现于 20 世纪 50 年代，是指分布在不同地理位置上的具有独立功能的一群计算机，通过通信设备和通信线路相互连接起来，在通信软件的支持下实现数据传输和资源共享的系统。

将两台计算机用通信线路连接起来可构成最简单的计算机网络（对等网），而因特网则是将世界各地的计算机连接起来的最大规模的计算机网络。

2. 计算机网络的主要功能

计算机网络的功能主要表现为资源共享与快速通信。资源共享可降低资源的使用费用，共享的资源包括硬件资源（如存储器、打印机等）、软件资源（如各种应用软件）及信息资源（如网上图书馆、网上大学等）。计算机网络为联网的计算机提供了有力的快速通信手段，计算机之间可以传输各种电子数据、发布新闻等。计算机网络已广泛应用于政治、军事、经济、科研、教育、商业、家庭等各个领域。

3. 计算机网络的分类

计算机网络可以从不同的角度进行分类，最常见的分类方法是按网络覆盖范围进行分类。按网络覆盖范围可以将网络分为局域网（local area network，LAN）、城域网（metropolitan area network，MAN）、广域网（wide area network，WAN）和互联网。

（1）局域网

局域网又称局部区域网，一般由 PC 通过高速通信线路相连，覆盖范围为几十米到几千米，通常用于连接一间办公室、一栋大楼或一所学校范围内的主机。局域网的覆盖范围小、数据传输速率及可靠性都比较高。

（2）城域网

城域网是在一个城市范围内建立的计算机网络，覆盖范围一般为几千米至几十千米。城域网通常使用与局域网相似的技术，作为城市的骨干网，将同一城市内不同地点的主机、数据库及局域网连接起来。

（3）广域网

广域网又称远程网，是远距离大范围的计算机网络。覆盖范围一般为几十千米至几千千米。这类网络的作用是实现远距离计算机之间的数据传输和信息共享。广域网可以是跨地区、跨城市、跨国家的计算机网络。广域网通常借用传统的公用通信网络（如公用电话网）进行通信，其数据传输速率比局域网低。由于广域网涉辖的范围很大，联网的计算机众多，因此广域网上的信息量非常大，共享的信息资源极为丰富。

（4）互联网

互联网是指通过网络互连设备，将分布在不同地理位置、同种类型或不同类型的两个或两个以上的独立网络进行连接，使之成为更大规模的网络系统，以实现更大范围的数据通信和资源共享。

Internet 连接了世界上成千上万个各种类型的局域网、城域网和广域网。因此，无论从地理范围还是从网络规模来讲，都是当前世界上最大的互联网络。

4. 计算机网络的拓扑结构

计算机网络的另一种重要分类方法，就是按网络的拓扑结构来划分网络的类型。拓扑（topology）又称拓扑学，是从图论演变而来的一个数学分支，属于几何学的范畴，是一种研究与大小形状无关的点、线、面特点的方法。在计算机网络中，将计算机和通信设备（结点）抽象为点，将通信线路抽象为线，就成了点、线组成的几何图形，从而抽象出了网络共同特征的结构图形，这种结构图形就是所谓的网络拓扑结构。因此，采用拓扑学方法抽象的网络结构，称为网络拓扑结构。网络的拓扑结构反映出网络中的个体与实体的结构关系，是建设计算机网络的第一步，是实现各种网络协议的基础，它对网络的性能、系统的可靠性与通信费用都有重大影响。

网络的基本拓扑结构有星状结构、环状结构、总线结构、树状结构和网状结构。

局域网由于覆盖范围较小，拓扑结构相对简单，通常采用星状结构、环状结构或总线结构。而广域网由于分布范围广，结构复杂，一般采用树状结构或网状结构。一个实际的计算机网络拓扑结构，可能是由上述几种拓扑类型混合构成的。

5. 计算机网络的体系结构

在计算机网络发展的初期，由于不同厂家生产的网络设备不兼容的问题，造成了网络互连的困难。为了解决这个问题，国际标准化组织（ISO）于 1984 年公布了开放系统互连参考模型（open system interconnection reference model，OSI/RM），简称 OSI，成为网络体系结构的国际标准。该模型的公布对于减少网络设计的复杂性，以及在网络设备标准化方面起到了积极作用。

OSI 将计算机互连的功能划分成 7 个层次，规定了同层次进程通信的协议及相邻层次之间的接口及服务，又称 7 层协议。该模型自下而上的各层分别为物理层、数据链路层、网络层、传输层、会话层、表示层和应用层，如图 6-1 所示。

6.2.2 数据通信基础知识

1. 数据通信基本术语

数据通信是指通过传输媒体将数据从一个结点传送到另一个结点的过程。数据通信技术是计算机网络的重要组成部分。

下面是有关通信的几个基本术语。

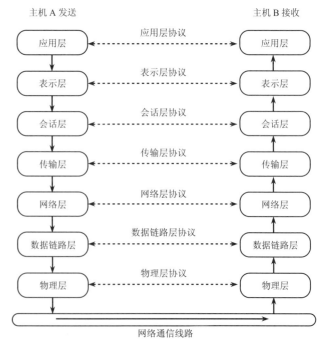

图 6-1　OSI 7 层模型示意图

（1）信号

通信的目的是传输数据,信号（signal）则是通信系统中数据的表现形式。信号有模拟信号与数字信号之分。模拟信号是指连续变化的信号，可以用连续的电波表示。例如，声音就是一种典型的模拟信号。数字信号则是一种离散的脉冲信号，可用于表示二进制数。计算机内部处理的信号都是数字信号。

（2）信道

信道（channel）是计算机网络中通信双方之间传递信号的通路,由传输介质及其两端的信道设备共同构成。按照信道传输介质的不同，可分为有线信道、无线信道和卫星信道。按照信道中传输的信号类型来分，又可分为模拟信道和数字信道。模拟信道传输模拟信号，数字信道传输二进制脉冲信号。

（3）调制与解调

要在模拟信道上传输数字信号，首先必须在发送端将数字信号转换成模拟信号，此过程称为调制（modulate）；然后在接收端再将模拟信号还原成数字信号，这个相反的过程称为解调（demodulate）。把调制和解调这两种功能结合在一起的设备，称为调制解调器（modem）。因此，如果要使用普通电话线在公用电话网（PSTN）这样的模拟信道上传输数字信号，通信双方都必须安装调制解调器。

（4）带宽与传输速率

在模拟信道中，以带宽（bandwidth）表示信道传输信息的能力。带宽指信道能传送信号的频率宽度，即可传送信号的高频率与低频率之差。带宽以 Hz（赫兹）为基本单位,大的单位有 kHz（千赫）、MHz（兆赫）或 GHz（吉赫）。例如，电话信道的频率为：300～3 400 Hz，即带宽为 3 100 Hz。

在数字信道中，用数据传输速率（即每秒传输的二进制数码的位数）表示信道传输信息的能力。由于二进制位称为比特（bit）,所以数据传输速率又称比特率。比特率的基本单位为 bit/s（比特每秒）,大的单位有 kbit/s（千比特每秒）、Mbit/s（兆比特每秒）或 Gbit/s（吉比特每秒）。例如，调制解调器的最大传输速率为 56 kbit/s。

通信信道的带宽与数据传输速率均用于表示信道传输信息的能力。当使用模拟信道传送数字信号时，信道的最大传输速率与信道带宽之间存在密切关系，带宽越大，通信能力就越强，传输速率也就越高。

根据传输速率的不同，信道带宽有宽带与窄带之分，但目前宽带与窄带之间还没有一个公认的分界线。

（5）误码率

误码率（bit error rate，BER）是指在信息传输过程中的出错率，是通信系统的可靠性指标。在计算机网络系统中，其通信系统的误码率越低，可靠性就越高。

2. 通信协议的基本概念

通信协议（communications protocol）是在网络通信中，通信双方必须遵守的规则，是网络通信时共同使用的一种语言。通信协议精确地定义了网络中的计算机在彼此通信过程的所有细节。例如，发送方的计算机发送的信息的格式和含义，以及接收方的计算机应做出哪些应答等。

在网络的发展过程中，产生了各种各样的通信协议。例如，NetBIOS（网络基本输入/输出系统）协议主要用于局域网。IPX/SPX 协议（internetwork packet exchange，互联网包交换 /sequences packet exchange，顺序包交换）是由 Novell 公司提出的用于客户端/服务器连接的网络协议，多用于该公司开发的 NetWare 网络环境。而 TCP/IP，则是目前因特网使用的通信协议。TCP（transfer control protocol，传输控制协议）、IP（Internet protocol，网际协议）实为一个协议簇），它除了包含 TCP 和 IP 这两个基本协议外，还包括了与其相关的数十种通信协议，如 DNS、FTP、HTTP、POP、PPP 等。TCP/IP 协议簇成功解决了不同类型的网络之间的互连问题，是现今网络互连的核心协议。

3. 计算机网络传输介质

传输介质是计算机网络通信中实际传送信息的物理媒体，是连接信息收发双方的物理通道。传输介质可分为两种：有线介质和无线介质。

（1）有线介质

常见的有线介质有同轴电缆（coaxial cable）、双绞线（twist pair）电缆、光缆（optical cable）和电话线（telephone wire）等。

① 同轴电缆。同轴电缆的中心部分是一根导线，通常是铜质导线，导线外有一层起绝缘作用的塑性材料，再包上一层用于屏蔽外界干扰的金属网，最外层是起保护作用的塑料外套。同轴电缆分为基带与宽带两种：基带同轴电缆常用于组建总线形局域网络；宽带同轴电缆是有线电视系统（CATV）中的标准传输电缆。基带同轴电缆有粗缆与细缆之分。粗缆的传输距离可达 1 000 m，细缆的传输距离为 185 m。

② 双绞线。双绞线是两条相互绝缘并绞合在一起的导线。双绞线通常使用铜质导线，按一定距离绞合若干次，以降低外部电磁干扰，保护传输的信息。双绞线早已在电话网络中使用，而用于计算机网络的双绞线，通常将四对双绞线再绞合，外加保护套，做成双绞线电缆。双绞线产品有非屏蔽双绞线（UTP）和屏蔽双绞线（STP）两种，屏蔽双绞线性能优于非屏蔽双绞线。国际电气（电信）工业协会目前定义了七类双绞线，其中第五类双绞线是目前使用最广泛的双绞线，常用于组建星形局域网络，其最大传输速率为 100 Mbit/s，最大传输距离为 100 m。

③ 光缆。光缆又称光纤（fiber optics）电缆。光缆芯线由光导纤维（光纤）做成，光导纤维是一种极细的导光纤维。这种导光纤维由玻璃或塑料等材料制造。光缆传输的是光脉冲信号而不是电脉冲信号。光缆是一种新型的传输介质，通信容量大，传输速率高，通信距离远，抗干扰能力强，是较安全的传输介质，被广泛用于建设高速计算机网络的主干网。光纤网络技术较为复杂，造价昂贵。

光纤有单模光纤和多模光纤之分。多模光纤使用发光二极管产生用于传输的光脉冲，单模光纤则使用激光。单模光纤传输距离比多模光纤更远，但价格也更高。

④ 电话线。计算机可以使用调制解调器，利用电话线，借助公用电话网（PSTN）连入计算机网络。

（2）无线介质

常用的无线介质有微波（microwave）、无线电波（radio waves）和红外线（infrared）等。通过无线介质进行无线传输的方式有微波通信、无线电通信、红外线通信及蓝牙通信等。微波通信有地面微波通信和卫星微波通信之分。微波通信方式主要用于远程通信，无线电及红外线通信方式主要用于组建局域网。蓝牙是一种支持设备短距离通信（一般 10 m 内）的无线电技术，能在包括移动电话、PDA、无线耳机、笔记本式计算机、相关外设等众多设备之间进行无线信息交换。无线传输不受固定地理位置限制，可以实现三维立体通信和移动通信。无线传输的速率较低，安全性不高，且容易受到天气变化的影响。

4. 网络传输效果

一台计算机通过网络传送或接收信息，都希望传输速率越快越好。但是网络传输速率是由个人使用的计算机到网络传输目标计算机之间的各个环节的硬件（计算机、服务器、传输介质、网络互联设备）、软件（本机的浏览器、网络协议、网络操作系统）、数据交换方式和公共通信网络等网络传输性能所决定的，它们对网络传输速率形成了一个"木桶效应"，即在整个传输环路中的任何一个结点的传输速率低，都直接影响用户计算机接收或传送的传输速率。

6.2.3 计算机网络的组成

计算机网络系统与计算机系统一样，由硬件和软件两部分组成。

1. 网络硬件设备

常见的用于组网和联网的硬件设备，主要有如下几种：

（1）网络适配器

网络适配器（network adapter）又称网络接口卡（network interface card，NIC），简称网卡。网卡是构成网络必需的基本设备，用于将计算机和传输媒介相连。网卡插在计算机扩展槽中，或集成于计算机主板中。

（2）调制解调器

调制解调器是计算机通过电话网（PSTN）接入网络（通常是接入因特网）的设备，它具有调制和解调两种功能，以实现模拟信号与数字信号之间的相互转换。

（3）交换机

交换机（switch）是集线器（hub）的升级换代产品，还包括物理编址、错误校验及信息流量控制等功能。

目前一些高档交换机还具备对虚拟局域网（VLAN）的支持、对链路汇聚的支持，甚至有的还具有路由和防火墙等功能。交换机是目前最热门的网络设备，既用于局域网，也用于互联网。

（4）路由器

路由（routing）是指通过相互连接的网络，把信号从源结点传输到目标结点的活动。一般来说，在路由过程中，信号将经过一个或多个中间结点。路由是为一条信息选择最佳传输路径的过程。路由器（router）是实现网络互联的通信设备。在复杂的互联网络中路由器为经过该设备的每个数据帧（信息单元）寻找一条最佳传输路径，并将其有效地转到目的结点。

除上面介绍的网络连接设备外，还有中继器（repeater）、网桥（bridge）、网关（gateway）、收发器（transceiver）等网络设备。

随着无线局域网技术的推广应用和发展，越来越多的无线网络设备（如无线 AP、无线网卡、无线网络路由器等）用于组建无线局域网。

2. 网络软件

（1）网络系统软件

网络系统软件是控制和管理网络运行，提供网络通信、分配和管理共享资源的网络软件，其中包括网络操作系统、网络协议软件（如 TCP/IP 协议软件）、通信控制软件和管理软件等。

网络操作系统是网络软件的核心软件，除有一般操作系统的功能外，还具有管理计算机网络的硬件资源与软件资源、计算机网络通信和计算机网络安全等方面的功能。

目前流行的网络操作系统有 Windows、UNIX 和 Linux 等。

（2）网络应用软件

网络应用软件包括两类软件：一类是用来扩充网络操作系统功能的软件，如浏览器软件、电子邮件客户软件、文件传输（FTP）软件、BBS 客户软件、网络数据库管理软件等；另一类是基于计算机网络应用而开发出来的用户软件，如民航售票系统、远程物流管理软件等。

6.2.4　C/S 结构与 B/S 结构

网络及其应用技术的发展，推动了网络计算模式的不断更新。局域网的网络计算模式主要有 C/S 模式与 B/S 模式两种。

1. C/S 结构

C/S（client/server）结构又称 C/S 模式或客户端 / 服务器模式，是以网络为基础，数据库为后援，把应用分布在客户端和服务器上的分布式处理系统。C/S 的优点是能充分发挥客户端的处理能力，很多工作可以在客户端处理后再提交给服务器。缺点主要有：只适用于局域网；客户端需要安装专用的客户端软件；系统软件升级时，每一台客户机需要重新安装客户端软件。

2. B/S 结构

B/S（browser/server）结构又称 B/S 模式或浏览器 / 服务器模式，是 Web 兴起后的一种网络结构模式。服务器端除了要建立文件服务器或数据库服务器外，还必须配置一个 Web 服务器，负责处理客户的请求并分发相应的 Web 页面；客户端只要安装一个浏览器即可。客户端通常也不直接与后台的数据库服务器通信，而是通过相应的 Web 服务器"代理"以间接的方式进行通信。

B/S 结构最大的优点是系统的使用和扩展非常容易。这种模式统一了客户端，将系统功能实现的核心部分集中到服务器上，简化了系统的开发、维护和使用。目前，B/S 结构的应用越来越广泛。

6.2.5　计算机网络新技术

1. IPv6

随着 Internet 的发展，IPv4 由于存在地址空间危机、IP 性能及 IP 安全性等问题，严重制约了 IP 技术的应用和未来网络的发展，将逐渐被 IPv6 所取代。IPv6 的发展是从 1992 年开始的，经过 20 多年的发展，IPv6 的标准体系已经基本完善，目前正处于 IPv4 和 IPv6 共存的过渡时期。IPv6 具有拥有大地址空间、即插即用、移动便捷、易于配置、贴身安全、QoS 较好等优点。随着为各种设备增加网络功能的成本的下降，IPv6 将在连接有各种装置的超大型网络中运行良好，可以上网的不仅仅是计算机、手机，也可以是家用电器、信用卡等。

2. 语义网

万维网已成为人们获得信息、取得服务的重要渠道之一，但是，目前万维网基本上不能识别语义，信息检索技术的准确率很难让人们满意。原因是传统的信息检索技术都是基于字词的关键字查找和全文检索，只是语法层面上的字、词的简单匹配，缺乏对知识的表示、处理和理解能力。

语义网是未来万维网（world wide web）的发展方向，是当前万维网研究的热点之一。语义网就是能够根据语义进行判断的网络。在语义网中，信息都被赋予了明确的含义，计算机能够自动地处理和集成网上可用的信息。

3. 网格技术

网格技术的目的是利用互联网把分散在不同地理位置的计算机组织成一台"虚拟的超级计算机"，实现计算资源、存储资源、数据资源、信息资源、软件资源、通信资源、知识资源、专家资源等的全面共享。其中，每一台参与的计算机就是一个结点，就像摆放在围棋棋盘上的棋子一样，而棋盘上纵横交错的线条对应于现实世界的网络，所以整个系统就称为"网格"。传统互联网实现了计算机硬件的连通，Web 实现了网页的连通，而网格实现互联网上所有资源的全面连通。

4. P2P 技术

P2P（peer to peer）可以理解为"点对点"。FTP 下载和 HTTP 下载有一个共同点就是用户必须访问服务器，从服务器开始下载。而 P2P 技术的出现，可让下载者成为下载服务器，同时也是下载用户，不存在服务器和用户的概念，每台计算机都可以是资源发布者，同时也是资源下载者。P2P 直接将人们联系起来，让人们通过互联网直接交互，使得网络上的沟通变得容易。

5. 移动计算技术

移动计算技术是随着移动通信、互联网、数据库、分布式计算等技术的发展而兴起的新技术。其作用是将信息准确、及时地在任何时间提供给任何地点的任何客户。移动计算技术使计算机或其他信息智能终端设备在无线环境下实现数据传输及资源共享，这将极大地改变人们的生活方式和工作方式。

与固定网络上的分布计算相比，移动计算技术具有以下一些主要特点：

① 移动性。在移动过程中可以通过所在无线单元的 MSS（Mobile Satellite Service，移动卫星服务）与固定网络的结点或其他移动计算机连接。

② 网络条件多样性。在移动过程中所使用的网络一般是变化的，这些网络既可以是高带宽的固定网络，也可以是低带宽的无线广域网（CDPD），甚至处于断接状态。

③ 频繁断接性。由于受电源、无线通信费用、网络条件等因素的限制，移动计算机一般不会采用持续连网的工作方式，而是主动或被动地间连、断接。

④ 网络通信的非对称性。一般固定服务器结点具有强大的发送设备，移动结点的发送能力较弱。因此，下行链路和上行链路的通信带宽和代价相差较大。

⑤ 移动计算机的电源能力有限。移动计算机主要依靠蓄电池供电、容量有限。经验表明，电池容量的提高远低于同期 CPU 速度和存储容量的发展速度。

⑥ 可靠性低。这与无线网络本身的可靠性及移动计算环境的易受干扰和不安全等因素有关。由于移动计算具有上述特点，构造一个移动应用系统，必须在终端、网络、数据库平台以及应用开发上做一些特定考虑。应用上则须考虑与位置移动相关的查询和计算的优化。

移动计算是一个多学科交叉、涵盖范围广泛的新兴技术，是计算技术研究中的热点领域，并被认为是对未来具有深远影响的技术方向之一。

6. 物联网技术

物联网（the internet of things）是新一代信息技术的重要组成部分。顾名思义，物联网就是"物物相连的互联网"。这有两层意思：第一，物联网的核心和基础仍然是互联网，是在互联网基础上延伸和扩展的网络；第二，其用户端延伸和扩展到了任何物体与物体之间，进行信息交换和通信。因此，物联网的定义是：通过射频识别（RFID）、红外感应器、全球定位系统、激光扫描器等信息传感设备，按约定的协议，把任何物体与互联网相连接，进行信息交换和通信，以实现对物体的智能化识别、定位、跟踪、监控、管理和控制的一种网络。

与传统的互联网相比，物联网有其鲜明的特征。首先，它是各种感知技术的广泛应用。物联网上部署了海量的多种类型传感器，每个传感器都是一个信息源，不同类别的传感器所捕获的信息内容和信息格式不同。其次，它是一种建立在互联网上的泛在网络。物联网技术的重要基础和核心仍旧是互联网，通过各种有线和无线网络与互联网融合，将物体的信息实时准确地传递出去。再次，物联网不仅提供了传感器的连接，其本身也具有智能处理的能力，能够对物体实施智能控制。物联网将传感器和智能处理相结合，利用云计算、模式识别等各种智能技术，扩充其应用领域。从传感器获得的海量信息中分析、加工和处理出有意义的数据，以适应不同用户的不同需求，发现新的应用领域和应用模式。

6.2.6　无线网络技术

无线网络（wireless network）是采用无线通信技术实现的网络。无线网络既包括允许用户建立远距离无线连接的全球语音和数据网络，也包括为近距离无线连接进行优化的红外线技术及射频技术，与有线网络的用途十分类似，最大的不同在于传输媒介的不同，利用无线电技术取代网线，可以和有线网络互为备份。

主流应用的无线网络分为通过公众移动通信网实现的无线网络（如 4G、3G 或 GPRS）和无线局域网（Wi-Fi）两种方式。GPRS 手机上网方式，是一种借助移动电话网络接入 Internet 的无线上网方式，因此只要所在城市开通了 GPRS 上网业务，在任何一个角落都可以通过笔记本式计算机来上网。

Wi-Fi 是一种可以将个人计算机、手持设备（如 pad、手机）等终端以无线方式互相连接的技术，事实上它是一个高频无线电信号，通过无线电波来连网。常见的是无线路由器，在无线路由器的电波覆盖的有效范围都可以采用 Wi-Fi 连接方式进行联网，如果无线路由器连接了一条 ADSL 线路或者别的上网线路，则又被称为热点。

蓝牙（Bluetooth）是一种无线技术标准,可实现固定设备、移动设备和楼宇个人域网之间的短距离数据交换。蓝牙技术最初由电信巨头爱立信公司于 1994 年创制，当时是作为 RS-232 数据线的替代方案。蓝牙可连接多个设备，克服了数据同步的难题。

蓝牙和 Wi-Fi 有些类似的应用：设置网络、打印或传输文件。Wi-Fi 主要是用于替代工作场所一般局域网接入中使用的高速线缆的。这类应用有时也称作无线局域网（WLAN）。蓝牙主要是用于便携式设备及其应用的。这类应用也被称作无线个人域网（WPAN）。蓝牙可以替代很多应用场景中的便携式设备的线缆，能够应用于一些固定场所，如智能家庭能源管理（如恒温器）等。

Wi-Fi 和蓝牙的应用在某种程度上是互补的。Wi-Fi 通常以接入点为中心，通过接入点与路由网络形成非对称的客户机 - 服务器连接。而蓝牙通常是两个蓝牙设备间的对称连接，适用于两个设备通过最简单的配置进行连接的简单应用，如耳机和遥控器的按钮。Wi-Fi 更适用于一些能够进行稍复杂的客户端设置和需要高速的应用中，尤其是通过存取结点接入网络。但是，蓝牙接入点确实存在，而且 Wi-Fi 的点对点连接虽然不像蓝牙一般容易，但也是可能的。蓝牙存在于很多产品中，如电话、平板计算机、媒体播放器、机器人系统、手持设备、笔记本式计算机、游戏手柄，以及一些高音质耳机、调制解调器、手表等。蓝牙技术在低带宽条件下临近的两个或多个设备间的信息传输十分有用。蓝牙常用于电话语音传输（如蓝牙耳机）或手持计算机设备的字节数据传输（文件传输）。

6.3 浏览 Internet

Internet 应用的基础知识是掌握上网的技能，也就是知道如何利用浏览器访问网站、浏览网页，如何设置浏览器，以便更快捷地使用浏览器，如何查找、保存网络上对自己有用的网站和信息等。

6.3.1 在 Internet 浏览器中获取信息

Internet 上浏览和获取信息，通常是通过浏览器来进行的。目前网络上流行的浏览器有很多种，比较著名的有 Internet Explorer（IE）、Google Chrome、Mozilla Firefox 和 Safari 等，不管使用何种浏览器，都要考虑该浏览器能否提供良好的上网服务，使用是否方便，运行是否安全。本节介绍 Internet Explorer 浏览器。

Internet Explorer 简称 IE，能够完成站点信息的浏览、搜索等功能。IE 具有使用方便、操作友好的用户界面，以及多项人性化的特色功能。启动 IE 浏览器的方法有多种，常用的是通过双击放置在桌面上的 IE 快捷图标启动。

双击浏览器图标后一般能进入本计算机自设的网页的主页。图 6-2 所示为 IE 浏览器的"新建选项卡"界面。图 6-3 所示为设置新浪为主页的界面。

图 6-2 IE 浏览器的工作界面

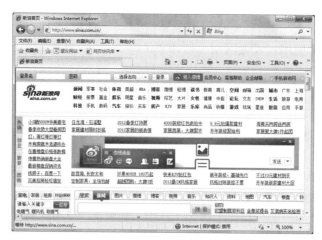

图 6-3 新浪网页

进入到一个网站的主页后就可以进行信息的浏览。为了顺利地使用浏览器，必须知道浏览器的界面结构。浏览器一般在主工作界面上存放一个网站的信息，还提供了菜单栏、地址栏、工具栏、快捷工具、导航栏和搜索栏等常用菜单或工具，协助用户提高使用网页的效率和质量。

常用菜单或工具的作用如下：
- 菜单栏：提供了文件、编辑、查看、收藏夹、工具等菜单。可以选择"工具"→"工具栏"→"菜单栏"命令，将其打开或关闭。
- 地址栏：供用户直接输入需访问的网站的网址。单击右端的下拉按钮，可以显示近期进入、打开过的网站地址。
- 搜索栏：提供搜索信息的输入位置。
- 导航栏：提供各门类信息的入门超链接。
- 快捷工具：提供如兼容性视图、刷新和停止等阅读视图时的操作工具。
- 工具栏：分别提供返回主页、阅读邮件、打印、页面、安全和工具等菜单。

选择"工具"→"Internet 选项"命令，弹出"Internet 选项"对话框，如图 6-4 所示。分别有常规、安全、隐私、内容、连接、程序和高级 7 个选项卡可对浏览器的选项和浏览操作进行设置。例如，在"常规"选项卡中把当前的页面设为默认主页（即启动浏览器后自动打开的网站页面），在"浏览历史记录"选项区域中可以设置保留多少天内打开过的、自动保留在地址栏中的网站地址，在"内容"选项卡中的"内容审查程序"选项区域中设置限制进入的网站等级等。

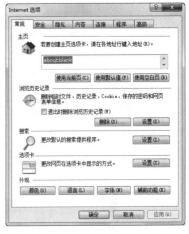

图 6-4 "Internet 选项"对话框

进入了浏览器的主页面后，就可以阅读和搜索信息。页面往往提供的是一段文字标题或门类按键，单击该标题才能通过链接阅读到所需的文稿。

要从本页面进入到其他网站，可以在页面的地址栏中直接输入网址，也可以通过本网站提供的该网站的超链接（若这个网站提供的链接）进入该网站。当鼠标指针移到某段文字或图片时，如果鼠标的指针变成右手掌状，即说明该文字或图片有下层的连接内容，单击后可以打开并阅读。

在网页阅读信息时，如需保存所阅读的对象，可用以下方法：
- 保存当前网页地址：选择"收藏夹"→"添加到收藏夹"命令，可将当前网页（其实是该网页的地址）收藏到本计算机的"收藏夹"中。需要再使用这个网页时，在"收藏夹"中的网页地址中单击即可进入该网页。
- 保存页面内容到 Word 文档中：拖动鼠标选择需要复制的文字或图片后右击，从弹出的快捷菜单中选择"复制"命令。在 Word 文档中右击，从弹出的快捷菜单中选择"粘贴"命令，网页的内容便被复制到 Word 中，以一个文件名保存即可。
- 保存图片：右击该图片，从弹出的快捷菜单中选择"图片另存为"命令。
- 保存视频、MP3、影片：用"迅雷"或"快车"等下载工具下载到本机硬盘。

6.3.2 使用 Internet 信息检索

1. 信息检索

信息检索是指知识有序化识别和查找的过程。广义的信息检索包括信息检索与存储；狭义的信息检索是根据用户查找信息的需要，借助于检索工具，从信息集合中找出所需信息的过程。本节主要介绍利用 Internet 进行信息检索。

Internet 是一个巨大的信息库，它是将分布在全世界各个角落的主机通过网络连接在一起。通过信息检索，可以了解和掌握更多的知识，了解行业内外的技术状况。搜索引擎是随着 Web 信息技术的应用迅速发展起来的信息检索技术，它是一种快速浏览和检索信息的工具。

2. 搜索引擎的基本工作原理

搜索引擎是 Internet 上的某个站点，有自己的数据库，保存了 Internet 上很多网页的检索信息，并且不断地更新。当用户查找某个关键词时，所有在页面内容中包含了该关键词的网页都将作为搜索结果被搜索出来，再经过复杂的算法进行排序后，按照与搜索关键词相关度的高低，依次排列，呈现在结果网页中。最终网页罗列的是指向一些相关网页地址的超链接网页。这些网页可能包含要查找的内容，从而起到信息检索导航的目的。信息查找人通过阅读这些网页和比较后，找到自己所需要的信息。

目前，常用的 Internet 搜索引擎有百度（http://www.baidu. com）、Google（http://www.google.com）、雅虎（http://www.yahoo.com）、360 搜索（http://www.so.com）、搜狗（http://www.sogou.com）等。图 6-5 所示为百度的主页。

图 6-5　百度主页

3. 如何利用搜索引擎搜索信息

使用搜索引擎搜索信息，其实是一种很简单的操作，只要在搜索引擎的文字输入框中输入需要搜索的文字即可，搜索引擎会根据列出的关键词找出一系列的搜索结果供用户参考。本节介绍一些搜索技巧以提高搜索的精度。

① 选择能较确切描述所要寻找的信息或概念的词，这些词称为关键词。不要使用错别字，关键词不要口语化。关键词的组合也要准确，关键词越多（用空格连接），搜索结果越精确。有时候不妨用不同词的组合进行搜索，如准备查广州动物园有关信息，用"广州动物园"比用"广州 动物园"搜索的结果要好。

② 使用"–"号可以排除部分搜索结果。例如，要搜索除作者古龙外的武侠小说可以输入：武侠小说 – 古龙。减号"–"前要留一个空格。

③ 使用英文双引号括住的短语，表明要查找这个短语。

④ 在指定网站上查找。用"site："，如在指定的网站上查"电话"，用"电话 site:www.baidu.com"。

⑤ 在标题中查找。用"intitle："，如查找沙河粉的标题，可用"intitle: 沙河粉"。

⑥ 限制查找用"inurl："，例如，只搜索 url 中的 MP3 的网页，用"inurl：MP3"。

⑦ 限制查找文件类型用"filetype："。冒号后是文档格式，如 PDF、DOC、XLS 等。例如，要查找有关霍金黑洞的 pdf 文档，可以用"霍金 黑洞 filetype:pdf"。

6.3.3　Internet 优化操作

1. 设置 Internet 主页

设置 Internet 主页是指在启动浏览器时首次默认显示的网页。该网页可以设置为空白页，也可以自定义设置。用户可以将经常浏览的网页设置为主页，每次打开时不需再输入网址，直接调用即可。

操作步骤如下：

① 启动浏览器，选择"工具"→"Internet 选项"命令，如图 6-6 所示。

② 弹出"Internet 选项"对话框。在"主页"选项区域的"地址"文本框中输入需设为主页的网址，如图 6-7 所示。

图 6-6　选择"Internet 选项"命令

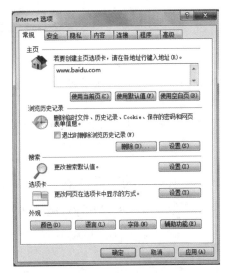

图 6-7　更改主页

- "使用当前页"按钮：把当前浏览的网页设置为主页，"地址"文本框中网址将自动设置为当前正在浏览的页面地址。
- "使用默认页"按钮：例如把微软公司网址设置为主页，"地址"文本框中网址自动设置为微软公司网址。
- "使用空白页"按钮：把空白页设置为主页，"地址"文本框中没有网址，显示为 about：blank。

2. 删除浏览的历史记录

IE 访问网站时将把要访问的网页先下载到 IE 缓冲区，经过一段时间后硬盘上会留下很多临时文件，此时可以通过"Internet 选项"对话框"常规"选项卡中的"浏览历史记录"选项区域的"删除"按钮，在弹出的"删除浏览的历史记录"对话框中选中"Internet 临时文件"、Cookie 和"历史记录"复选框，单击"删除"按钮进行清理，如图 6-8 所示。通过删除 Cookies，还可以防止隐私（如登录网站的用户名、密码等）被人窥视。

3. Internet 临时文件和历史记录设置

Internet 浏览器有时根据设置，能将用户浏览网页的过程记录下来，如用户使用 IE 浏览过的网站都会被记录在 IE 的历史记录中。如果需要更改历史记录的设置，可以单击"Internet 选项"中"常规"选项卡中的"设置"按钮，弹出"Internet 临时文件和历史记录设置"对话框。另外，把"网页保存在历史记录中的天数"设置成 0（见图 6-9），IE 就再也不会自动跟踪并记录打开过的网页。反之，可以定义保存打开过的网页天数。

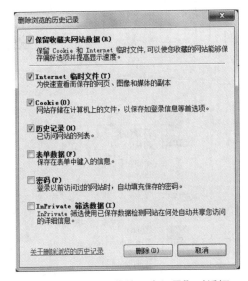

图 6-8　"删除浏览的历史记录"对话框

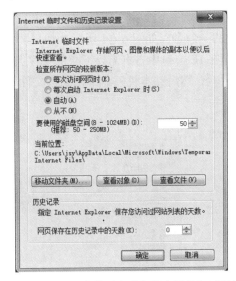

图 6-9　"Internet 临时文件和历史记录"对话框

6.4 文件的下载与上传

在 Internet 中，可以利用网络下载自己需要的各种资源，也可以利用网络上传各种资源与别人分享。所谓"下载"就是从 Internet 各个远程服务器中将需要的文字、图片、音频、视频文件或其他资料，通过网络远程传输的方式保存到用户的本地计算机中。而"上传"就是将自己的文件通过网络工具传给对方。目前，比较常用的下载和上传方式有 HTTP、FTP、P2P、QQ 等。在网络中有不少下载工具，中文工具如迅雷、网络快车、电驴等，它们各有优劣，使用何种工具，以用户的使用习惯决定。

6.4.1 认识不同的下载方式

互联网上有很多可以下载各种资源的站点。在这些站点下载文件时，用户可根据需要选择"HTTP 下载""FTP 下载""BT 下载"。下面介绍 HTTP、FTP、P2P 的相关知识。

1. HTTP 下载

HTTP 是一种将位于全球各个地方的 Web 服务器中的内容发送给不特定的各种用户而制定的协议。也可以把 HTTP 看作向不特定各种用户"发放"文件的协议。

HTTP 使用方式是使用 Web 浏览器或其他工具从 Web 服务器读取指定的文件，如果使用的是 Web 浏览器同时 Web 浏览器发现所读取的文件是 HTML 格式的网页文件或可显示的图像文件等，浏览器会在窗口上把该文件的内容显示出来，否则会提示用户保存该文件到计算机中。

2. FTP 下载

FTP（file transfer protocol）是 Internet 文件传送的基础协议。为了在特定主机之间"传输"文件，在 FTP 通信的起始阶段，必须运行通过用户 ID 和密码确认通信的认证程序。

访问下载站点并进行 FTP 下载时，一般情况下都要输入用户 ID 及密码，但也有使用 Anonymous "匿名"方式进行 FTP 下载的。

【例 6-1】使用 FTP 上传和下载。

① 用户若拥有 FTP 的上传和下载权限，在 IE 地址栏中输入 "ftp:// 服务器地址或域名"（如 ftp://202.116.33.235），便会弹出如图 6-10 所示的对话框。如果服务器允许匿名访问，则选中"匿名登录"复选框。

② 身份验证成功后，如果是上传本机的文件到服务器，只需先在本机复制该文件，然后在 IE 窗口中右击，从弹出的快捷菜单中选择"粘贴"命令，如图 6-11 所示。如果要从服务器下载文件到本机，只需在 IE 窗口中右击需要下载的文件，选择"复制"命令，如图 6-12 所示，然后在本机磁盘中粘贴该文件。

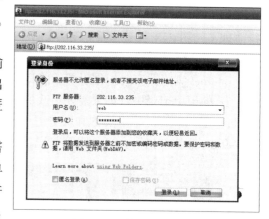

图 6-10 从 IE 登录 FTP

图 6-11 选择"粘贴"命令

图 6-12 选择"复制"命令

3. P2P 下载

P2P（point to point）是点对点下载的意思，是用户在下载对方文件的同时也向对方上传所需的文件，直接将两个用户连接起来，让人们通过互联网直接交互，使共享和互联沟通变得更加方便，无须专用服务器，消除了中间环节。另外，下载同一资源的人越多，P2P 下载的速度就越快；相反，如果采用 FTP 的方式下载，人越多、速度就越慢。

6.4.2　使用迅雷工具下载文件

通过迅雷网络，各种数据文件能够以较快的速度进行传输下载。迅雷还兼容目前的各种下载方式。

1. 一般下载方式

如果本台计算机没有下载工具，可用以下方式下载：

① 打开提供文件下载的网页，仔细阅读下载信息和注意事项。

② 确认无误后，单击文件下载链接。如果计算机没有安装专用下载工具，系统会自动调用 Windows 自带的下载程序进行下载并打开"文件下载"对话框，如图 6-13 所示。

③ 单击"保存"按钮，弹出"另存为"对话框。

④ 选择文件保存位置，单击对话框中的"保存"按钮，开始下载资料。

⑤ 下载完毕后，出现如图 6-14 所示的对话框。可以单击"打开"按钮打开该文件；也可以单击"打开文件夹"按钮打开该文件所在的文件夹；或者单击"关闭"按钮关闭"下载完毕"对话框。

图 6-13　"文件下载"对话框

图 6-14　"下载完毕"对话框

2. 使用迅雷下载文件

由于迅雷能自动监测用户计算机中的所有下载行为，当用户需要下载时，它便会自动启动，并弹出提示下载对话框，如图 6-15 所示。在对话框中检查下载的文件名、磁盘的可用空间，文件存储路径，或通过"浏览"按钮更改文件存储路径后单击"立即下载"按钮。

图 6-15　迅雷下载时的对话框

单击"立即下载"按钮后，马上出现如图 6-16 所示的对话框。在对话框中可以清楚了解到正在下载的文件的文件名、正在下载文件的传输速率、下载文件的进度、下载文件的大小。

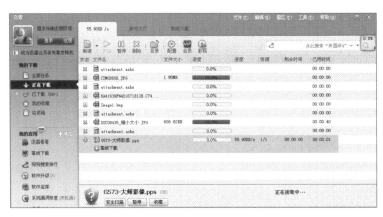

图 6-16　迅雷下载时的对话框

下载任务添加完成后,迅雷将启动主界面开始下载任务,上例中的下载任务完成后,将自动转移到"已完成"目录中, 如图 6-17 所示。为了日后查找方便,用户可以把下载文件按照类别进行管理,只需把下载任务往左侧的文件目录中拖动, 即可进行归类整理。

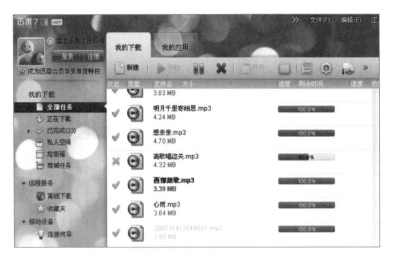

图 6-17　迅雷下载后的文件管理部分界面

6.5　即时通信与网络交流

网络的最大功能之一是实现了"天涯若比邻"。目前,网络上最常用的交互方式包括电子邮件、即时人机通信、个人博客（微博）、微信等。要在信息社会生活,必须掌握这些现代的通信手段,现在这些通信方式正在从计算机向手机转移。

6.5.1　电子邮件通信

1. 电子邮件

电子邮件（E-mail）是指发送者和指定的接收者使用计算机通信网络发送信息的一种非交互式的通信方式,它是 Internet 应用最广泛的服务之一。电子邮件具有使用简易、投递迅速、收费低廉、容易保存、全球畅通无阻等特点,被人们广泛使用。

电子邮件服务器是 Internet 邮件服务系统的核心。用户将邮件提交给邮件服务器,由该邮件服务器根据邮件中的目的地址,将其传送到对方的邮件服务器;另一方面它负责将其他邮件服务器发来的邮件,根据地址的不同将邮件转发到收件人各自的电子邮箱中。这一点和邮局的作用相似。

　　用户发送和接收电子邮件时，必须在一台邮件服务器中申请一个合法的账号，其中包括用户名和密码，以便在该台邮件服务器中拥有自己的电子邮箱，即一块磁盘空间，用来保存自己的邮件。每个用户的邮箱都具有一个全球唯一的电子邮件地址。

　　电子邮件地址由用户名和电子邮件服务器域名两部分组成，中间由 "@" 分隔。其格式为：用户名 @ 电子邮件服务器域名。

　　例如，电子邮件地址 eitcscnu@163.com，其中 eitcscnu 指用户名，163.com 为电子邮件服务器域名。

2. 即时通信

　　即时通信（instant messaging，IM）是一种使人们能在网上识别在线用户并与他们实时交换消息的技术。即时通信工作方式是当好友列表中的某人在登录上线后并试图通过计算机联系你时，IM 通信系统会发送一个消息提醒，然后就能与他建立一个聊天会话进行交流。目前有多种 IM 通信服务，但是没有统一的标准，所以 IM 通信用户之间进行对话时，必须使用相同的通信系统。目前，比较常用的网络即时通信有 QQ、微信等。

6.5.2　电子邮件的使用

1. 电子邮箱的申请

　　免费邮箱是大型门户网站常见的互联网服务之一，新浪、搜狐、网易、雅虎、QQ 等网站均提供免费邮箱申请服务。申请免费邮箱首先要考虑的是登录速度，作为个人通信应用，需要一个速度较快、邮箱空间较大且稳定的邮箱，其他需要考虑的功能还有邮件检索、POP3 接收、垃圾邮件过滤等。另外，还有一些可以与其他互联网服务同时使用的免费邮箱，如用 Hotmail 免费邮箱可作为 MSN 的账号，Gmail 邮箱可作为 Google 各种服务的账号，便于个人多重信息管理的同时，也减少了种类繁多的注册过程。

　　申请电子邮箱的过程一般分为三步：登录邮箱提供商的网页，填写相关资料，确认申请。下面以申请 163 免费电子邮箱为例，申请一个属于自己的邮箱。

　　【例 6-2】在 163 网易免费电子邮箱中申请一个邮箱。

　　① 打开 IE 浏览器，在地址栏中输入 http://mail.163.com。

　　② 单击 "注册" 按钮，在打开的网页中可以选择 "注册字母邮箱" 或者 "手机号码邮箱"。

　　③ 按照网页上的提示填写好各项信息（其中带 "*" 号的项目不能为空），如图 6-18 所示。单击 "立即注册" 按钮，然后就会提示邮箱申请成功。

图 6-18　电子邮箱注册界面

2. 电子邮箱的使用

有了自己的电子邮箱以后，就可以在主页面上登录，进行邮件的收发。

【例6-3】在邮箱中接收、发送和管理邮箱。

（1）登录邮箱

在浏览器中输入邮箱首页地址 http://mail.163.com。在登录窗口中输入用户名和密码，单击"登录邮箱"按钮，便可登录到图6-19所示的邮箱界面。

图 6-19 电子邮箱界面

提示： 虽然电子邮件提供商很多，但基本 Web 界面的邮箱结构是一致的。接收、发送电子邮件的操作也是一致的。

（2）邮件的接收

登录邮箱主页面后，可以在"收件箱"旁边看到未读的邮件个数，可单击"收件箱"查看邮件。在收件箱中，可查看到邮件的发件人、主题、是否有附件、发送时间等，如图6-20所示。在邮件上单击，可以查看邮件详情。

图 6-20 邮件列表

（3）邮件的发送

单击功能菜单区的"写信"按钮，填写好收件人、邮件主题，以及邮件内容，如果需要，还可以添加附件。单击"发送"按钮，便可把邮件发送到指定的地址。

如果要发送给多个人，可在收件人输入框中使用"，"隔开每个邮箱的地址，这样邮件就可以同时发送给多人。

（4）管理电子邮箱

邮箱开始启用后，收到的邮件会日益增多，对已经阅读过的邮件需要做相应的处理。常用的处理包括分类管理邮件和管理通讯录等。

① 分类管理邮件。单击文件夹切换区中的管理文件夹按钮 ⚙，页面将切换至文件夹管理界面，如图 6-21 所示。用户可以根据需要新建文件夹对邮件进行分类管理。

文件夹建立完毕后，在收信界面中，用户可以把邮件移动到相应的目录中，如图 6-22 所示。

图 6-21　邮件文件夹管理

图 6-22　移动邮件

② 管理通讯录。单击功能菜单区中的"通讯录"标签，页面将切换到通讯录管理界面，如图 6-23 所示。将发件人的邮件地址收藏到自己邮件的通讯录中，不仅可以免除记录其邮件地址的麻烦，还方便调用，只要登录邮箱后查找通讯录即可。

图 6-23　通讯录管理

6.5.3　即时通信软件——腾讯 QQ

腾讯 QQ 是一款基于 Internet 的即时通信（IM）软件。腾讯 QQ 支持在线聊天、视频通话、点对点断点续传文件、共享文件、网络硬盘、自定义面板、QQ 邮箱、QQ 游戏、QQLive（在线直播）、手机 QQ 等多种功能，并可与移动通信终端等多种通信工具相连。

1. QQ 的申请与使用

运行 QQ 软件，打开如图 6-24 所示的登录界面，输入 QQ 号码和密码即可登录 QQ。

【例 6-4】QQ 的申请与使用。

在使用 QQ 之前，首先要申请一个 QQ 号码，这个号码类似于账号，通过它才能与其他 QQ 用户进行文字、语音或者视频交流。

① 访问 http://im.qq.com/download/，下载最新版本的 QQ 软件。

② 根据安装向导的提示，单击"下一步"按钮，进行安装直到完成。

图 6-24　QQ 登录界面

③ 运行 QQ 软件，如果还没注册 QQ 号码，在登录界面中单击"注册账号"链接，在弹出的"QQ 注册"页面中选择注册 QQ 账号，也可通过网站进入 QQ 号码申请的页面 http://zc.qq.com/chs/index.html，根据提示注册 QQ 账号。

④ 登录后，QQ 主界面如图 6-25 所示，双击好友头像，在如图 6-26 所示的"聊天"窗口中输入消息，单击"发送"按钮，向好友发送即时消息。

图 6-25　QQ 主界面

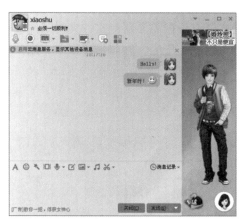

图 6-26　QQ 聊天对话框

⑤ 应用"查找"功能成功添加好友。新号码首次登录时，好友名单是空的，要和其他人联系，首先要添加好友。单击 QQ 右下角的"查找"按钮，打开查找对话框，如图 6-27 所示。

图 6-27　查找对话框

好友查找可输入账号、昵称、关键词，可以根据实际情况进行选择。

被动添加好友是指有朋友希望将用户添加成好友，并通过系统告知用户，如果同意，单击"同意"按钮，就和对方建立了好友关系，对方的信息就会显示在用户的好友列表中。

⑥ 选择"找人"选项卡，在"关键词"文本框中输入合适的查找条件后，单击"查找"按钮，在查找对话框的下方会出现所有符合查找条件的查找结果。

⑦ 选择想与之成为好友的 QQ 用户，单击"＋好友"按钮，打开"添加好友"对话框。输入验证信息后，单击"确定"按钮，完成好友的添加过程，等待对方回复。如果对方同意成为好友，该好友便添加成功，在 QQ 主界面的好友列表中将显示新添加的好友头像

⑧ 在 QQ 主界面，双击头像可以进行个人资料设置，个人资料设置包含基本资料、相册、动态、标签、账户、游戏、宠物等多项设置项。单击 QQ 主界面左下方的齿轮按钮，打开系统设置，可以实现对系统的登录方式、状态、传输文件默认路径、热键等多项参数的设置。单击"安全设置"按钮，可以修改密码、设置 QQ 的安全属性。单击"权限设置"按钮，可以对个人资料、QQ 空间等的权限进行设置。

⑨ 随着 QQ 好友的日渐增多，需要对好友实施管理策略。系统默认的分组有 4 个："我的好友""陌生人""黑

名单""企业好友"。通常"我的好友"人数很多，可以考虑增加分组，对好友进行分组管理。右击 QQ 主界面，选择"添加分组"命令。

此时 QQ 主界面添加了一个新的分组，输入分组的名字"新分组"，按【Enter】键确认。右击好友头像，选择"移动联系人至"命令，在弹出的分组列表中选择好友要移动的目标分组，单击即可。

⑩ 删除好友。如果要删除好友，可右击该好友头像，从弹出的快捷菜单中选择"删除好友"命令，打开"删除好友"对话框，单击"确定"按钮，完成对好友的删除。

2. 利用 QQ 进行语音、视频聊天

① 要实现语音视频聊天，需要通信双方的计算机配备相关设备，如麦克风、摄像头、耳机等。双击好友头像打开图 6-28 所示的聊天窗口，在工具栏中单击"视频聊天"按钮 ◉，请求视频聊天，等待对方接受视频连接。

② 如果对方接受，在聊天窗口的右边将打开一个视频窗口，可同时与对方进行视频和语音交流。

③ 若要结束视频聊天，可单击聊天窗口下方的 📞挂断 按钮，然后单击聊天窗口右上角的"关闭"按钮即可。

④ 如果只想进行音频聊天，可在聊天窗口工具栏中，单击"语音聊天"按钮 🎤，发出语音请求，等待对方响应。如果是对方呼叫，则 QQ 弹出请求窗口，可以选择接受或拒绝对方语音请求。

⑤ 如果同意被请求方语音聊天，可单击"接受"按钮，双方建立语音连接。

3. 利用 QQ 进行文件传输

【例 6-5】利用 QQ 进行文件传输。

① 在聊天对话框工具栏中，单击"传送文件"按钮 📁，选择"发送文件/文件夹"命令，如图 6-29 所示。

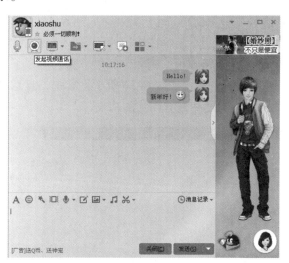

图 6-28　请求视频聊天界面

图 6-29　文件传输选择框

② 在弹出的"打开文件"对话框中选择需要传送的文件，单击"打开"按钮，弹出如图 6-30 所示的文件等候传输窗口，等待好友选择目录接收。此时，文件接收方聊天窗口如图 6-31 所示，用户可以选择"接收"、"另存为"或者"取消"该文件的传输。

如果好友不在线，可以选择发送离线文件。除了传输文件外，还可以通过发送 QQ 邮件的功能，把文件发送到好友的 QQ 邮箱。

另外，也可直接把要发送的文件拖放到交谈窗口中，该文件即被发送给对方。

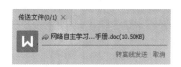

图 6-30　文件传输发送端

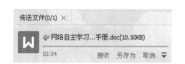

图 6-31　文件传输接收端

4. 利用QQ群组进行多人互动

QQ群组功能的实现，改变了网络的生活方式。使用户可以在一个拥有密切关系的群内，共同体验网络带来的精彩。QQ群组打破了传统QQ用户一对一的交流模式，实现了多人讨论、聊天的群体交流模式。群中的成员分3种：创建者、管理者和普通成员。前两者有添加成员和删除成员的权限，创建者除了上述权限外，还有设置管理者的权限。

QQ群的加入和添加好友类似，可以通过查找群提交加入请求，群主或管理员同意请求后可加入群。被动加入是由群主或管理员将成员加入群，系统同时向成员发送"接受选择信息"，成员选择"接受"可加入群。成员随时可以自由选择退出群，群主或管理员也可以将成员删除。

每个群都有如图6-32所示的资源共享区，可供群成员实现资源共享。

图6-32　QQ群组文件共享区

5. QQ空间使用

QQ除了实施聊天之外，还提供一个撰写博文的地方——QQ空间。开通QQ空间可以写日志、分享相册、音乐，让朋友分享欢乐。

首先在QQ主界面，选择左下角的"主菜单"→"所有服务"→"QQ空间"命令，如图6-33所示。然后自动进入QQ空间首页，或者单击QQ主界面个人头像旁边的"五角星"空间按钮，即可进入自己的空间。在第一次进入QQ空间时，需要激活自己的空间，单击"立即开通"按钮即可。进入空间后，将会有以下基本页面：主页、日志、相册、留言板、说说、个人档、音乐、时光轴、更多，如图6-34所示。其中，日志可供个人撰写日志，好友可进行留言交流等功能。QQ相册可以提供上传图片和查看图片的功能。

图6-33　进入QQ空间的方法

图6-34　QQ空间界面

6. QQ远程协助

QQ除了具备聊天功能之外，还新开发了许多方便实用的功能，QQ的远程协助就是其中一项。通过远程协作，用户可以远程浏览好友的计算机桌面，并能控制其计算机。

【例6-6】QQ远程协助。

①打开与好友聊天的窗口，如图6-35所示，其中加框部分就是"应用"菜单，单击，找到"远程协助"命令。

②QQ的"远程协助"功能设计是十分谨慎的，要与好友使用"远程协助"功能，必须由需要帮助的一

方选择"邀请对方远程协助"命令进行申请。提交申请之后，就会在对方的聊天窗口出现提示。

③ 接受请求方需要单击"接受"按钮。这时在申请方的窗口出现对方已是否同意远程协助请求，"接受"——"拒绝"的提示，只有申请方单击"接受"按钮，远程协助申请才能正式完成，如图 6-36 所示。

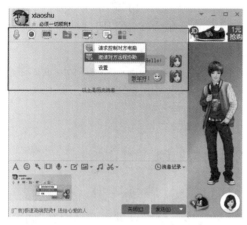

图 6-35　申请远程协助的方法

图 6-36　远程协助的远程控制端

成功建立连接后，被申请方就会出现对方的桌面，并且是实时刷新的。右边的窗口是申请方的桌面，这时他的每一步动作都尽收眼底。不过现在还不能直接控制他的计算机。

要想控制对方计算机还需要由申请方单击"申请控制"链接，在双方再次单击接受之后，才能开始控制对方的计算机。需要注意的是，QQ 程序并没有在远程协助控制时锁住申请方的鼠标和键盘，所以双方要协商好，以免造成冲突。

④ "远程协助"的参数设置。

* 在接受申请端可以单击"窗口浮动"，这样就可以把对方的桌面设置为一个单独的窗口。浮动窗口可以最大化，这样能尽可能看到对方的全部桌面。如果看不全，可拖动滚动条进行观看。
* 如果觉得显示效果不佳，可以由申请方单击"设置"按钮，出现图像显示质量和颜色质量的设置窗口，可根据带宽进行设置。
* 任何一方单击"视频聊天"或者"音频聊天"，都能直接用耳麦进行语音协助。

7. 屏幕截图

QQ 除了具有聊天功能外，还有屏幕截图功能。QQ 截图使用方便、简单。

① 在 QQ 工作界面的好友列表中双击好友的头像，打开与好友聊天的窗口。

② 单击发送信息文本框上方工具栏中的 ✂ ▾ 按钮（或者按【Ctrl+Alt+A】组合键），此时鼠标变成彩色，按住鼠标左键不放拖动选择截图区域。

③ 选定截图区域后释放鼠标，单击浮动工具栏中的 ✓完成 按钮，完成截图，如图 6-37 所示。

④ 截选的图像会出现在发送信息文本框中，若要将截选的图像发给好友，则直接单击"发送"按钮。

⑤ 若要将截选的图像保存至计算机中，则在截图上右击，在弹出的快捷菜单中选择"另存为"命令，在弹出的"另存为"对话框中选择图片保存的路径，在"文件名"下拉列表框中输入图片名称，然后单击"保存"按钮即可。

6.5.4　博客

博客（blog）是一种简易的个人信息发布方式。任何人都

图 6-37　截图

可以注册，完成个人网页的创建、发布和更新。博客充分利用网络互动、即时更新的特点，让用户最快地获取最有价值的信息与资源；可以发挥无限的表达力，及时记录和发布个人的生活故事、闪现的灵感等；更可以文会友，结识和汇聚朋友，进行深度交流沟通。QQ 空间、MSN 空间都是博客的一种形式。

博客作为一种新的表达方式，它的传播包括大量的智慧、意见和思想。到 2015 年 6 月底，中国博客用户数量达 47 457 万，平均近每十个网民中就有七个博客作者。博客的影响力正逐渐超越传统媒体，并成为一种新的沟通与交流的方式。

博客从功能来看，有文字博客，如新浪博客、博客中国等；图片博客，如拉风网、fotoblog 等；移动博客，如万蝶移动博客；视频博客，如酷 6 网、土豆网、优酷网等。

【例 6-7】博客的申请与管理。

（1）申请博客

目前各大门户网站如网易、搜狐、新浪、雅虎等博客都已经和电子邮箱整合在一起。例如，用已有 163 邮箱账号登录后，就可以进入网易博客。

① 在桌面上双击 IE 浏览器图标，启动 IE，在地址栏中输入"blog.163.com"，按【 Enter 】键，进入网易博客首页。

② 用前面例 6-2 申请的 163 邮箱账号登录后，单击"进入我的博客"，就可以进入网易博客，如图 6-38 所示。

③ 如果是第一次进入，网易会提示填写相关的资料（见图 6-39），依次填写"昵称""博客名称""博客个性地址""验证码"就可以激活博客账号，开通博客。

图 6-38　登录网易博客方法　　　　　　　　　　　　图 6-39　激活博客账号

④ 单击"立即激活"按钮。

⑤ 出现如图 6-40 所示的界面，表明博客已经成功开通。

图 6-40　博客注册成功

⑥ 单击"快速设置博客"按钮，进入设置窗口，在此选择自己喜欢的博客风格，单击"完成设置"按钮完成个人设置。

（2）管理博客

设置完成后，自动进入博客操作页面。该页面提供了各种管理功能，包括"日志管理""访问统计""博客好友""博客装扮""博客设置"等，如图 6-41 所示。

图 6-41　博客首页

单击"写日志"按钮，就可以撰写自己的博客。此外，进入"相片""音乐"等板块，便可以与好友分享自己的照片、音乐等。

（3）分享博客

博客编辑完成后，可以通过博客地址让好友访问自己的博客。每一个博客都有一个访问的地址，在开通博客时，网站都会提醒本博客的访问地址（见图 6-40）。把这个地址告诉好友后，就可以让他们随时关注用户最新的动态。

6.5.5　微博

微博，即微博客（MicroBlog）的简称，是一个基于用户关系的信息分享、传播以及获取平台，是一种可以即时发布消息的类似博客的系统。其最大的特点就是集成化和开放化，可以通过手机、IM 软件（如 QQ）和外部 API 接口等途径向微博发布消息。微博的另一个特点还在于这个"微"字，一般发布的消息只能是只言片语，每次以 140 字左右的文字更新信息，并实现即时分享。2009 年 8 月，中国最大的门户网站新浪网推出"新浪微博"内测版，成为门户网站中第一家提供微博服务的网站，微博正式进入中文上网主流人群视野。据中国互联网信息中心（CNNIC）2015 年 7 月统计，我国微博用户规模达到 2.04 亿，在网民中占 30.6%。

微博是一种互动及传播性极快的工具，传播速度甚至比媒体还要快。

相对于强调版面布置的博客来说，微博对用户的技术要求门槛很低，而且在语言的编排组织上，没有博客那么高，只需要反映自己的心情，不需要长篇大论，更新起来也方便，和博客比起来，字数也有所限制；微博开通的多种 API 使得大量的用户可以通过手机、网络等方式来即时更新自己的个人信息。

【例 6-8】微博的注册与使用。

① 注册新浪微博账号。在 IE 浏览器地址栏输入 http://weibo.com 进入新浪微博页面，如图 6-42 所示。

图 6-42　新浪微博页面

单击"立即注册"按钮,进入新浪微博注册界面,可以选择使用手机号码(默认)或者邮箱进行注册,如图6-43所示。按提示填写相关资料后，就可以开通属于自己的微博。

（a）手机注册界面　　　　　　　　　　　　　（b）邮箱注册界面

图6-43　新浪微博注册界面

②写微博。拥有自己的微博后，就可以写微博，如图6-44所示，可以输入文字，插入表情、图片、视频等，编辑完毕，直接单击"发布"按钮即可。微博的"微"体现在发布微博时在文本编辑框内最多可以输入140字，但是新浪微博现在已经取消了140字的字数限制，将上限设置为2 000字，该功能于2016年1月28日对微博会员开放使用权限，2月28日对所有用户开放。

图6-44　写微博

③微博发布：

* 关注：当你"关注"了某位用户后，你就成为其粉丝，该用户最新的发布内容将会出现在你的主页中。同样，当你"取消关注"后，该用户的发布内容将从你的主页中消失。

如何关注？

第一，先找到感兴趣的人，在微博主页的搜索框中输入要查找的人的昵称，单击旁边的"搜索"按钮进行搜索。

第二，进入微博搜索结果界面，如图6-45所示，点击用户名字进入个人首页或直接点击"+关注"按钮进行关注。

* 微博@功能：@在微博里的意思是"向某某人说"，只要在微博用户昵称前加上一个@，并在昵称后加空格或标点，他（或者她）就能看到。例如：@微博小秘书 你好啊。

* 微博发"话题"："话题"就是微博搜索时的关键字，其书写形式是将关键字放在两个"#"

图6-45　微博搜索结果

号之间，后面再加上想写的内容。例如：＃微提醒＃雨天路滑，小心驾驶。

- 如何发私信：私信是保密的，只有收信人才能看到，所以可以放心地把想写的内容发过去。
- 转发和评论：转发，就是转载别人的微博而在你的微博发布栏里显示出来，也属于发布一条微博，你的粉丝都可以看见；评论，就是对别人的微博评论，有点类似回帖、转帖的意思。
- "V"：微博账号旁边的"V"是实名认证的意思。新浪微博中橙色"V"表示个人实名认证，蓝色"V"表示机构认证。

个人认证基本条件：有清晰头像，绑定手机，粉丝数不低于100，关注数不低于30，有2个互粉的V认证好友。

6.5.6　微信

微信是腾讯公司于2011年1月21日推出的一款通过网络快速发送语音短信、视频、图片和文字，支持多人群聊的手机聊天软件。微信软件本身完全免费，使用任何功能都不会收取费用，使用微信时产生的上网流量费由网络运营商收取。用户可以通过微信与好友进行形式上更加丰富的类似于短信、彩信等方式的联系。微信提供公众平台、朋友圈、消息推送等功能，用户可以通过扫二维码、"搜索号码"、"雷达"、"摇一摇"、"附近的人"等方式添加好友和关注公众平台，也可以将文字、图片、小视频等分享到微信朋友圈。

当前，微信已成为亚洲地区用户群体最大的移动即时通信软件。微信推荐使用手机号注册，并支持100余个国家的手机号。微信还可以通过QQ号直接登录注册。输入QQ号进行注册的用户，虽然在微信中不会把QQ号透露给微信好友，但是所有的QQ好友可以看到用户的微信号。第一次使用QQ号登录时，微信会要求设置微信号和昵称。微信号是用户在微信中的唯一识别号，必须大于或等于六位，注册成功后允许修改一次。昵称是微信号的别名，允许多次更改。

【例6-9】微信的注册与使用。

（1）用手机号注册微信

①在手机上单击微信图标，启动微信，要注册获得一个微信号，如图6-46（a）所示，输入自己的手机号，单击"注册"按钮。

②从手机上获取验证码，如图6-46（b）所示，单击"好"按钮。

③准确地输入6位验证码，单击"提交"按钮。

④完善个人资料，如图6-46（c）所示，按照提示设置昵称、密码，并获得微信号。

（a）用手机号注册　　　　（b）接收验证码　　　　（c）完善资料

图6-46　微信注册

（2）微信的基本操作

①在手机上单击微信图标，启动登录窗口，如图6-47（a）所示，默认使用手机号登录，可以单击"其他方式登录"。

② 可通过微信号、邮箱地址或QQ号登录微信，如图6-47（b）所示，不同的登录方式可使用不同的密码。

③ 成功登录后进入微信操作主界面，包括四大主要操作，即"微信""通讯录""发现""我"，如图6-48所示。

- 微信：可同各位好友参加各种群内直聊，如图6-48（a）所示，聊天内容可以是文字、图片、语音或视频。需要注意的是，群聊的人员之间不一定是好友关系。
- 通讯录：查看、搜索已有的各位好友，创建新的朋友关系，如图6-48（b）所示。添加好友，与已有微信号的朋友建立关系是微信操作的关键一步，也是扩大朋友圈的重要步骤。点击通讯录界面右上角的"添加朋友"按钮，进入添加朋友界面。也可以在图6-48（a）微信界面点击右上方的"+"图标，在下拉菜单中单击"添加朋友"，进入添加朋友界面。

（a）用手机号登录　　　（b）用账号和密码登录

图6-47　微信登录

可通过搜索微信号、手机号、QQ号来添加好友，也可通过"雷达加朋友"、扫描二维码名片来添加好友。为保证安全性，当向对方发送朋友邀请时，必须得到对方的验证"通过"才能成为在通讯录中可见的朋友。

- 发现：可同朋友圈内的朋友直聊，如图6-48（c）所示。点击"朋友圈"进入与好友的交流窗口，可对朋友发到"朋友圈"的内容点"赞""评论"；自己发到"朋友圈"的内容，对所有经过验证的朋友是可见的。可通过"扫一扫""摇一摇""附近的人"等方法找到聊天对象。"摇一摇"除了可以"摇人"还可以"摇歌曲""摇电视"

- 我：可以进行个人信息相关设置，如更换"头像""昵称""个性签名"以及生成"我的二维码"等操作，如图6-48（d）所示。还可以进行微信的账号与安全及隐私等的设置。在"钱包"|"城市服务"中提供了"生活服务""政务办事""车辆服务""交通出行"等多项民生服务；"钱包"还提供了"转账""付款"等手机支付服务。

（a）操作界面 – 微信　　（b）操作界面 – 通讯录　　（c）操作界面 – 发现　　（d）操作界面 – 我

图6-48　微信基本操作

④ 退出微信。在图6-48（d）界面点击菜单中的"设置"|"退出登录"，将关闭微信软件，关闭后将不会收到新的微信消息。

（3）微信网页版的使用

微信除了在手机上使用，还可以在计算机端登录，即微信网页版。

① 打开 IE 浏览器，在浏览器地址栏中输入 http://wx.qq.com。

② 打开手机微信，扫描 wx.qq.com 的二维码，扫描成功后在手机上点击确认登录微信网页版。

③ 之后就可以使用网页端开始计算机微信。使用文件传输助手可以不用数据线在手机和计算机之间进行文件的传输。

④ 要退出微信网页版，只需要在手机微信上点击正在使用的网页微信版本，然后点击"退出"即可关闭计算机端的微信。

6.6　移动互联技术

6.6.1　移动互联技术概述

移动互联技术，就是将移动通信技术和互联网技术二者结合起来，成为一体，是对用户上网时间、地点的补充，进一步解决了移动接入带宽瓶颈，为互联网带来飞跃机会，其应用平台如图 6-49 所示。在最近几年，移动通信技术和互联网技术成为当今世界发展最快、市场潜力最大、前景最诱人的两大业务，它们的增长速度是任何预测家未曾预料到的，所以移动互联网技术可以预见将会创造怎样的经济神话。一个国家的创新能力，最终是这个国家所掌握的创新技术在市场竞争中的表现。市场才是衡量创新价值的主要标准，而企业应是国家创新能力的主要体现者。

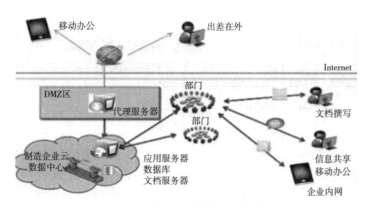

图 6-49　移动互联网技术应用平台

根据中国网络发展状况统计调查，截至 2016 年 6 月，我国手机网民规模达 6.56 亿，较 2015 年底增加 3 656 万人。网民中使用手机上网人群的占比由 2015 年的 90.1% 提升至 92.5%，提升 2.5 个百分点，网民手机上网比例在高基数基础上进一步攀升。手机网民规模持续增长，一方面得益于 4G 的普及、无线网络的发展和智能手机价格持续走低，为手机上网奠定了较好的使用基础，促进网民对各类手机应用的使用，为网络接入、终端获取受限的人群提供介入互联网的可能。另一方面得益于手机应用服务的多样性和深入性，尤其是在新型即时通信工具和生活类应用的推动下，手机上网对日常生活的渗透进一步加大，在满足网民多元性生活需求的同时提升了手机网民对手机的依赖性。在智能终端快速普及、电信运营商网络资费下调和 Wi-Fi 覆盖逐渐全面的情况下，手机上网成为互联网发展的主要动力，不仅推动了中国互联网的普及，更催生出更多新的应用模式，重构了传统行业的业务模式，带来互联网经济规模的迅猛增长，如图 6-50 所示。

来源：CNNIC 中国互联网络发展状况统计调查

图 6-50　手机网民规模

6.6.2 移动互联网技术的特点

移动互联网技术的特点不仅体现在移动性上，可以"随时、随地、随身"地享受互联网业务带来的便捷，还表现在更丰富的业务种类、个性化的服务和更高服务质量的保证。当然，移动互联网在网络和终端方面也受到一定的限制。其特点概括起来主要包括以下几方面：

① 终端移动性：移动互联网业务使得用户可以在移动状态下接入和使用互联网服务、移动的终端，便于随身携带和随时使用。

② 终端和网络的局限性：移动互联网业务在便携的同时，也受到了来自网络能力和终端能力的限制。在网络能力方面，受到无线网络传输环境、技术能力等因素限制。在终端能力方面，受到终端大小、处理能力、电池容量等的限制。

③ 业务与终端、网络的强关联性：由于移动互联网业务受到网络及终端能力的限制。因此，其业务内容和形式也需要适合特定的网络技术规格和终端类型。

④ 业务使用的私密性：在使用移动互联网业务时，所使用的内容和服务更私密，如手机支付业务等。

总之，在移动互联网时代，传统的信息产业运作模式正在被打破，新的运作模式正在形成。移动互联网技术从根本上实现了移动通信和互联网的融合，也催生出很多新的产业机会，让原有的移动应用和互联网应用有了新的市场空间。

6.6.3 手机 APP 应用

1. 手机购物

手机购物是指利用手机上网实现网购的过程，属于移动互联网电子商务。进入智能机和 3G 时代以来，以 iOS 平台和 Android 平台上的手机购物应用为主流模式。不用去实体店铺，也不用坐在计算机前"淘货"，一部手机就能完成"逛店"、选购和支付的全过程。手机购物和计算机网购一起，可以更广阔地覆盖用户潜在的购物时间，让人们可以随时随地更便捷地利用电子商务。

（1）大众点评网

大众点评网于 2003 年 4 月成立于上海。大众点评是中国领先的本地生活信息及交易平台，也是全球最早建立的独立第三方消费点评网站。大众点评不仅为用户提供商户信息、消费点评及消费优惠等信息服务，同时亦提供团购、餐厅预订、外卖及电子会员卡等 O2O（online to offline）交易服务。大众点评是国内最早开发本地生活移动应用的企业，2015 年 10 月 8 日，大众点评与美团网宣布合并，目前已成长为一家移动互联网公司，大众点评移动客户端已成为本地生活的必备工具。

在手机的应用商店搜索"大众点评"，下载并安装，如图 6-51 所示。安装成功后，打开大众点评应用，进入大众点评主界面，如图 6-52 所示。

图 6-51　大众点评安装　　　　　　　　　　　　图 6-52　大众点评操作界面

（2）手机购票

随着铁路售票方法的升级，现在买票的方法也很多，可以自己去火车站买，或去代售点买，或网上登录铁路客户服务中心 12306 网站购买，或电话订购。现在利用手机也可以随时随地进行购票，不受地方限制。

【例6-10】手机购票。

① 打开手机中的购票软件，如图 6-53 所示，点击"铁路 12306"图标，出现软件打开页面。

② 软件打开后如图 6-54（a）所示，有 3 个主要操作：车票预订、订单查询和我的 12306。选择出发地和目的地，选择出发时间及席别，点击"查询"按钮［见图 6-54（b）］，出现查询结果，如图 6-54（c）所示。

（a）　　　　　　　　　（b）　　　　　　　　　（c）

图 6-53　软件图标　　　　　　　　　图 6-54　12306 操作界面

③ 在查询结果界面点击适合自己乘坐的车次，出现账号登录页面，输入自己的登录账号密码，点击"登录"按钮，如图 6-55（a）所示。

④ 选择"添加乘客"，在里面可以选择已有的乘客，也可以点击右上方的"+"添加乘客，添加乘客后输入验证码，点击"提交订单"，如图 6-55（b）所示。

⑤ 打开"确认支付"界面，如图 6-55（c）所示，点击"立即支付"按钮。

⑥ 进入支付界面，如图 6-55（d）所示，选择付款银行，点击"提交支付"按钮，按照提示完成支付。支付成功后可以在"订单查询"界面查询订单情况，如图 6-56 所示。

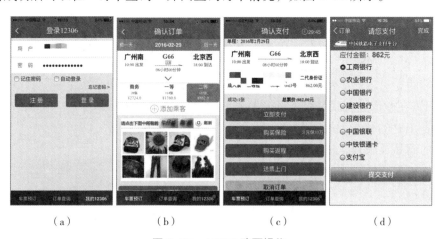

（a）　　　　　　（b）　　　　　　（c）　　　　　　（d）

图 6-55　12306 购票操作　　　　　　　　　图 6-56　订单查询

2. 手机支付

手机支付也称为移动支付（mobile payment），是指允许移动用户使用其移动终端（通常是指手机）对所消费的商品或服务进行账务支付的一种服务方式。移动支付因为其方便快捷，越来越受到消费者的青睐。随着我国手机用户的不断增长和 4G 业务的不断发展，移动支付的市场规模正在不断扩大。

移动支付主要分为近场支付和远程支付两种，所谓近场支付，就是用手机刷卡的方式坐车、买东西等，很便利，如 NFC 支付。远程支付是指通过发送支付指令（如网银、电话银行、手机支付等）进行的支付方式，如支付宝钱包、微信支付等属于远程支付。

（1）支付宝钱包

支付宝钱包针对不同的智能手机操作系统分别推出了 iOS 版、Android 版和 Windows Phone 版等，用户可以根据使用的手机选择对应的版本进行安装和使用。

【例 6-11】支付宝钱包的基本使用方法。

① 从手机应用市场下载"支付宝钱包"APP，进行安装。

② 安装成功后手机桌面上会出现支付宝钱包的图标，如图 6-57（a）所示。

③ 启动支付宝钱包，然后用支付宝账号登录支付宝钱包，如图 6-57（b）所示。

④ 进入支付宝钱包界面，如图 6-57（c）所示。

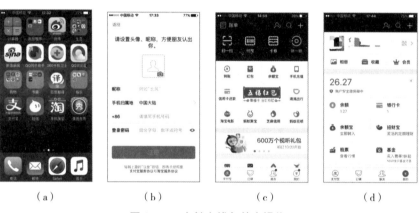

（a）　　　　　　（b）　　　　　　（c）　　　　　　（d）

图 6-57　支付宝钱包基本操作

⑤ 为了支付安全考虑，这里最好设置一下手势密码，点击界面右下方的"我"的，如图 6-57（d）所示，点击个人账号进入"我的信息"设置界面，选择"设置"→"安全设置"→"手势"，如图 6-58 所示。

⑥ 使用支付包钱包的相关功能，如充值话费，在支付宝钱包页面点击"手机充值"，如图 6-59 所示，输入充值手机号码（默认支付宝绑定手机），选择充值金额即可方便完成手机充值服务。

⑦ 也可以先在支持支付宝支付的网站选好商品，生成订单之后，选择支付宝支付，然后输入支付宝账号和登录密码，再运行支付宝钱包 APP，这时在支付宝钱包的"账单"中就可以找到之前生成的账单，选择该账单完成支付即可。

（2）微信支付

微信支付是集成在微信客户端的支付功能，用户可以通过手机完成快速的支付流程。用户只需在微信中关联一张银行卡，并完成身份认证，即可将装有微信 APP 的智能手机变成一个全能钱包，之后即可购买合作商户的商品及服务，用户在支付时只需在自己的智能手机上输入密码，无须任何刷卡步骤即可完成支付，整个过程简便流畅。

目前微信支付已实现刷卡支付、扫码支付、公众号支付、APP 支付，并提供企业红包、代金券、立减优惠等营销新工具，满足用户及商户的不同支付需求。

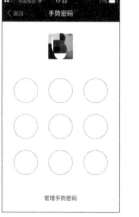

图 6-58　设置手势密码　　　图 6-59　手机充值

【例 6-12】微信支付进行手机充值。

① 打开微信，首先需要绑定银行卡，选择右下方的"我"，如图 6-60（a）所示，点击"银行卡"选项。

② 在新的页面中输入银行卡号（储蓄卡、信用卡都可以），如图 6-60（b）所示，点击"下一步"按钮，输入用户的具体信息，包括身份证号、姓名、手机号等，各项信息输入完成后，点击"下一步"按钮，如果各项信息完整且无误，就会进入新的页面，否则会提示错误，要求重新填写银行卡信息。

③ 进入的新页面中需要输入手机收到的验证码，虽然多了这个步骤，但增加了安全系数，如图 6-60（c）所示。

④ 验证码输入成功后，点击"下一步"按钮，由于是初次使用，要对微信进行 6 位支付密码设置，并重复设置确认，如果两次密码设置相同则银行卡绑定完成，这时"银行卡"下会显示绑定的银行卡，如图 6-60（d）所示。

图 6-60 微信支付绑定银行卡

⑤ 点击左上角的"返回"按钮，返回"钱包"，点击"手机充值"功能，给指定号码充值 50 元，如图 6-61（a）所示。

⑥ 在如图 6-61（b）所示的微信支付确认界面，输入微信支付密码，即可完成手机充值。

相比支付宝钱包多了的功能是，微信能够通过微信会话的形式提示用户支付进度。例如，支付完成时，微信会发信息提示充值已经成功。

3. 手机扫描二维码

二维条码 / 二维码（2-dimensional bar code）是用某种特定的几何图形按一定规律在平面（二维方向上）分布的黑白相间的图形记录数据符号信息的；在代码编制上巧妙地利用构成计算机内部逻辑基础的"0""1"比特流的概念，使用若干个与二进制相对应的几何形体来表示文字数值信息，通过图像输入设备或光电扫描设备自动识读以实现信息自动处理，具有一定的校验功能等。同时，还具有对不同行的信息自动识别功能及处理图形旋转变化点。

手机二维码是二维码技术在手机上的应用。将手机需要访问、使用的信息编码到二维码中，利用手机的摄像头识读，这就是手机二维码。手机二维码的应用有两种：主读与被读。所谓主读，就是使用者主动读取二维码，一般指手机安装扫码软件。被读就是指电子回执之类的应用，如火车票、电影票、电子优惠券等。随着 4G 的到来，二维码的应用使得信息发布更快捷，信息采集更方便，信息交互更畅通，为网络浏览、在线视频、网上购物、网上支付等提供了更为方便的入口。

（a）　　　　　　　　（b）

图 6-61 微信支付手机充值

6.7 慕课（MOOC）

6.7.1 认识慕课

1. 慕课的概念

"慕课"（massive open online course，MOOC）是新近涌现出来的一种在线课程开发模式，它发源于过去的发布资源、学习管理系统以及将学习管理系统与更多的开放网络资源综合起来的旧的课堂开发模式，是一种针对大众人群的在线课堂，人们可以通过网络进行在线课堂学习。

这一大规模的在线课堂掀起的风暴始于 2011 年秋天，被誉为"印刷术发明以来教育最大的革新"。2012 年被《纽约时报》称为"慕课元年"，多家专门提供慕课平台的供应商纷起竞争，Coursera、edX 和 Udacity 是其中最有影响力的"巨头"，前两个均进入中国。

2. 教学形式

MOOC 是以连通理论和网络化学习的开放教育学为基础的。这些课程跟传统的大学课程一样循序渐进地让学生从初学者成长为高级人才。课堂的范围不仅覆盖了广泛的科技学科（如数学、统计、计算机科学、自然科学和工程学），也包括了社会科学和人文学科。慕课课程并不提供学分，也不算在本科或研究生学位里。通常，参与慕课的学习是免费的。然而，如果学习者试图获得某种认证，则一些大规模网络开放课程可能收取一定学费。

课程是将一种分布于世界各地的授课者和学习者通过某一个共同的话题或主题联系起来的方式方法。

尽管这些课程通常对学习者并没有特别的要求，但是所有的慕课会以每周研讨话题这样的形式，提供一些大体的时间表，其课程结构也是最小的，通常会包括每周一次的讲授，研讨问题，以及阅读建议等。

每门课都有频繁的小测验，有时还有期中和期末考试。考试通常由同学评分（比如一门课的每份试卷由同班的几位同学评分，最后分数为平均分）。一些学生成立了网上学习小组，或跟附近的同学组成面对面的学习小组。

3. 主要特点

① 大规模的：不是个人发布的一两门课程。MOOC 是指那些由参与者发布的大规模网络研发课程。

② 开发课程：尊崇创用共享（CC）协议，只有当课程是开放的，才可以称为 MOOC。

③ 网络课程：不是面对面的课程，这些课程材料散布于互联网上。人们上课地点不受局限，无论身在何处，都可以花最少的钱享受大学的一流课程，只需要一台计算机和网络连接即可。

4. 历史发展

MOOC 有短暂的历史，但是却又有一个不短的孕育发展历程。准确地说，它可追溯到 20 世纪 60 年代。1962 年，美国发明家和知识创新者 Douglas Engelbart 提出一项研究计划，题目叫《增进人类智慧：斯坦福研究院的一个概念框架》，在这个研究计划中，Engelbart 强调了将计算机作为一种增进智慧的协作工具来加以应用的可能性。也正是在这个研究计划中，Engelbart 提倡个人计算机的广泛传播，并解释了如何将个人计算机与"互联的计算机网络"结合起来，从而形成一种大规模的、世界性的信息分享的效应。

自那时起，许多热衷计算机的认识和教育变革家，极力推进教育过程的开放，号召人们，将计算机技术作为一种改革"破碎的教育系统"手段应用于学习过程之中。

5. 国外 MOOC 的发展

2012 年，MOOC 在美国取得了空前成功，该年被媒体称为 MOOC 之年。在这些在线教育组织中，Coursera、edX、Udacity 脱颖而出，备受瞩目，被称为在线教育的三驾马车。Cuorsera（https://www.coursera.org/），是由斯坦福大学的计算机科学教授吴恩达和达芙妮·勒联合创建的一个营利性的教育科技公司。截至 2015 年 12 月，美国慕课三大平台 Coursera、Udacity、Edx 各具特色，Coursera 开设了 1504 门课程，涵盖了艺术人文、商务、计算机科学、数据科学、生命科学、数学和逻辑、个人发展、物理科学与工程、社会科学等多门专业学科，合作高校达 139 所，属营利性机构；Udacity 开设了 121 门课程，开设了计算机科学、数学、综合科学、编程和创业等专业，其特色之处是根据公司需求提供职业教育课程及增值服务，属于营利性机构；Edx 开设了约650 门课程，包括数据科学、网页开发、软件工程等专业，其特点是面向全球免费开放高标准、跨领域的免费课程、创新的教学技术，属于非营利性机构。美国的国家科学基金会、比尔和梅琳达·盖茨基金会及高校和研究机构都进行了课程应用及相关的研究。

6. 国内 MOOC 发展

同样，在世界各国 MOOC 强劲发展的势头下，国内大学 MOOC 行动也是风生水起，MOOC 教学模式打破了之前网络课程及精品课程单向的视频授课形式，为学习者免费提供世界名校名师的视频授课，并将这个学习进程、师生互动、生生互动环节通过网络平台完整地、系统地、全天候地展现；学习者可以自由地选择自己感兴趣的课程，并且可以在老师开课时间之后自行决定自己的学习时间和学习进度。通过在线交流、课堂测验、生生互评、自我管理学习进度等形式带给学习者全新学习体验。

国内主要的 MOOC 平台有：

中国教育在线开放资源平台：中国教育在线开放资源平台推出大学公开课，其中包括哈佛大学、耶鲁大学、斯坦福大学、麻省理工学院、复旦大学、浙江大学等国内外知名高校开放课程，涉及人文、历史、经济、管理等相关课程。

中国大学视频公开课：中国大学 MOOC 平台由"爱课程"网与网易公司联合建设，在广泛听取一线教师和社会人士反馈意见的基础上，充分借鉴国外主流 MOOC 平台的优点，经过近一年的自主研发完成。中国大学 MOOC 平台，具备在线同步（直播）课堂功能，课程结构设计和教学内容发布简明易用，教学活动符合中国教师的教学习惯及学生的学习习惯，支持对学习行为与学习记录进行多个维度的大数据分析。目前，"爱课程"网已陆续开放了 500 多门来自全国各大高校的名师课程，吸引了数百万学员进行在线学习。首批中国大学 MOOC 上线后将实现中国大学视频公开课、中国大学资源共享课和中国大学 MOOC 等不同类型的优质课程在同一个平台上集成与共享。"爱课程"网将在已有工作基础上，进一步完善平台栏目和功能，促进教育理念转变和教学方法改革，提高高等教育质量，推动优质教育资源共享，在促进教育公平，服务学习型社会建设中发挥作用，创建符合我国国情和高等教育教学实际的大规模开放教育中国品牌。首批在中国大学 MOOC 平台上线的 16 所高校包括：北京大学、浙江大学、复旦大学、武汉大学、哈尔滨工业大学、中国科技大学、山东大学、湖南大学、中山大学、西北工业大学、四川大学、国防科技大学、北京理工大学、中国农业大学、中央财经大学、北京协和医科大学。

新浪公开课：新浪公开课内容包涵国外多所一流名校的公开课视频。在功能方面，新浪公开课将众多课程按照多门学科进行分类整合、提供快捷搜索和播放记录、翻译进度提示等功能，方便网友使用。在内容方面，新浪公开课拥有耶鲁、斯坦福、麻省理工大学等多所国际一流名校公开课优质视频，其中部分课程已翻译中文字幕，受到广大网友青睐。

腾讯视频课程：腾讯视频课以考试培训的目录课程为核心，"V+ 开放平台"合作视频为主力内容，并同时兼顾优质 UGC 原创内容。平台包括考试培训、公开课和演讲三大分类，在腾讯视频原有的教育视频、微讲堂、腾讯大学堂等基础上进行整合，将学习内容细化为知识体系树状结构，使内容更加清晰。

6.7.2　慕课学习

【**例 6-13**】打开中国大学慕课网、注册账号、选择课程进行课程学习。

① 打开中国大学慕课网网址 http://www.icourse163.org/，如图 6-62 所示。

图 6-62　中国大学 MOOC 界面

② 选择自己喜欢课程的相关视频，如大学计算机——计算思维导论 CAP，如图 6-63 所示。

图 6-63　大学计算机——计算思维导论 CAP

③ 单击"立即参加"按钮，弹出登录界面，如图 6-64 所示。在此界面输入账号和密码，还可以通过第三方微信、QQ、微博、人人账号登录。如果没有账号，可以单击下面的"去注册"链接进行注册。

图 6-64　输入账号和密码

④ 登录成功后，选择进入学习，单击"开始学习"进入课程学习界面，如图 6-65 所示。单击右侧的视频播放按钮⊡，可以进行教学视频的播放。

图 6-65　课程学习界面

第7章 网络自主学习平台

学习目标

● 了解网络自主学习平台。

● 掌握如何使用网络自主学习平台。

"网络自主学习平台"是以知识点为中心、能力测试为手段，为教学提供了一个集学习、辅导、测试、评价、交流、知识沉淀等功能于一体的网上课程学习平台。平台以一种全新的教学改革模式彻底地改变了传统的课堂教学形式：既可单独作为学生自主学习《计算机应用基础》课程的学习平台，又可作为学生课堂教学的实训操作平台，还能作为学生课外练习以加深理解和巩固课堂所学知识的学习平台。

教师还可以利用平台提供的学生学习和知识点测试数据，及时调整教学策略，做到对学生学习情况的"轨迹"进行跟踪控制。

本章主要以学生从登录"网络自主学习平台"的学生端开始→学习知识点→完成作业→知识点测试→单元测试→强化训练→课程综合测试→结束"计算机应用基础"课程学习全过程为学习的中轴线，介绍学生如何利用学习平台进行自主学习和提高计算机应用能力。

教务处端、教师端和管理者端的使用方法，参见本平台的使用手册。

7.1 网络自主学习平台系统的运行与登录

"网络自主学习平台"系统由管理员端、教师端和学生客户端三大系统模块组成。

通过校园网络，学生随时可登录到学习平台的学生端进行"计算机应用基础"课程的学习。学生也可以自学为主，在平台网络上与同学相互间进行探讨和交流学习体会，也可以向老师询问、请教；教师也能通过网络学习平台给学生布置、批改作业，进行指导和答疑，并能随时掌握学生的学习进度，指导学生学习。

学生学习流程图如图 7-1 所示。

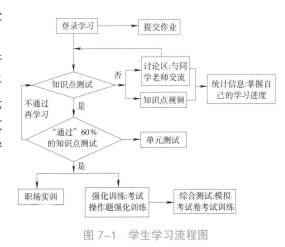

图 7-1 学生学习流程图

7.1.1 网络学习平台系统学生客户端运行条件

网络学习平台系统对运行学生客户端系统有以下要求：

1. 客户端硬件要求

能安装运行 Windows XP / 7、IE6.0 以上浏览器的计算机，硬盘可用空间大于 4 GB（如计算机硬件配置较低，建议尽量少安装与考试无关的软件，避免造成系统运行过慢）。

2. 客户端软件安装要求

客户端必须安装有以下软件：Windows 7 、IE 6.0 以上浏览器、Office 2003/ Office 2007 或 Office 2010（必须完全安装）。

3. 客户端设置 IE 的安全选项

由于客户端系统是由运行在 IE 中的组件组成（大概 300 KB 左右），因此安装客户端系统前必须先设置 IE 的安全选项，否则会出"页面错误"的提示。

设置 IE 浏览器安全选项的步骤如下：

① 选择 IE 菜单栏中的"工具"→"Internet 选项"命令，弹出"Internet 选项"对话框。

② 选择对话框中"安全"选项卡。

③ 在"选择要查看的区域或更改安全设置"选项区域中选择"Internet"选项。

④ 在"该区域的安全级别"选项区域中单击"自定义级别"按钮（见图 7-2 左图），弹出如图 7-2 右图所示对话框。

⑤ 在对话框的列表中将"ActiveX 控件和插件"的各选项设置为"启用"（共 5 个或 7 个）。

⑥ 依次单击"确定"按钮保存设置。

图 7-2　Internet 选项设置

7.1.2　网络自主学习平台登录与设置

1. 登录"网络自主学习平台"系统主页

在 IE 浏览器地址栏里输入平台系统服务器所指定的 IP 地址（例如，http://192.168.0.133），登录"网络自主学习平台"系统主页，如图 7-3 所示。单击主页的"用户登录"图标，打开"网络自主学习平台用户登录"窗口，如图 7-4 所示。

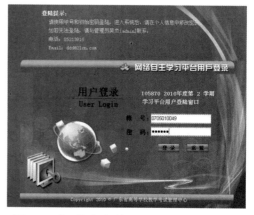

图 7-3　"网络自主学习平台"主页　　　　图 7-4　"网络自主学习平台用户登录"窗口

2．登录平台学生端主页

在"网络自主学习平台用户登录"窗口，系统将会根据用户权限的不同，分别登录相应的管理员端、教师端或学生客户端的系统模块页面。

学生先输入自己的"账号"（一般情况下为学生的学号，以任课老师通知为准），再输入"密码"（登录密码以任课老师通知为准，登录密码在本学期内不作修改），然后单击"登录"按钮，即可登录到学生端页面，如图 7-5 所示。

图 7-5　学生客户端主页

3．下载并安装学生学习客户端软件

学生用自己的学号初次登录自主学习平台后，应先阅读页面的"关于网络自主学习平台的使用说明"。学生在进行知识点测试前，必须要下载并安装"学生客户端"软件。如果安装学生客户端时提示需要先安装 .NET 框架控件或安装"学生客户端"软件后也无法启动测试平台，可点击红字"Dotnet2.0 框架"，下载并安装 Dotnet2.0 框架。单击"关于网络自主学习平台的使用说明"中的"此处下载客户端"，下载后，按默认安装，重新登录即可进行知识点的测试。

学生成功登录后，系统将自动跳转到学习平台"主页"页面，首页是系统的"窗口"，所有关于"教学管理"的通知都发布在该页面上。用户直接单击"网络自主学习平台消息"栏目下通知的标题就可以详细浏览该通知的内容，浏览完毕直接关闭 IE 窗口。

4．修改个人信息

用户首次成功登录以后，在页面的右上角单击"个人信息"标签，系统将会弹出用户信息窗口，如图 7-6 所示。

登录用户请准确地填写这些信息。所有信息填写完毕，单击"保存"按钮，系统将自动刷新个人信息。

图 7-6　用户信息窗口

7.2　网络平台的学生学习模块

网络学习平台是以知识点为中心，将"计算机应用基础"课程划分 6 个章节，在学习平台中列出了与课程有关的知识点学习视频和该知识点的"文字精讲"，学生可以根据自己学习的实际情况，自主地选择知识点进行学习。

网络学习平台提供的"计算机应用基础"课程的知识点的视频页面里，如果该知识点具有可操作性，学习平台还提供该知识点的操作测试，学习平台对学生的操作测试结果能当场评分，并对不通过的操作发布正确操作提示。

学生对课程某一知识点学习，可通过以下途径操作：

① 点击平台页面的"知识点学习"模块，浏览该知识点视频和讲解。

② 通过平台提供的"讨论区"，与同学或老师讨论。

③ 在"作业"模块，完成和上交老师布置的作业。

在学习知识点视频的同时，可以进入学习平台的"知识点学习"模块的页面中，对知识点进行操作测试，以检测自己对该知识点的操作能力。对每个知识点的操作测试中有一至多个操作题目，每个题目的评分是满分 4 或 5 分，学生必须将本题做满分，平台才表示该题的检测达到"通过"；对该知识点总的操作能力的评价结果分为"不通过""通过""掌握"，60 分以下为"不通过"，60 到 80 分为"通过"，80 分以上为"掌握"。这个能力评价的"分数"的来源是以学生"通过"该知识点操作窗口中所列出的题目的数量做依据的：如平台在该知识点测试窗口提供了 3 个题目，如做对了 1 题，1/3=33.3，"不通过"；如做对了 2 题，2/3=66.6，"通过"；如做对了 3 题，3/3=100，"掌握"，依此类推。

网络学习平台为了巩固学生的操作能力，检验和综合测试学生的操作能力和计算机知识掌握水平，还提供了"单元测试""强化训练""综合测试"。进入这三个模块是有条件限制的：

① 学生必须"通过"（含"掌握"）学习平台提供的知识点测试数的 60%（如平台 2.1 版提供了 132 个知识点测试，学生必须"通过"或"掌握"78 个题目）以后才能进入。

② 经任课教师打开该模块。

7.2.1 知识点学习

"知识点学习"模块的功能是为学生提供知识点的学习有关的知识，如介绍该知识点的视频，知识点的精讲文字介绍，知识点辅导和阅读材料提示。若该知识点具有操作功能，还可以单击"知识点测试"按钮后进入该知识点的操作测试。

1. 选择学习的知识点

① 在"知识点学习"页面中，页面左窗格为本课程树形结构排列的知识点，如图 7-7 所示。其中，树形结构的最上一层为章元素，章元素下一层为节元素，节元素下一层为课程知识点，点击章元素或节元素左边的"＋"号或"－"号即可展开/折叠该层。

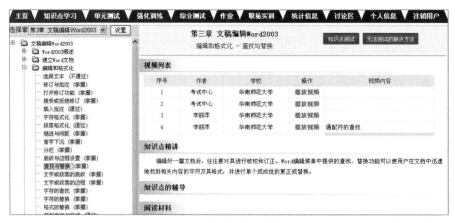

图 7-7 知识点学习模块

② 知识点学习的选择方法：页面左窗格为树形结构排列的知识点，先在"选择章"的下拉列表框中选择需要学习的章后，单击"选择"。在展示的该章树目录下分别打开节，寻找并点击需要学习的知识点。在页面的右侧，就可以进入该知识点学习的界面。学习平台为学生提供该知识点 1 个以上的视频和可操作的知识点测试窗口。

2. 阅读和浏览知识点视频

页面右方"视频列表"是列出不同教师提供的该知识点的视频。不同教师提供的视频有助于学生从各方面对该知识点的知识或操作的理解。单击"播放视频"按钮，即可播放该知识点的讲解视频，视频控件内含有暂停与全屏按钮。

3. 知识点在线测试：

单击页面右上方的"知识点测试"按钮，即可从网络学习平台自动下载该知识点操作题进行测试。

① 单击页面"知识点测试"按钮，平台弹出一个"正在加载，请稍候"的临时窗口，请勿关闭该临时窗口。稍后，该临时窗口将自动关闭并弹出一个置顶的窗口，该窗口标题为"***** 测试 _ 版本号 *****"，如图 7-8 所示。窗口显示平台提供的该知识点测试的题目数和测试试题。

② "预改该题"——按照试题描述完成操作试题：按照题目要求打开操作的文档，并按试题要求完成操作，保存已完成的试题文档后，必须关闭所有已打开的 Office 窗口，单击"预改该题"按钮，稍等片刻，在"预改该题"下方出现如图 7-9 所示的对话框，显示该题测试的得分或因不能得满分的改进操作提示。如果要重新测试本试题，可单击"恢复该题"后，重新对本试题进行测试操作。

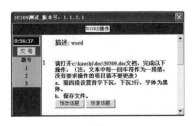

图 7-8　测试页面（一）

图 7-9　测试页面（二）

完成该知识点窗口所列的全部试题后，可以"交卷"上传成绩数据，退出测试。平台改卷前，学生必须关闭所有已打开的 Office 窗口，再单击"交卷"按钮，学习平台会对该知识点窗口下所有的题目成绩进行自动统计后，显示如图 7-10 所示的对话框；单击"提交成绩"按钮，网络平台将成绩上传，并弹出对该知识点操作评价结果的对话框，单击"确定"按钮，如图 7-11 所示。

图 7-10　测试得分对话框

图 7-11　上传测试成绩的对话框

7.2.2　作业

学生登录系统后，在系统菜单中单击"作业"选项模块，进入"作业"管理页面。学生通过"作业"模块，在规定的上交截止日期前完成老师布置的作业并上传，老师批改后，学生端就能看到该次作业的评语和分数。

1. 作业窗口状态

老师布置的作业在学生窗口中分别显示为"未上交""未批改""**"（分数）"已过期"4 种状态。

① "未上交"状态：老师布置作业后，学生端的作业处于未做状态。

② "未批改"状态：学生在本地机完成作业并上传系统后，作业显示为"未批改"状态。

③ "**"（分数）状态：老师批改了学生作业后，作业变为有分数的状态。

④ "已过期"状态：学生未在规定的作业上交截止日期前完成并提交作业，即作业将处于"已过期"状态，表示作业已不能提交，最终该次作业分数为 0 分。

2. 学生做作业的操作步骤

（1）登录平台系统

学生登录平台系统，并切换到"作业"管理模块，如图 7-12 所示。

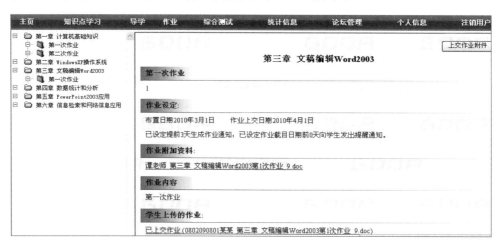

图 7-12　学生作业模块

（2）在章节树结构中选择章节点

系统已将"计算机应用基础"课程分为 6 章，分别是计算机基础知识、Windows XP 操作系统、文稿编辑 Word 2003、数据统计和分析、PowerPoint 2003、信息检索和网络信息应用。老师按章布置作业，布置的作业被命名为"第 N 次作业"（N 为从 1 开始递增的自然数）。学生选择某章节点下的"第 N 次作业"后，可查看作业内容或按老师要求提交作业。

（3）查看作业内容

作业内容包括 5 个信息，分别是作业标题、作业设定（布置日期、上交日期）、作业附加资料、作业内容和作业上传状态。

（4）答题

学生按作业题的要求在本地机答题（如果有附件，则先下载附件，按题目要求在本地机答题）。

（5）上交作业

学生按题目要求做完试题后，使用上传附件功能，将作业提交到系统中（文件类型必须是 DOC、XLS、TXT、PPT 或 RAR 文件），老师将会看到提交的作业。如果作业的文件包括多个文件或文件夹，须压缩成 RAR 文件，一次性提交。此时作业状态由"未做"变成为"未批改"。

（6）作业分数

老师批改完作业后，学生进入"作业"管理中的章节结构，看到作业的状态变为分数状态。显示的分数表示学生对该作业的掌握情况，老师对学生作业情况的评价也会显示在"评语"栏中。

7.2.3　单元测试

"单元测试"模块是学生完成每章课程学习后进行的知识点测试，目的是检查学生对该章知识点的学习情况。"单元测试"模块总共分为 8 个单元，第一、二单元为 Windows 测试模块，第三、四单元为 Word 测试模块，第五、六单元模块为 Excel 测试模块，第七、八单元为 PowerPoint 测试模块。

在老师没有布置单元测试的情况下，当学生在知识点测试的总体通过率达到 60% 或以上时，系统会自动开放学生进入单元测试权限；如果由老师布置开放单元测试，则学生的知识点测试的总体通过率即使没有达到 60% 也可以参加单元测试，但必须在老师设置的有效日期内完成。

单元测试操作步骤：

① 单击菜单栏中的"单元测试"按钮，进入模块后，先在页面左窗格选择和单击"单元测试"下的操作

测试单元，页面右方显示该单元测试的内容，如图 7–13 所示。

图 7–13 单元测试模块

② 单击"开始测试"按钮，进入到"单元测试"页面，即可进行单元测试的操作。在"单元测试"页面中，平台将提供 3 条选择题，多条操作题，单击标题栏中的"选择题"或"操作题"后，即可进入对应题目的测试。对每条"操作题"测试的操作和批改试题操作，与"知识点学习"中的知识点测试的操作是完全一样的。

③ 完成全部操作试题测试后，单击"交卷"按钮，上传本次单元测试的成绩数据，返回"单元测试"页面。

7.2.4 强化训练

"强化训练"模块是对 Word、Excel、PPT 操作技能进行有针对性的强化训练，从强化训练 1 到强化训练 4 实行操作由易到难、知识点的综合程度由简单到复杂的方式进行。每一次强化训练的内容包括 4 道 Word、4 道 Excel 和 2 道 PPT 题，操作时间为 40 分钟（1 节课）。

"强化训练"操作步骤：

① 点击菜单栏中的"强化训练"按钮，进入模块后，先在页面左窗格选择和点击"强化训练"下的操作测试单元，页面右方显示该单元测试的对话框，如图 7–14 所示。

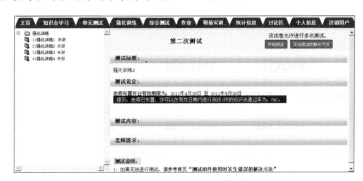

图 7–14 强化训练模块

② 单击"开始测试"按钮，进入到"强化训练"页面，即可进行强化训练的测试操作；在"强化训练"测试窗口中，在标题栏分别有 Word 操作、Excel 操作和 PPT 操作，单击相应的按钮进入该章的测试。对每条"操作题"测试的操作和批改试题操作，与"知识点学习"中的知识点测试的操作是完全一样的。

③ 完成全部操作试题测试后，单击"交卷"按钮，上传本次单元测试的成绩数据，返回"强化训练"页面。

7.2.5 综合测试

"综合测试"等同于模拟考试，参考现行的考试大纲和考试形式，通过在"综合测试"的操作练习，让学生熟悉考试的环境，每个"综合测试"测试时间和水平考试时间相同，都是一小时四十五分钟（可以提前交卷）。学生在考试前必须完成两次以上的综合测试。在"统计信息"中的"综合测试统计"中检查学生本人的综合测试成绩，

其中，第一个"综合测试"为"摸底测试"，为开学安排的对学生掌握计算机应用知识的摸底测试，其测试试题是基本的计算机应用操作。

① 单击菜单栏中的"综合测试"按钮，进入模块后，在页面左窗格"综合测试"列表下，点击要进入测

试的综合测试后，进入"综合测试"操作对话框，如图 7-15 所示。

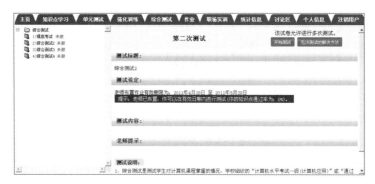

图 7-15　综合测试模块

② 在对话框的右上侧，单击"开始测试"按钮，即可进入综合测试的考试界面，如图 7-16 所示。单击标题栏上的 Word 操作、Excel 操作和 PPT 操作和系统操作（Windows），可以进入相应的试题进行测试。必须在规定时间（105 分钟）内做完所有的试题，或单击"交卷"按钮即可知道自己在这次综合测试中的成绩。

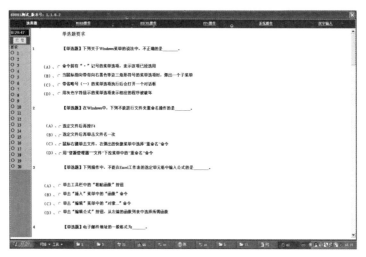

图 7-16　综合测试的考试界面

7.2.6　职场实训

职场实训是网络学习平台为提高学生社会实践的应用能力和丰富学生课外知识，结合社会对大学生计算机应用能力的实际需求而提供的实训案例，如图 7-17 所示。学生通过这些实例的操作，可以进一步加深对办公软件实际应用各种功能的理解以及大幅提高其实际应用水平，为其日后就业打下坚实的计算机应用能力基础。

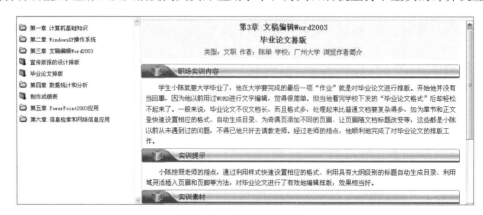

图 7-17　职场实训模块

7.2.7　讨论区

讨论区为在学习《计算机应用基础》课程期间，为教师与学生、学生与学生之间就课程内容进行提问、答疑和学习交流提供的一个场所。讨论区分为"公共讨论区""带课老师专栏""精华区"3 个模块，如图 7-18 所示。

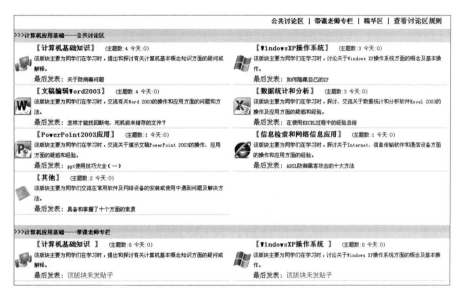

图 7-18　讨论区模块

1.　公共讨论区

公共讨论区为学生和学生之间提供了一个互相交流、讨论学习的平台。学生可以通过论坛，把在学习中遇到的问题、学习的经验、总结形成信息发布在论坛供大家相互交流讨论。

（1）浏览

学生在学习过程中遇到问题要浏览有关的交流时，可以单击页面菜单"公共讨论区"中"计算机应用基础"课程的某章标题进入相关主题浏览寻求解答，如图 7-19 所示。

图 7-19　学生讨论交流区

（2）发帖

学生就课程学习中的热点问题进行交流时，也可以单击"发帖"按钮发起讨论，如图 7-20 所示。

图 7-20 发帖操作

2. 带课老师专栏

通过"带课老师专栏"，老师可以浏览学生发布的信息，掌握学生在学习中遇到共性的问题去指导学生解决问题；老师也可以将一些共性问题的解决方法在论坛中发布，供学生学习参考。

3. 精华区

主要是登载在"计算机应用基础"课程学习过程中，讨论区里有关的精华帖子以供学习和浏览。

7.2.8 统计信息

学生可以通过统计信息，获得本人的作业完成、知识点测试、单元测试、强化训练和综合测试的统计情况，使自己对本课程的学习情况有一个全面的认识，如图 7-21 所示。

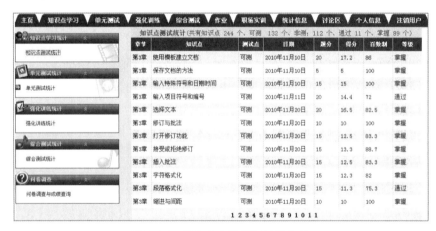

图 7-21 学生本人的学习统计信息